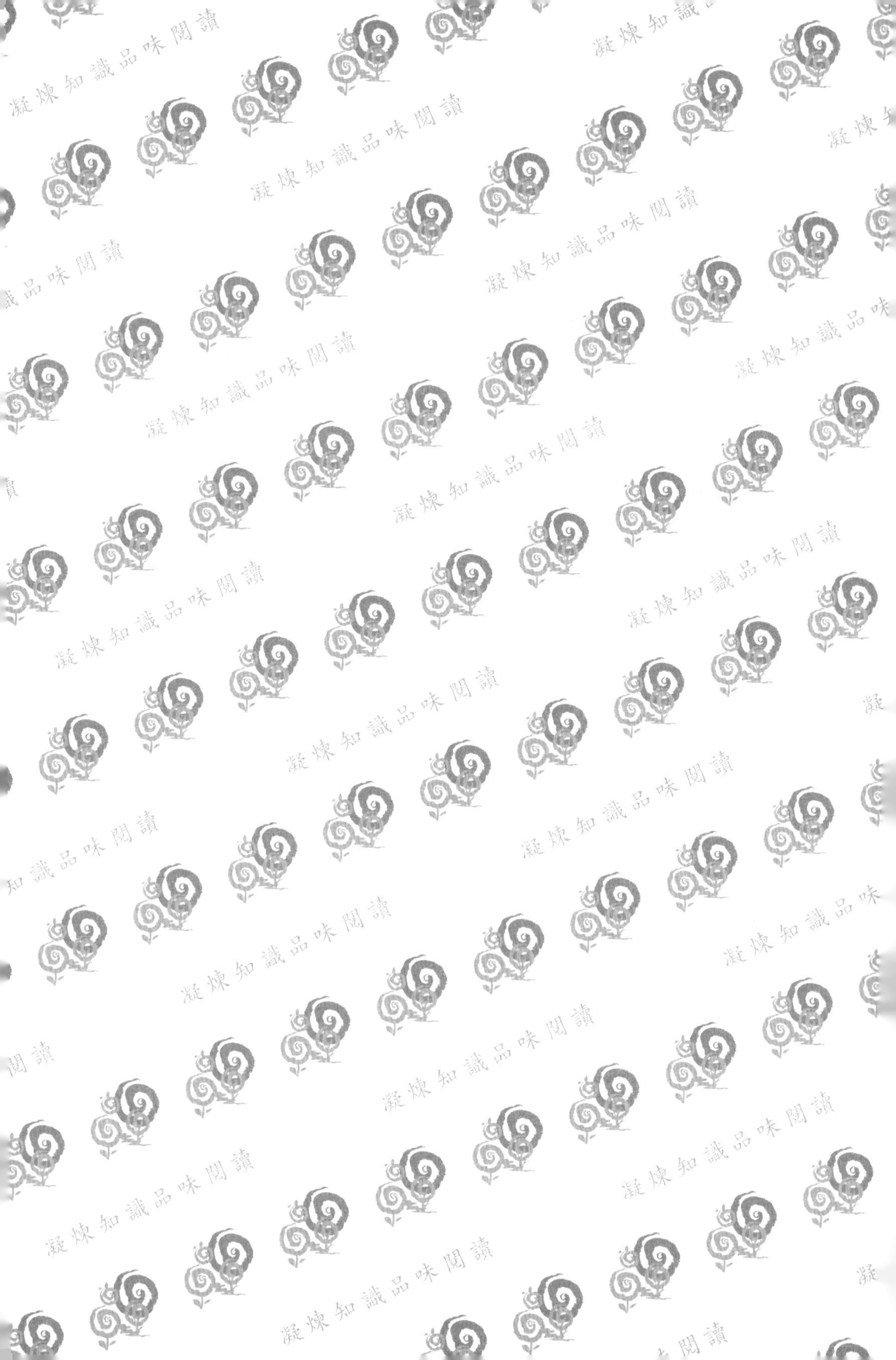
凝煉知識品味閱讀

資料結構

使用Python

| 數位新知 著 |

五南圖書出版公司 印行

序

在零與壹的世界，資料浩瀚如星漢。好的程式代表著它是「結構嚴謹，表達完善」。「結構」泛指資料結構，通常是爲了解決某些特定問題而提出，最簡單就是告訴電腦如何儲存、組織這些資料。「表達」則是演算法的運用，所以資料結構和演算法是撰寫程式兩大基石。本書以資料結構爲主，探討它們的相關知識。本書另一個要角就是Python程式語言，從描述語言出發，配合它的相關套件，更是五花八門，連正火紅的AI都有它的身影。而在程式語言排行榜中，它依然昂首濶步，高居不下。

爲了更好呈現資料結構的概念與作法，提高學習的興趣，每個章節會佐以大量的圖像解說。思考問題的當下，利用資料結構處理資料的特性來掌握更多訊息。同樣地，面對問題解決問題，每個章節皆有課後習題，讓自己在學習之外，檢測自己的收穫。

踏上資料結構學習之旅的第一步，就從Python程式語言開始，除了基本的語法外，帶領大家了解類別的定義、特有的初始化物件。隨著資料結構直線式資料，也認識Python特有的List、Tuple。從一維陣列開始，再由平面二維到立體三維，學習使用陣列結構，如何計算其位址，矩陣的相加和轉置亦是討論範圍。

隨著章節的演示，鏈結串列從單向到雙向，堆疊和佇列則是利用陣列或鏈結串列來表達。進一步應用堆疊，把運算式以前序、中序、後序呈現。由河內塔問題到老鼠走迷宮來看待遞迴。先進先出的佇列，如何處理雙佇列和優先權。

從線性資料結構跨一步到非線性結構，認識樹而以二元樹的走訪來展開資料的搜尋。由線而面，圖形由深而廣（DFS）或者是由廣而深（BFS）的追蹤，找出最短路徑才能解決問題。

搜尋與排序也是日常生活所見，從交換位置的氣泡排序到快速完成排序的合併排序，也納入本書的討論。搜尋資料時，一個一個地找，只適用資料量少；二元或內插搜尋能加速其速度，使用雜湊搜尋得留意資料碰撞的問題。

雖然本書校稿過程力求無誤，唯恐有疏漏，還望各位先進不吝指教！

目錄

第一章 Python入門

★學習導引★

- 簡單介紹Python IDLE的操作環境
- 變數與資料型別是合作無間的好夥伴，進而了解更多的數值型別
- 認識流程控制條件、迴圈的使用
- 從Python提供的BIF到自訂函式，呼叫函式和回傳值的相關知識
- Python支援物件導向，它能初始化物件，更有多重繼承的提供

1.1 Python語言的工作環境

在介紹資料結構之前，先對本書的主角Python做初步的認識。由於Python是免費的軟體，可直接去它的官網，選擇適合的作業系統來下載。

➢ 下載網址：https://www.python.org/

1.1.1 Python的IDLE

要編寫程式碼，屬於Python的IDE軟體五花八門，但本書僅以Python軟體提供的IDLE軟體來編寫、測試程式。由於IDLE內附於Python軟體之內，完成其軟體的安裝後（本書版本為3.6），就其選單中直接啓動IDLE軟體 IDLE (Python 3.6 64-bit) 。

如圖1-1所視，啓動IDLE之後，除了看到Python軟體版本的宣告，還會看到它獨特的提示字元「>>>」，表示我們已進入Python Shell互動模式。

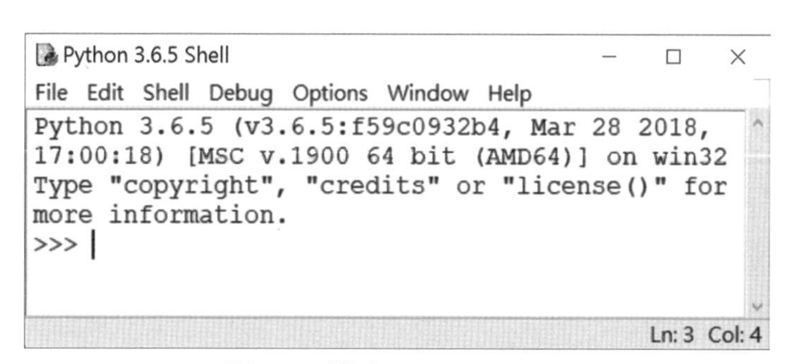

圖1-1　進入Python Shell

IDLE應用程式有二個操作介面可供互換：

➢ Python Shell：它是一個能跟使用者互動的即時交談介面；除了提供直譯器，顯示Python程式碼的執行結果；也能直接輸入Python的程式敘述。

➢ Edit（編輯器）：用來撰寫Python程式。

基本上，IDLE軟體的Python Shell和Edit是兩個能彼此切換的視窗。若未變更IDLE的預設啟動值，它會直接進入Python Shell，等待使用者輸入Python敘述。假如變更了IDLE的啟動設定，則是進入Python編輯器而不是Python Shell。

Python Shell互動交談模式可以與我們進行對話，產生互動！由於Python提供豐富的內建函式（Built in function，簡稱BIF）可輸入部分字元，利用Tab鍵來展開列示清單，或做補齊功能；先示範它的一些基本操作。

操作「Python Shell」 輸入Python敘述

Step 1. 由於IDLE完全支援Python程式語言的語法，直接輸入Python程式語言的敘述並按【Enter】鍵就能看到輸出的訊息。

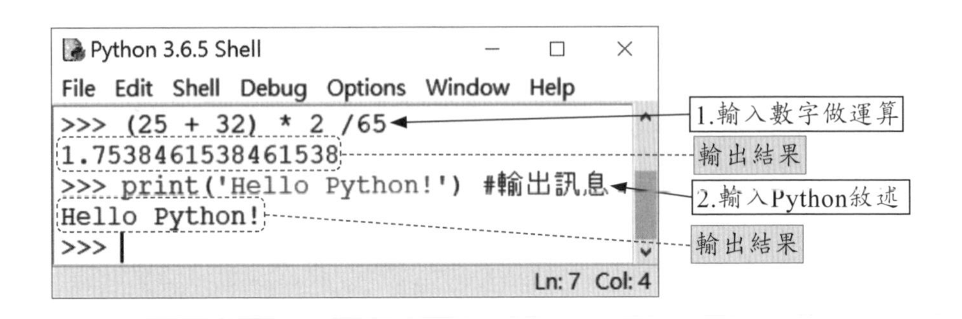

Step 2. 輸入部分關鍵字來展開清單，按【Tab】鍵補齊。

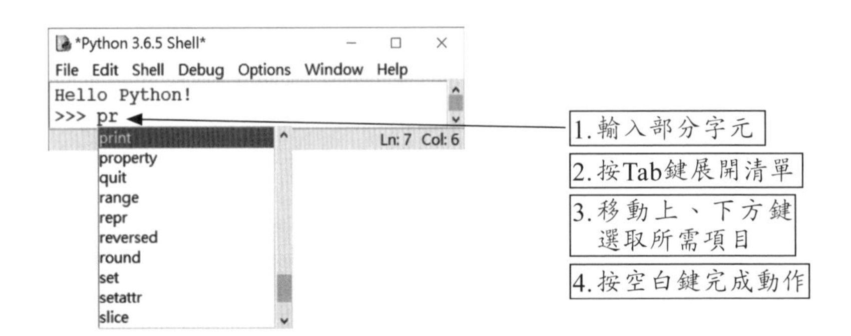

Step 3. 輸入部分關鍵字，按【Tab】鍵做補齊其他字元。

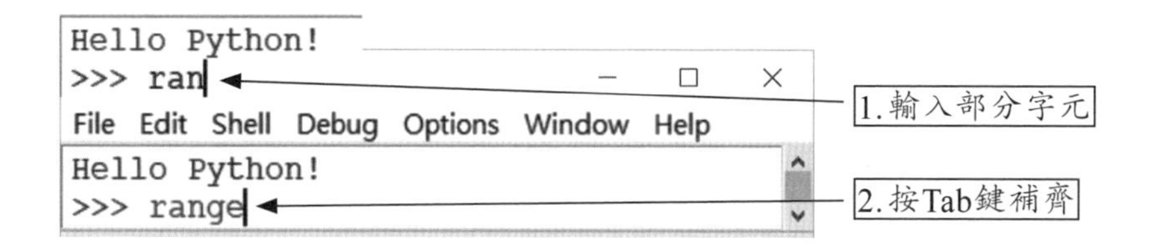

Step 4. 載入已使用的指令：利用組合按鍵【Alt + P】或【Alt + N】來載入上一個或下一個敘述。

Step 5. 開啓編輯器（Edit）：展開File功能表，執行「New File」指令。

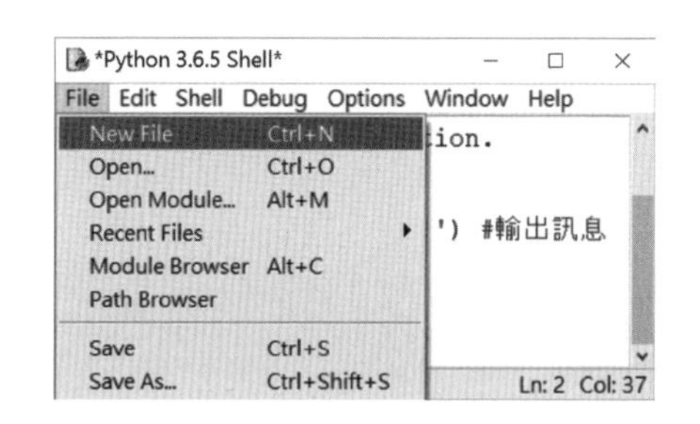

1.1.2 程式撰寫風格

以Edit來編寫程式，它類似「記事本」；看到插入點就可以輸入文字，按【Enter】鍵就能換行；介紹它的基本操作。

操作「Python Edit」 新增、儲存檔案

Step 1. 叫出新文件，編寫程式碼：執行「File / New File」指令。

Step 2. 儲存所編寫的程式文件：執行「File / Save」指令；若是第一次存檔，會進入「另存新檔」交談窗；儲存的檔案會以「*.py」爲副檔名。

Step 3. 要開啓Python程式檔案，執行「File / Open」指令來進入「開啓」交談窗。

Step 4. 執行程式：編寫好的程式要做直譯動作時，執行「Run / Run Module」指令或者按【F5】鍵：執行結果會由Python Shell視窗輸出。

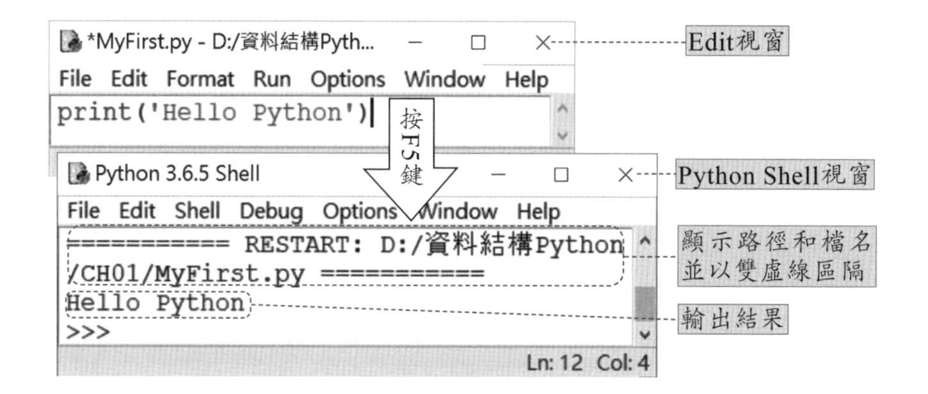

Python程式碼大部分由模組（Module）組成。模組會有一行行的敘述（Statement，或稱述句，或稱陳述式）；每行敘述中可能有運算式、關鍵字（Keyword）和識別字（Identifier）等。範例「MyFirst.py」很簡單，import敘述匯入math類別，以方法gcd()輸入兩個參數來取得最大公因數，交由變數result儲存，再以print()函式輸出在螢幕上。

範例「MyFirst.py」 Python敘述

Step 1. 插入點移向編輯器，輸入下列程式碼。

```
01 import math # 滙入靜態類別 Math
02 """
03 gcd()方法 找出兩個數值的最大公因數
04 內建函式 print()在螢幕上輸出結果
05 """
06 result = math.gcd(25, 50)
07 print('最大公因數數：', result)
```

Step 2. 儲存檔案，按【F5】鍵解譯、執行，由Python Shell視窗來顯示執行結果。

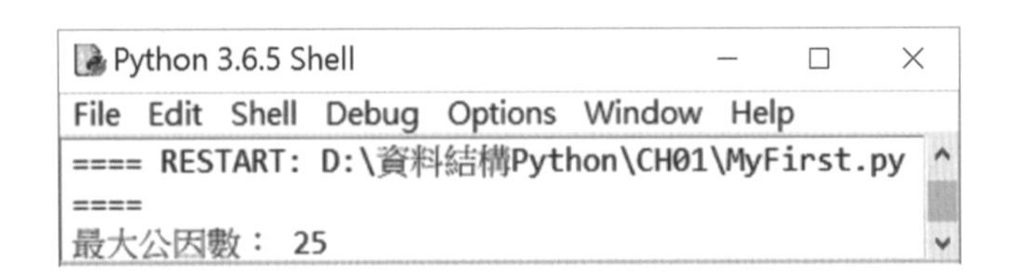

程式的註解

Python將註解分成兩種：單行註解和多行註解。當直譯器碰到程式碼的註解文字，會忽略它；這意味著註解是給撰寫程式的人員使用。先來認識程式的兩種註解。

```
01 import math # 滙入靜態類別 Math
02 """
03 gcd()方法 找出兩個數值的最大公因數
04 內建函式 print()在螢幕上輸出結果
05 """
```

- ◈ 單行註解：以「#」開頭，後續內容即是註解文字，如範例「MyFirst.py」第1行後半段就是註解文字，Edit視窗以紫色文字來標示。
- ◈ 多行註解：以3個雙引號（或單引號）開始，填入註解內容，再以3個雙引號（或單引號）來結束註解，如範例第2~5行就是一個多行註解。

敘述的合併和折行

Python的程式碼是一行行的敘述，有時候句子很長，得想辦法把它分成好幾行；有時候句子很短，可以把它們合併成一行。當敘述的句子中有括號( )、中括號[ ]或大括號{ }時可以利用括號的特性做折行。

```
print('最大倍數：', result)
```

```
print(
    '最大倍數：', result)
```

◈ 利用括號的左括號「(」做折行動作。

下列加入強迫換行的字元「\」。

```
Python 3.6.5 Shell
File Edit Shell Debug Options Window Help
>>> result = \
math.gcd(50, 25)
>>> result = math.\
gcd(25, 50)
```

當兩行的敘述很短時，可使用「;」（半形分號）把兩行的敘述合併成一行。不過多行的敘述合併成一行時，有可能造成閱讀上的不方便，使用時得多方考量！

```
a = 10; b = 20; c = 30
```

print()函式輸出訊息

print()函式能將訊息輸出於螢幕，語法如下：

```
print(value, ..., sep = '', end='\n',
    file = sys.stdout,    flush = False)
```

◈ value：欲輸出的資料；若是字串，必須前後加上單引號或雙引號。

◈ sep：以半形空白字元來隔開輸出的值。

◈ end = '\n'：爲預設值。「'\n'」是換行符號，表示輸出之後，插入點會移向下一行。輸出不換行，可以空白字元「end = ''」來取代換行符號。

◈ file = sys.stdout表示它是一個標準輸出裝置，通常是指螢幕。

◈ flush = False：執行print()函式時，可決定資料先暫存於緩衝區或全部輸出。

使用print()函式可以串接變數名稱，利用「+」或「,」（半形逗點）做字串前後串接或運算。

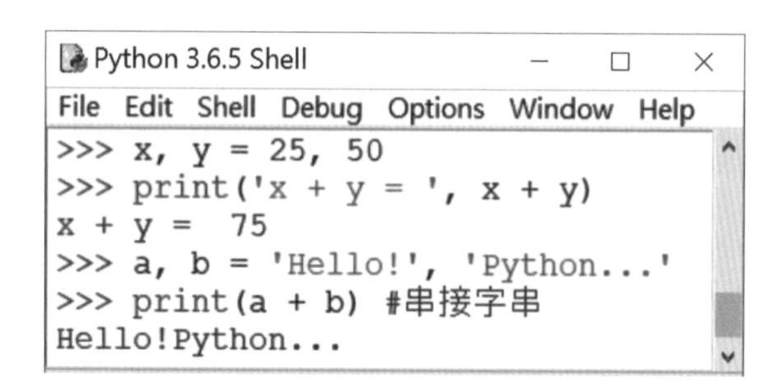

```
>>> x, y = 25, 50
>>> print('x + y = ', x + y)
x + y =  75
>>> a, b = 'Hello!', 'Python...'
>>> print(a + b) #串接字串
Hello!Python...
```

匯入模組

所謂「模組」（Module）就是依據用途已經制定好的函式，存放於某個模組裡，我們習慣稱它為「標準函式庫」。使用時必須以import敘述匯入模組，再呼叫底下的函式來使用；import的語法如下：

```
import 模組名稱
from 模組名稱import 物件名稱
```

◈ 匯入模組時習慣將其敘述放在程式的開頭。

◈ 配合from敘述來匯入模組，必須在import敘述之後指定方法或物件名稱，呼叫時，可省略模組名稱。

匯入模組之後，要取用某個函式（或是某個類別的方法），必須加上匯入的模組名稱，再以「.」（半形DOT）來呼叫相關方法：

```
import math      #匯入計算用的math模組
math.isnan()     #呼叫math模組的isnan()方法
```

1.2 Python變數與型別

Python以內建型別（Built-In Type）來提供處理數值的型別，它們皆擁有「不可變」（immutable）的特性。變數配合運算式來儲存資料，它們皆具有身分、型別和值。

1.2.1 變數與關鍵字

由於Python支援物件導件（Object-Oriented），會以物件（Object）來表達資料。每個物件都具有身份、型別和值。

- 身分（Identity）：就如同每個人擁有的身分證，它是獨一無二。每個物件的身分可視為系統所配置的記憶體位址，產生之後就無法改變，BIF的id()函式可取得其值。
- 型別（Type）：型別決定了物件要以哪種資料來存放；BIF的type()函式可供查詢。
- 值（Value）：物件存放的資料，某些情形下可以改變其值，是「可變」（mutable）的；有些物件的值宣告之後，就「不可變」（immutable）。

識別字的命名規則

變數要賦予名稱，為「識別字」（Identifier）之一種。有了識別字，系統才會配置記憶體空間，表示有了「身分」（Identity）可做識別。識別字包含了變數、常數、物件、類別、方法等，命名規則（Rule）必須遵守下列規則：

➢ 第一個字元必須是英文字母或是底線。
➢ 其餘字元可以搭配其他的英文字母或數字。
➢ 不能使用Python的關鍵字或保留字來當作識別字名稱。

Python識別名稱的命名慣例，對於英文字母的大小寫是有所區分，所以識別字「myName」、「MyName」、「myname」會被Python的直譯器視爲三個不同的名稱。

Python保留字和關鍵字

Python的關鍵字（keyword）或保留字通常具有特殊意義，所以它會預先保留而無法作爲識別字。有哪些關鍵字？下表1-1列舉之。

continue	assert	and	break	class	def	del
lambda	for	except	else	True	from	return
nonlocal	is	while	try	None	global	raise
import	if	as	elif	False	or	yield
finally	in	pass	not	with		

表1-1　Python關鍵字

直接指派變數值

對於Python來說，變數用來儲存資料，只要在使用時給予指派即可。語法如下：

```
變數 = 值
```

◈ 此處等號「=」的作用爲指派，將右邊的「值」指派給等號左邊的變數。

Python會依據指派的值來決定它的資料型別，就以Python Shell查看。

```
Python 3.6.5 Shell
File Edit Shell Debug Options Window Help
>>> value = 125
>>> print(type(value))
<class 'int'>
>>> value = 'Python'
>>> print(type(value))
<class 'str'>
```

上述簡例，變數value第一次指派的值爲數值，內建函式type()回傳它是一個int類別；第二次value的值已改變爲字串。

1.2.2 Python數值型別

數值型別（Numeric Types）包含了int（整數）、float（浮點數）、complex（複數）。所謂的整數（Integer）是不含小數位數的數值，Python內建的整數型別（Integral Type）只有兩種：整數（Integer）和布林（Boolean）。

Python整數的長度可以「無窮精確度」（Unlimited precision），意味著數值無論是大或是小皆依據電腦記憶體容量來呈現。整數是int(Integer)類別的實例；其字面值（literal）以十進位（decimal）爲主，配合內建函式int()做轉換。特定情形下也能以二進位（Binary）、八進位（Octal）或十六進位（Hexadecimal）表示。這些轉換函式以表1-2做說明。

內建函式	說明
bin(int)	將十進位數值轉換成二進位，轉換的數字以0b爲前綴字元
oct(int)	將十進位數值轉換成八進位，轉換的數字以0o爲前綴字元
hex(int)	將十進位數值轉換成十六進位，轉換的數字以0x爲前綴字元
int(s, base)	將字串s依據base參數提供的進位數轉換成10進位數值

表1-2　十進位轉成其他進位的相關函式

將十進位轉換成其他位元，會以0b、0o、0x這些前綴字元來代表其位元，可加上內建函式format()來去除它們，其語法如下：

```
format(value[, format_spec])
```

◈ value：用來設定格式的值或變數。

◈ format_spce：指定的格式。

format()函式如何以做轉換？下述範例做說明。

範例「Covert.py」 以內建函式轉換10進位數值

```
01 number = int(input('輸入一個數值->'))
02 print('10進位：', number)
03 print('型別：', type(number))
04 # 配合format函式去除前綴字元
05 print(' 2進位', bin(number), format(number, 'b'))
06 print(' 8進位', oct(number), format(number, '>8o'))
07 print('16進位', hex(number), format(number, '>8x'))
```

按【F5】鍵執行

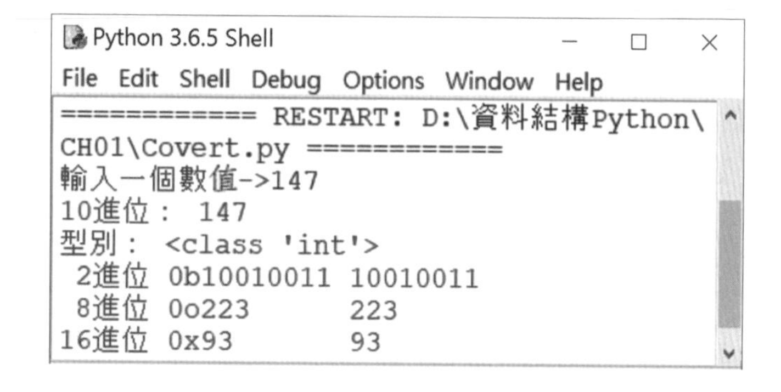

程式說明

◈ 第1、3行：利用內建函式input()將輸入字串轉為整數型別，再交給變數number儲存，所以函式type()會回傳它是int型別。

◈ 第5~7行：分別以內建函式bin()、oct()、hex()將變數number儲存的值，以二進位、八進位和十六進位輸出，再配合format()函式將前綴字元，指定0b、0o、0x格式去除。

布林型別

bool（Boolean）為int的子類別，使用bool()函式做轉換，它只有True和False兩個值可回傳；一般使用於流程控制做邏輯判斷。比較有意思的地方，Python允許它採用數值「1」或「0」來表達True或False。下述這些內容，其布林值會以False回傳：

- 數值為0。
- 特殊物件為None。
- 序列和群集資料型別中的空字串、空的List或空的Tuple。

布林值如何設定？當變數的值分別為0和1時，函式bool()會以False和True回傳，下述簡例做觀念補充：

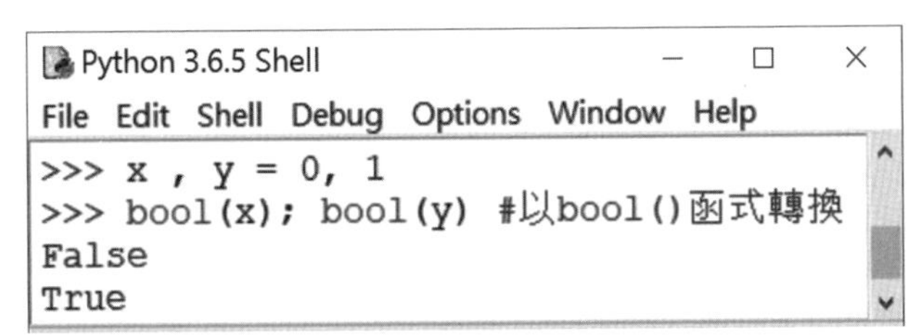

◈ 變數x、y分設值為0和1，透過內建函式bool()會分別以False、True回傳。

簡單來說，實數指的是含有小數位數的數值；以Python來說，有三種資料型別可供處理的選擇：

➢ float：由Python內建，儲存倍精度浮點數，它會隨作業平台來確認精確度範圍，Python提供float()函式表示。

➢ complex：也是Python內建，處理複數數值資料，由實數和虛數組成。

➢ decimal：若數值要有精確的小數位數，得匯入標準函式庫的decimal.Decimal類別，由其相屬屬性和方法做支援。

float型別

處理浮點數字時可使用內建函式float()做轉換，它可以建立浮點數物件。

例一：float()函式只能有一個參數。

```
float()          # 沒有參數，輸出0.0
float(-3)        # 將數值-3變更為浮點數，輸出-3.0
float(0xEF)      # 參數可使用其他進位的整數
```

例二：處理正無窮大（Infinity）、負無窮大（Negative infinity）或NaN（Not a number）。

```
float('nan')   #輸出nan(NaN, Not a number)，表明它非數字
float('Infinity')    # 正無窮大, 輸出inf
float('-inf')   # 負無窮大，輸出-inf
```

◈ float('nan')、float('Infinity')、float('int')是三個特殊的浮點數，其參數使用'inf'或'Infinity'皆可。

由於Float本身也是類別，當數值為浮點數時，配合Float類別提供的方法做處理，表1-3列示如下並做簡單說明。

方法	說明	備註
fromhex(s)	將16進位的浮點數轉爲10進位	類別方法
hex()	以字串來回傳16位數浮點數	物件方法
is_integer()	判斷是否爲整數，若小數位數是零，會回傳True	物件方法

表1-3　與Float類別有關的方法

複數型別

複數（complex）由實數（real）和虛數（imaginary）組成，虛數的部分，還得加上字元j或J字元，先認識內建函式complex()的語法：

```
complex(re, im)
```

◈ re爲real，表示實數。

◈ im爲imag，表示虛數。

由於complex本身也是類別，屬性real和imag來取得複數的實數和虛數；使用「.」（dot）運算了做存取，相關屬性的語法如下。

```
z.real     #取得複數的實數部分
z.imag     #取得複數的虛數部分
z.conjugate()   #取得共軛複數的方法
```

◈ z爲complex類別的實作物件。

◈ 複數「3.25 + 7j」，使用conjugate()方法可取得共軛複數「3.25 – 7j」。

例一：先設定一個複數變數number「16 + 8j」，實數和虛數分別以屬性

real和imag取得。

```
>>> number = 16 + 8j #宣告複數
>>> number.real, number.imag   #回傳(16.0, 8.0)
```

例二：複數和一般數值一樣，能進行加、減、乘、除。

```
# 參考範例「Complex.py」
num1 = 3 + 5j; num2 = 2-4j
result = num1 + num2     #回傳  5 + 1j
result = num1 - num2     #回傳  1 + 9j
result = num1 * num2     #回傳 26 - 2j
result = num1 / num2     #回傳  -0.7 + 1.1j
```

decimal型別

要表達含有小數位數的數值更精確時，浮點數有困難度。例如：計算「20/3」所得結果，Python會以浮點數來處理；若要取得更精確的數值，得匯入decimal模組，呼叫物件方法Decimal()可獲取更精確的數值，所以「print(decimal.Decimal(20/3))」的回傳值就會比浮點數所處理的結果更精確，可查看下述簡例。

```
Python 3.6.5 Shell
File Edit Shell Debug Options Window Help
>>> result = 20/3
>>> print(result)
6.666666666666667
>>> import decimal #滙入decimal模組
>>> print(decimal.Decimal(result))
6.66666666666666696272613990004174411296844482421875
```

使用Decimal()方法時，可以浮點數為其參數，不過解譯後，會出現一大串含有小數位數的數值；這說明方法Decimal()具有「有效位數」。配合字串的作法，「numA = Decimal('0.235')」表示有效數字含有小數3位，兩個數值相加後，它會維持兩個數值的最大有效位數；相乘的話，是把兩個數值的有效位數相加。

```
#參考範例「Decimal.py」
from decimal import Decimal
num1 = Decimal('0.5534')
num2 = Decimal('0.427')
num3 = Decimal('0.37')
print('相加', num1 + num2 + num3)     # 1.3504
print('相減', num1 - num2 - num3)     # -0.2436
print('相乘', num1 * num2 * num3)     # 0.087431666
print('相除', num1 / num2)
# num1/num2回傳 1.296018735362997658079625293
```

◈ 匯入decimal模組的Decimal()方法，使用時就不用再冠上decimal模組名稱。

◈ 將三個變數值相加或相減，會以Decimal()方法所取得的最大有效位數為主，所以輸出4位小數。

◈ 將三個變數值相乘，會以Decimal()方法取得的有效位數相加（4 + 3 + 2），所以輸出9位小數。

◈ 變數相除時會以Decimal()方法所設的有效位數為主，所以輸出27位小數。

認識有理數

分數並不屬於數值型別。但在某些情形下，須以分數（Fraction）或稱有理數（Rational Number）來表達「分子/分母」形式，這對Python程式語言來說並不是困難的事。要以分數做計算時，必須匯入fractions模組。Fraction()方法的語法如下：

```
Fraction(numerator, denominator)
```

◈ numerator：分數中的分子，預設值為0。

◈ denominator：分數中的分母，預設值為1。

◈ 無論是分子或分母只能使用正值或負值整數，否則會發生錯誤。

例一：使用分數做運算時必須匯入fractions模組。

```
import fractions #匯入fractions模組
fractions.Fraction(12, 18)    #輸出Fraction(2, 3)
```

◈ 如果只匯入fractions模組，必須以fractions類別來指定Fraction()方法。

例二：使用「from模組import方法」敘述匯入指定方法Fraction。

```
from fractions import Fraction
number = Fraction(12, 18)    #可省略fractions類別
```

```
Fraction('1.348')     #回傳Fraction(337, 250)
```

```
Fraction(Fraction(3, 27), Fraction(4, 24))     #①
```

◈ 進行約分動作，變數number得到「Fraction(2, 3)」。

◈ 方法Fraction()也能以字串為參數，回傳時自動做約分。

◈ ①Fraction()方法分別以兩個Fraction()方法為參數也可以做約分，回傳「Fraction(2, 3)」。

1.2.3 使用運算式

程式語言最大作用就是將資料經過處理、運算，轉成有用的訊息可供我們提取。Python程式語言提供不同種類的運算子，配合宣告的變數進行運算。運算式由運算元（operand）與運算子（operator）組成，簡介如下：

- 運算元：包含了變數、數值和字元。
- 運算子：算術運算子、指派運算子、邏輯運算子和比較運算子等。

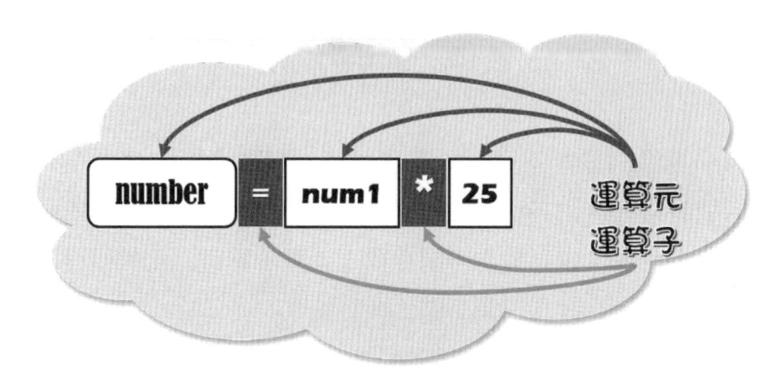

圖1-2　運算式由運算子和運算元組成

運算子如果只有一個運算元，稱為單一運算子（Unary operator），例如：表達負值的「-8」（半形負號）。如果有兩個運算元，則是二元運算子，如後文所介紹的算術運算子。

算術運算子

算術運算子提供運算元的基本運算，包含加、減、乘、除等，佐以下表1-4列舉之。

運算子	說明	運算	結果
+	把運算元相加	total = 5 + 7	total = 12
-	把運算元相減	total = 15 - 7	total = 2
*	把運算元相乘	total = 5 * 7	total = 35
/	把運算元相除	total = 15 / 7	total = 2.14
**	指數運算子（冪）	total = 15 ** 2	total = 225
//	取得整除數	total = 15 // 4	total = 3
%	除法運算取餘數	total = 15 % 7	total = 1

表1-4　算術運算子

Python提供的算術運算子，其運算法則跟數學相同：「先乘除後加減，有括號者優先。」各位應該記得，Python Shell的互動模式可當作簡易的計算器來使用；輸入數字再配合算術運算子即可。比較值得關注是兩數相除所得的「商」會有三個話題供做討論：

- 兩數相除得到商數值，除得盡的話，Python直譯器會將所得商數自動轉換爲浮點數型別。
- 除不盡時以「//」運算子取整數商值。
- 「%」運算子取得餘數。

例一：透過下列運算式「118/13」來了解它們會引發什麼問題！

```
118/13      #相除後，商數以浮點點9.076923076923077回傳
118//13     #只會獲得整數的商數值9
118%13      #相除後，由於除不盡，所以餘數得「1」
```

```
-118//13    #回傳-10，是一個接近於「-9.0769…」的整數值
```

處理運算後的小數位數，可以找內建函式round()來幫忙，它依據四捨五入的原則來指定輸出的小數位數，語法如下：

```
round(number[, ndigits])
```

◈ number：欲處理的數值。

◈ ndigits：選項參數，用來指定欲輸出的小數位數，省略時會以整數輸出。

例二：將圓周率pi以round()函式來處理其小數位數。

```
import math
round(math.pi)          #第二個參數省略，以整數輸出「3」
round(math.pi, 4)       #指定輸出小數4位，所以是「3.1416」
```

如果要取得兩個數值相除之後的商數和餘數，更聰明的選擇是BIF的divmod()函式，語法如下：

```
divmod(x, y)
```

◈ 參數x、y爲數值。

◈ 先執行「x // y」的運算，再執行「x % y」，兩者運算結果以tuple回傳。

例三：王小明手上有147元，去便利商店買飲料，飲料一瓶25元，他可以買幾瓶？店員要找王小明多少錢？

```
divmod(147, 25)     #以Tuple回傳(5, 22)
```

◈ 運算式「147//25」，得整數商值「5」；再以147 % 25得餘數「22」。

◈ 表示王小明可以買5瓶飲料，店員要找他22元。

再來檢視乘法運算，「*」運算子表示前後的運算元相乘，「**」則是指數運算子，依指定值將某個數值做冪次方相乘。

```
5*6     #回傳 30
5**6   # 運算式 5*5*5*5*5*5 就是5⁶
```

指派運算子

配合算術運算子，以變數為運算元，把運算後的結果再指派給變數本身。以下述簡述來說明：

```
number = 13 #指派number的變數值為13
number = number + 30
```

◈ 將變數number的值「13」再加30得到43，再指給變數number儲存。

```
number += 20 #以指派運算子簡化前一行敘述
```

有哪些指派運算子？利用下表1-5說明這些指派運算子，假設變數「number = 15」。

運算子	運算	指派運算	結果
+=	number = number + 10	number += 10	number = 25
-=	number = number - 10	number -= 10	number = 5
*=	number = number * 10	number *= 10	number = 150
/=	number = number / 10	number /= 10	number = 1.5
**=	number = number ** 3	number **= 3	number = 3375
//=	number = number // 4	number //= 4	number = 3
%=	number = number % 7	number %= 7	number = 1

表1-5　指派運算子

比較運算子

比較運算子用來比較兩個運算元的大小，所得到的結果會以布林值True或False回傳，表1-6列示這些比較運算子（假設opA = 20，opB = 10）。

運算子	運算	結果	說明
>	opA > opB	True	opA大於opB，回傳True
<	opA < opB	False	opA小於opB，回傳False
>=	opA >= opB	True	opA大於或等於opB，回傳True
<=	opA <= opB	False	opA小於或等於opB，回傳False
==	opA == opB	False	opA等於opB，回傳False
!=	opA != opB	True	opA不等於opB，回傳True

表1-6　比較運算子

例一：比較運算子的用法。

```
num1, num2 = 45, 33
num1 > num2     # 條件成立，回傳True
>>> num1 < num2     # 條件未成立，回傳False
>>> num1 == 45      # 條件成立，回傳True
>>> num2 != 33      # 條件不成立，回傳False
```

例二：再來看一個有趣現象，字串和數值之間，以「==」運算子判斷時，不可能相等；但若是整數和浮點點以「==」運算子判斷時，以「True」回傳。

```
num1 = '422' #字串
num2 = 422; num3 = 422.0 #整數和浮點數
num1 == num2      # 回傳False
```

```
num2 == num3     # 回傳True
num1 != num3     # 兩者並不相等
```

邏輯運算子

邏輯運算子是針對運算式的True、False值做邏輯判斷，利用下表1-7做說明。

運算子	運算式1	運算式2	結果	說明
and（且）	True	True	True	兩邊運算式為True才會回傳True
	True	False	False	
	False	True	False	
	False	False	False	
or（或）	True	True	True	只要一邊運算式為True就會回傳True
	True	False	True	
	False	True	True	
	False	False	False	
not（否）	True	--	False	運算式反相，所得結果與原來相反
	False	--	True	

表1-7　邏輯運算子

邏輯運算子常與流程控制配合使用！、and、or運算子做邏輯運算時會採用「快捷」（Short-circuit）運算；它的運算規則如下：

- and運算子：若第一個運算元回傳True，才會繼續第二個運算的判斷；換句話說；第一個運算元回傳False就不會繼續做運算。
- or運算子：若第一個運算元回傳False，才會繼續第二個運算的判斷；換句話說；第一個運算元回傳True就不會再繼續。

例一：認識and跟or邏輯運算子。

```
num = 12
result = (num % 3 == 0) and (num % 4 == 0)
#result回傳True
result = (num % 3 == 0) or (num % 5 == 0)
#result回傳True
```

◈ 邏輯運算子and兩邊的運算式「num % 3 == 0」和「num % 4 == 0」所得餘數皆為「0」，所以回傳True。

◈ 邏輯運算子or左邊的運算式「num % 3 == 0」所得餘數為「0」的條件成立，所以回傳True。

例二：認識not運算子的反相作用！

```
num1 = '422'; num2 = 422;      #字串和整數
not num1 != num2      #回傳False
not num1 == num2      #回傳True
```

◈ 因為「num1 != num2」條件成立得到「True」，經過not運算得到反相結果，以「False」回傳。

◈ 因為「num1 == num2」條件不成立得到「False」，經過not運算得到反相結果，以「True」回傳

1.3 流程結構

一個結構化的程式會包含下列三種流程控制：

➢ 循序結構（Sequential）：由上而下的程式敘述，這也是前面章節撰寫程式碼最常見的處理方式，例如：宣告變數，輸出變數值，如圖1-3。

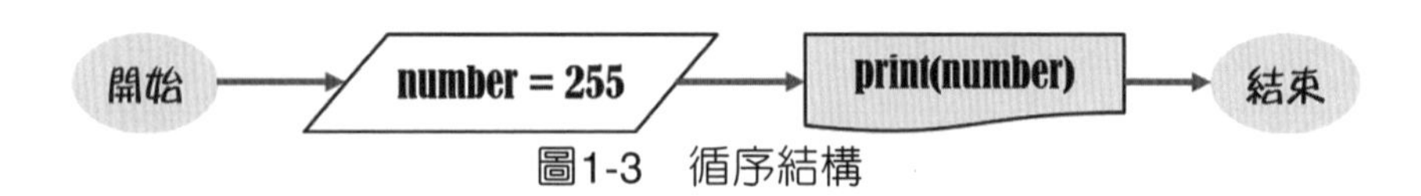

圖1-3　循序結構

- 決策結構（Selection）：它是一種條件選擇敘述，依據其作用可分爲單一條件和多種條件選擇。例如，颱風天以風力級數來決定是否要放假？風力達到10級就宣布停班、停課。
- 迭代結構（Iteration）：迭代結構可視爲迴圈控制，在條件符合下重覆執行，直到條件不符合爲止。例如，拿了1000元去超市購買物品，直到錢花光了，才會停止購物動作。

1.3.1 Python的suite

大部分的程式語言會以大括號{}來形成區塊（Block）。對於Python來說，有個特殊名稱，稱爲「suite」。它由一組敘述組成，配合關鍵字和冒號（:）作爲suite開頭，搭配的子句敘述必須做縮排動作，否則解譯時會發生錯誤。什麼情形下會使用半形冒號「:」並形成suite？目前就以流程控制if敘述或迴圈結構做開端。

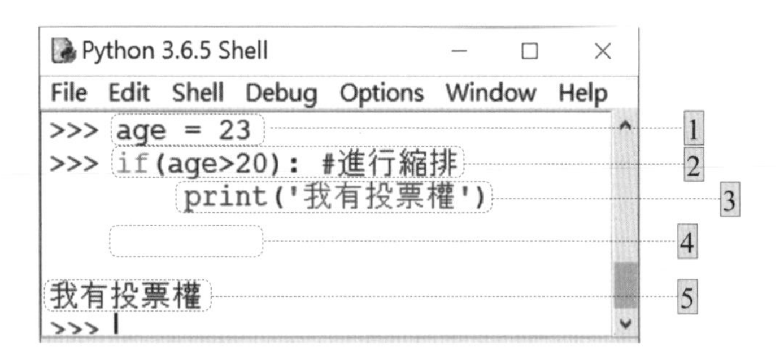

Step 1. 先設定變數age的值。

Step 2. if敘述之後是條件運算式「age >= 20」之後要加半形冒號字元「:」來進入suite（程式區塊的開始）；當我們按下【Enter】鍵，

Python Shell會自動將下一行做縮排動作。

Step 3. 自動縮排，表示print()函式位於suite（程式區塊）中。

Step 4. 要多按一次【Enter】鍵來表示if敘述的suite結束了（結束程式區塊）。

Step 5. 由於變數age的值有大於25，所以輸出條件運算結果。

1.3.2 條件做選擇

決策結構可依據條件做選擇；Python提供「單一條件」和「多重條件」兩種。處理單一條件時，if敘述能提供單向和雙向處理；多重條件情形下，以if/elif敘述處理並回傳單一結果。

單一條件

單一條件只有一個選擇時，使用if敘述；它如同我們口語中「如果…就…」；「如果分數60以上，就顯示及格」。這說明if敘述還要搭配比較或邏輯運算子做判斷。if敘述的語法如下：

```
if 條件運算式:
    # 運算式_true_suit敘述
```

◈ if敘述搭配條件運算式，做布林判斷來取得眞或假的結果。

◈ 條件運算式之後要有「:」（半形）來做作爲縮排的開始。

◈ 運算式_true_suit：符合條件的敘述要縮排產生程式區塊，否則解譯會產生錯誤。

if敘述如何進行條件判斷？以分數是否及格做解說。

```
if score >= 60:
   print('Passing...')
```

條件運算式「score >= 60」表示輸入的分數大於或等於60分，才會顯示「Passing」字串。

單一條件雙向選擇

接續分數的話題，如果分數大於60分就顯示「及格」，「不及格」的分數要如何表示？當單一條件有雙向選擇時就如同口語的「如果…就…，否則…」。

```
if 條件運算式:
    # 運算式_true_suite敘述
else:
    # 運算式_false_suite敘述
```

◈ 運算式_true_suite：符合條件運算時，會執行True敘述。

◈ else敘述之後加記得加上字元「:」形成suite。

◈ 運算式_false_suite：表示不符合條件運算時，執行False敘述。

例一：以分數來說明if/else敘述的判斷。

```
if score >= 60:
    print('通過考試')
else:
    print('請多努力')
```

認識三元運算子

「三元運算子」？故名思義，乃運算式中有三個運算元。if/else敘述還能以三元運算子做更簡潔的表達，語法如下：

```
X if C else Y
Expr_ture if 條件運算式 else Expr_false
```

◈ 三元運算子的三個運算元：X、C、Y。

◈ X：Expr_true，條件運算式爲True的敘述。

◈ C：if敘述之後的條件運算式。

◈ Y：Expr_false，條件運算式爲False的敘述。

例二：還是以分數60分爲依據，配合三元運算子做簡單敘述。

```
score = 78
print('及格' if score >= 60 else '不及格')
```

◈ 配合print()函式，將三元運算子作爲其參數。

◈ 變數score儲存的值確實有大於條件運算式「score >= 60」就會顯示訊息「及格」。

例三：兩個數值比較大小時，使用if/else敘述做判斷，可將結果儲存給變數，再輸出此變數即可。

```
a, b = 147, 652     #宣告變數 a = 147, b = 652
print(a if a > b else b)
```

◈ 由於條件運算「a > b」並不成立，所以輸出變數b的值「652」。

例四：購物金額大於1200元時打9折，未達此金額就沒有折扣，以三元運算子做表達。

```
amount = 1985
print(amount*0.9 if amount > 1200 else amount)
# 輸出1786.5
```

多重條件

多重條件判斷就是採用if/elif敘述，它可以將條件運算逐一過濾，選擇最適合的條件（True）來執行某個區段的敘述，它的語法如下：

```
if 條件運算式1 :
    # 運算式1_true_suit
elif 條件運算式2 :
    # 運算式2_true_suit
elif 條件運算式N
    # 運算式N_true_suit
else:
    # False_suit敘述
```

◈ 當條件運算1不符合時會向下尋找到適合的條件運算式爲止。

◈ elif敘述是else if之縮寫。

◈ elif敘述可以依據條件運算來產生多個敘述；其條件運算式之後也要有冒號；它會與True敘述形成程式區塊。

以if/elif敘述依分數做成績等級的判斷，簡例如下：

```
# 參考範例「MultiCond.py」
if score >= 90:
    print('非常好！')
elif score >= 80:
    print('好成績！')
elif score >= 70:
    print('不錯噢')
elif score >= 60:
```

```
    print('表現尚可')
else:
    print('要多努力！')
```

進行某項條件運算的判斷時，它會逐一過濾條件！假設分數爲78分，它會先查看是否大於或等於60，條件成立會再往下查看，它是否大於或等於70，最後找出最適合的條件運算。

1.3.3 迴圈

流程控制中，介紹了選擇結構，接下來要來了解迴圈結構的使用。所謂的「迴圈」（Loop，或稱迭代）是它會依據運算條件反覆執行，只要進入迴圈它就會再一次檢查運算條件，條件符合才會往下繼續，直到條件運算不符合才會跳離迴圈，它包含：

- for/in迴圈：可計次迴圈，可配合range()函式，控制迴圈重覆執行的次數。
- While迴圈：指定條件運算式不斷地重覆執行，直到條件不符合爲止。

while迴圈的特性

while迴圈會依據條件值不斷地執行，它適用資料沒有次序性，不清楚迴圈執行次數，語法如下：

```
while 條件運算式 :
    # 符合條件_suite敘述
else:
    # 不符合條件_suite敘述
```

◈ 條件運算式可以搭配比較運算子或邏輯運算子。

◈ else敘述是一個可以彈性選擇的敘述。當條件運算不成立時，會被執行。

用一個簡例來說明while迴圈的運作。

```
x, y = 1, 10
while x < y:
    print(x, end = ' ')
    x += 1    #輸出1 2 3 4 5 6 7 8 9
```

◈ 設定兩個變數x、y並給予初值；當x的值小於y時，就會不斷進入迴圈執行，而變數x也會不斷加1，直到x的值不再小於y，就會停止迴圈的執行。

◈ 當x的值爲「9」時，它會再做一次累加，重新進入迴圈做條件判斷，此時「10 < 10」的條件不成立，所以迴圈不會再往下執行。

for/in迴圈和內建函式range()

使用for/in迴圈，開宗明義說它可計次，所以得有計數器記錄迴圈執行的次數，其語法如下：

```
for item in sequence/iterable:
    #for_suite
else:
    #else_suite
```

◈ item：代表的是序列型別的集合元素，也能當做計數器來使用。

◈ sequence/iterable：除了不能更改順序的序列值，還包含了可循序迭代的物件，搭配內建函式range()來使用。

◈ else和else_suit敘述可以省略，但加入此敘述可提示使用者for迴圈已正常執行完畢。

實際上，聰明的for/in迴圈早就找了range()函式擔任計數器，爲迴圈執行的次數把關；有了計數器得有起始值和終止值配合。依據程式需求，可能要有增減值的參與，無論是由小而大累計或由大而小遞減；沒有特別明定的話，迴圈在range()函式的主導下，每跑一次迴圈就會自動累加1。所以，得認識一下Python的內建函式range()，語法如下：

```
range([start], stop[, step])
```

◈ start：起始值，預設爲0，參數值可以省略。

◈ stop：停止條件；必要參數不可省略。

◈ step：計數器的增減值，預設值爲1。

以for/in迴圈配合range()函式，以下列敘述來了解它的基本用法。

```
for k in range(4):
    print(k, end = ' ')
# 輸出0 1 2 3
```

```
for k in range(1, 5):
    print(k, end = ' ')
# 輸出1 2 3 4
```

```
for k in range(3, 13, 3):
    print(k, end = ' ')
# 輸出3 6 9 12
```

◈ range(4)：只有參數stop「4」，配合索引概念，輸出0~3共4個數。

◈ range(1, 5)：參數start「1」、stop「5」；輸出1~4共4個數值。

◈ range(3, 13, 3)：表示參數start「3」、stop「13」、step「3」；3~13之間，每間隔3來輸出，共有4個數值。

要了解for/in迴圈的運作，最經典範例就是將數值加總，配合range()

函式，簡例如下：

```
#參考範例「forLoop.py」
total = 0 #儲存加總結果
for count in range(1, 11): #數值1~10
   total += count #將數值累加
   print('累加值', total) #輸出累加結果
else:
   print('數值累加完畢...')
```

1.3.4 break和continue敘述

break敘述用來中斷迴圈的執行，於指令下達處離開所在的迴圈並結束程式的執行。以下述簡例做說明：

```
# 參考範例「break.py」
print('數值：', end ='')
for x in range(1, 11):
    result = x**2
    #如果result的值大於就中斷迴圈的執行
    if result > 20:
        break
    print(result, end = ', ')
# 輸出 數值：1, 4, 9, 16,
```

◈ 當變數result的值大於20就以break敘述中斷迴圈的執行。

continue敘述

continue敘述能移轉迴圈的控制權，跳過目前的敘述，讓迴圈條件運算繼續下一個迴圈的執行。利用下述範例來了解break和continue敘述的不同處。

範例「continue.py」 continue敘述

```
01 total = 0 #儲存累加結果
02 for item in range(3, 21, 3):
03     if item == 9:
04         continue #中斷此次迴圈
05     else:
06         total += item
07         print('計數器 = {0:2d}, 總和 = \
08                 {1:2d}'.format(item, total))
09 else:
10     print('for迴圈執行完畢')
```

建置、執行

```
計數器 =  3, 總和 =  3
計數器 =  6, 總和 =  9
計數器 = 12, 總和 = 21
計數器 = 15, 總和 = 36
計數器 = 18, 總和 = 54
for迴圈執行完畢
```

程式說明

◈ 第4行：if/else敘述再加上continue敘述，就可以發現「item = 9」會被跳過不執行，然後回到上一層for迴圈繼續執行。

1.4 函式

依其程式的設計需求，學習Python大概會用到三種函式：

- 系統內建函式（Built-in Function，簡稱BIF），如：取得型別的type()函式，搭配for迴圈的range()函式。
- Python提供的標準函式庫（Standard Library）。就像匯入math模組時，會以類別math提供的類別方法；或者建立字串物件，實做str的方法。
- 程式設計者利用def關鍵字自行定義的函式。

無論是哪一種函式，皆可用type()函式探查，例如：將內建函式sum()作爲type()函式的參數，會回傳「class 'builtin_function_or_method'」表示它是一個內建函式或方法。如果是某個類別所提供的方法，會以「class 'method_descriptor'」；而msg()是自行定義的，會以「class 'function'」來回應。

1.4.1 Python的內建函式（BIF）

Python有哪些內建函式（BIF）？表1-8介紹與數值運算有關的函式。

BIF	說明
int()	整數或轉換爲整數型別
bin()	轉整數爲二進位，以字串回傳
hex()	轉整數爲十六進位，以字串回傳
oct()	轉整數爲八進位，以字串回傳
float()	浮點數或轉換爲浮點數型別
complex()	複數或轉換爲複數型別
abs()	取絕對值，x可以是整數、浮點數或複數
divmod()	a // b得商，a % b取餘，a、b爲數值
pow()	x ** y，(x ** y) % z
round()	將數值四捨五入

表1-8　與數值有關的內建函式

表1-9列舉字串有關的函式，像是取得ASCII值的ord()函式，或者將ASCII值轉為單一字元的chr()函式。

BIF	說明
str()	字串或轉為字串型別
chr()	將ASCII數值轉為單一字元
ord()	將單一字元轉為ASCII數值
ascii()	以參數回傳可列印的字串
repr()	回傳可代表物件的字串
format()	依據規則將字串格式化

表1-9　與字串有關的內建函式

表1-10列舉與序列型別有關的函式，例如：透過list()函式可將其他物件轉為List。

BIF	說明	BIF	說明
range()	回傳range物件	enumerate()	列舉可迭代者時加入索引
list()	List或轉換為list物件	tuple()	Tuple或轉換為tuple物件
len()	回傳物件的長度	slice()	切片
max()	找出最大的	min()	找出最小的
reversed()	反轉元素，以迭代器回傳	sum()	計算總和
sorted()	排序	hash()	回傳物件的雜湊值

表1-10　與序列型別有關的內建函式

表1-11與物件有關的函式，例如，id()函式可以取得每個物件的身分識別碼。

BIF	說明
id()	回傳物件的識別碼
type()	回傳物件的型別
object()	建立基本的物件
super()	回傳代理物件，委派方法呼叫父類別
issubclass()	判斷類別是否爲指定類別的子類別
classmethod()	類別方法
staticmethod()	靜態方法
isinstance()	判斷物件是否爲指定類別的實體
getattr()	取得物件的屬性項
setattr()	設定物件的屬性項
hasattr()	判斷物件是否有屬性項
delattr()	刪除物件的屬性項
property()	屬性
memoryview()	回傳「記憶體檢視」物件

表1-11　與物件有關的內建函式

其他的內建函式，以下表1-12列示之。

BIF	說明
bytearray()	可變的位元組陣列
bytes()	位元組
print()	輸出字串於螢幕
input()	取得輸入的資料
open()	開啓檔案
__import__()	用於底層的import敘述

BIF	說明
compile()	編譯原始碼
eval()	動態執行Python運算式
exec()	動態執行Python敘述
globals()	回傳全域命名空間字典
locals()	回傳區域命名空間字典
dir(object)	列示目前區域範圍的名稱
help()	啟動內建的文件系統

表1-12　與物件有關的內建函式

1.4.2 自訂函式與回傳值

首先，認識定義函式的語法：

```
def 函式名稱(參數串列):
    函式主體_suite
    [return 值]
```

◈ def是關鍵字，用來定義函式，為函式程式區塊的開頭，所以尾端要有冒號「:」來作為suite的開始。

◈ 函式名稱：遵守識別字名稱的規範。

◈ 參數串列：或稱形式參數串列（format argument list）用來接收資料，其名稱亦適用於識別字名稱規則，可多個參數，也可以省略參數。

◈ 函式主體必須縮排，可以是單行或多行敘述。

◈ return：用來回傳運算後的資料。如果無數值運算，return敘述可以省略。

例一：定義函式msg()，它沒有參數串列，只以print()函式輸出字串。

```
def msg():
    print('Hello World')
```

◈ 程式中只要呼叫此函式名稱就會印出「Hello World!」字串。

例二：定義函式有n1和n2兩個形式參數（formal parameter），接收資料後進一步比較其大小。

```
# 參考範例「fuc01.py」
def funcMax(n1, n2):
    if n1 > n2:
        result = n1
    else:
        result = n2
    return result
```

◈ 函式主體以if/else敘述判斷n1、n2兩個數值，如果n1大於n2，表示最大值n1；如果不是就表示n2是最大值。無論是那一個，都交給變數result儲存，再以return敘述回傳其結果。

呼叫函式

定義好的函式，如何呼叫？就跟我們使用的內建函式或者類別所提供的方法一樣，透過程式的敘述直接呼叫；如果函式有參數就必須傳入參數值，經由函式的執行再回傳結果。

```
# 參考範例「fuc01.py」
num1, num2 = eval(input('輸入兩個數值：'))
print('較大值', funcMax(num1, num2))
```

◈ 呼叫funcMax()函式並傳入2個參數，它們由input()函式取得。

◈ 完成數值的大小比較之後，由return敘述回傳結果。

◈ 形式參數和實際引數必須對應。定義函式有2個形式參數；呼叫函式也要有2個實際引數做對應，否則會引發錯誤訊息。

Python程式語言裡會先以def關鍵字來定義函式，再撰寫其他敘述和呼叫函式的敘述，其程式結構可參考簡易的自訂函式msg()。

回傳值

函式經過運算後若有回傳值，可以透過return敘述來回傳，它的語法如下：

```
return <運算式>
return value
```

◈ return敘述能回傳單一值，或是整個運算式的運算結果。

以一個簡單例子說明return敘述的用法：

```
def funcTest(a, b):    #定義函式
    return a**b + a//b     #回傳運算結果
funcTest(14, 8)    #呼叫函式
```

回傳

1475789057

自訂函式中的回傳值可能是單一值，也能回傳整個運算式，此外，若是多個回傳值，則Tuple物件能幫忙，由下述的實作範例做討論。

➢ 自訂函式沒有參數，函式主體也無運算式，以print()函式輸出訊息即可。

```
# 參考範例「fuc02.py」- step 1. 定義函式
def message():
    zen = '''
        Beautiful is better than ugly.
        Explicit is better than implicit.
    '''
    print(zen)
message()     # step 2. 呼叫函式
```

➢ 當自訂函式有參數，而且函式主體有運算，就以return敘述回傳運算後的結果，參考範例「fuc03.py」。

```
# 參考範例「fuc03.py」- 定義函式total
def total(num1, num2, num3):
    result - 0 #儲存運算結果
    for item in range(num1, num2 + 1, num3):
        result += item #數值相加
    return result #回傳運算結果
# 省略部分程式碼
    #呼叫自訂函式
    print('數值總和:{:,}'.format(total(start, finish, step)))
```

➢ 回傳值有多個，return敘述可以配合Tuple物件來表達，參考範例「fuc04.py」。

```
# 參考範例「fuc04.py」
def answer(x, y):
    return x+y, x*y, x/y
#呼叫函式
numA = int(input('輸入第一個數值:'))
numB = int(input('輸入第二個數值:'))
print('運算結果:\n', answer(numA, numB))
```

1.4.3 參數機制

使用函式時，配合參數可做不同的傳遞和接收。學習它之前，先了解二個名詞：

- 實際引數（Actual Argument）：程式中呼叫函式時，將接收的資料或物件傳遞給自訂函式，以位置引數為預設。
- 形式參數（Formal Parameter）：定義函式時；用來接收實際引數所傳遞的資料，進入函式主體執行敘述或運算，預設以位置參數為主。

由於參數和引數在函式中所扮演的角色並不同，那麼定義函式、呼叫函式時，形式參數、實際引數除了以位置參數為主之外，還有哪些呢？

- 預設參數值（Default Parameter values）：讓自訂函式的形式參數採預設值方式，當實際引數未傳遞時，以「預設參數 = 值」做接收。
- 關鍵字引數（Keyword Argument）：呼叫函式時，實際引數直接以形式參數為名稱，配合設定值做資料的傳遞。

傳遞引數

呼叫函式時，實際引數如何做資料的傳遞？簡單來說就是「我丟」（呼叫函式，傳遞引數）、「你撿」（定義函式，接收參數）的工作，它有順序性，而且是一對一。其他的程式語言會以兩種方式來傳遞引數：

➢ 傳值（Call by value）：若為數值資料，會先把資料複製一份再傳遞，所以原來的引數內容不會被影響。

➢ 傳址（Pass-by-reference）：傳遞的是引數的記憶體位址，會影響原有的引數內容。

那麼Python如何做引數傳遞？上述的二種方法皆可適用，也可以說不適用。因為Python依據的原則是：

➢ 不可變（Immutable）物件（如：數值、字串）：使用物件參照時會先複製一份再做傳遞。

➢ 可變（Mutable）物件（如：串列）：使用物件參照時會直接以記憶體位址做傳遞。

範例「callFunc.py」定義了函式passFunc()，內部變更了name的變數值，只會影響函式內部；但新增list物件的元素會影響函式外部串列value的元素個數。

```
# 參考範例「callFunc.py」
def passFun(name, score):
    name = 'Tomas'    #只有內部的名字被改變
    print('名字:', name, end = ', ')
    #新增一個分數，也影響函式之外的串列
    score.append(47)
    print('分數', score)    #輸出變更後的Tomas，分數[75, 68, 47]
#呼叫函式
title = 'Mary'
value = [75, 68]
passFun(title, value)    #呼叫函式
print(title, ' 分數', value)
```

◈ 最後一行輸出時，由於字串不可變，所以輸出Mary，但List物件為可變，所以是變更後的分數[75, 68, 47]。

1.5 物件導向簡介

對於物件導向的觀念有所認識之後，要以Python程式語言的觀點來深入探討類別和物件的實作，配合物件導向程式設計（OOP）的概念，瞭解類別和物件的建立方式！依據Python的官方說法，其類別機制是C++以及Modula-3的綜合體。所以它的特性有：

- Python所有的類別（Class）與其包含的成員都是public，使用時不用宣告該類別的型別。
- 採多重繼承，衍生類別（Derived class）可以和基礎類別（base class）的方法同名稱，也能覆寫（Override）其所有基礎類別（base class）的任何方法（method）。

1.5.1 類別與物件

類別由類別成員（Class Member）組成，類別使用之前要做宣告，語法如下：

```
class ClassName():
    # 定義初始化內容
    # 定義method
```

- ◈ class：使用關鍵字建立類別，配合冒號「:」產生suite。
- ◈ ClassName：建立類別使用的名稱，同樣必須遵守識別字的命名規範。
- ◈ 定義method時，跟先前介紹過的自定函式一樣，須使用def敘述。

例如：建立一個空類別。

```
class student:
    pass
```

◈ 建立student類別，使用pass敘述是表示什麼事都不做。

定義方法

通常，可在定義類別的過程中加入屬性和方法（Method），再以物件來存取其屬性和方法。定義方法時，可以把方法視爲：

➢ 它只能定義於類別內部。

➢ 只有產生實體（物件）才會被呼叫。

定義方法時，依然使用關鍵字「def」，而定義方法的第一個參數必須是自己，習慣上使用self做表達，它代表建立類別後實體化的物件。self類似其他程式語言中的this，指向物件自己本身；以一個簡單的範例來說明類別和其用法。

```
class Motor:
    def buildCar(self, name, color):
        self.name = name    #物件屬性name
        self.color = color    #物件屬性color
```

所以，定義類別Motor之後，定義物件方法buildCar()，它的第一個參數使用self來指向實體化的物件本身。而方法中的其他參數在傳入之後，亦可進一步利用「self」來設定物件的屬性。因此，「self.name = name」表示參數name所傳的值，經由指派後就成了Motor實作物件的屬性name。

實作物件

要將類別實體化（Implement）就是產生物件，有了物件可進一步存取類別裡所定義的屬性和方法；其語法如下：

```
物件 = ClassName(引數串列)
物件.屬性
物件.方法()
```

◈ 物件名稱同樣得遵守識別字的規範。

◈ 引數串列可依據物件初始化做選擇。

範例「Motor.py」定義類別和方法

```
01 class Motor:
02     def buildCar(self, name, color):
03         self.name = name
04         self.color = color
05     def showMessage(self):
06         print('款式:{0:6s}, 顏色:{1:4s}'.format(
07         self.name, self.color))
08 
09 car1 = Motor()    #物件1
10 car1.buildCar('Vios', '極光藍')
11 car1.showMessage() #呼叫方法
12 car2 = Motor()#物件2
13 car2.buildCar('Altiss', '炫魅紅')
14 car2.showMessage()
```

程式說明

◈ 第2~4行：Motor類別中，定義第一個方法，用來取得物件的屬性。如果未加self敘述，則以物件呼叫此方法時會發生TypeError。

◈ 第3、4行：將傳入的參數透過self敘述來作爲物件的屬性。

◈ 第5~7行：定義第二個方法，用它來輸出物件的相關屬性。

◈ 第9~11行：產生物件並呼叫其方法。

1.5.2 物件初始化

通常定義類別的過程中可將物件做初始化，其他的程式語言會將建構和初始化以一個步驟來完成，通常採用建構函式（Constructor）。對於Python程式語言則有些許不同，它維持兩個步驟來實施：①呼叫特殊方法__new__()來建構物件。②再呼叫特殊方法__init__()來初始化物件。

__new__()方法建構物件

建立物件時，會以__new__()方法呼叫cls類別建構新的物件，先來看看它的語法：

```
object.__new__(cls[, ...])
```

◈ object：類別實體化所產生的物件。

◈ cls：建立class類別的實體，通常會傳入使用者自行定義的類別。

◈ 其餘參數可作爲建構物件之用。

__new__()方法可以決定物件的建構，如果第一個參數回傳的物件是類別實例，則會呼叫__init__()方法繼續執行（如果有定義的話），它的第一個參數會指向所回傳的物件。如果第一個參數未回傳其類別實例（回傳別的實例或None），則__init__()方法即使已定義也不會執行。

__init__()方法初始化物件

由於__new__()本身是一個靜態方法，它幾乎已涵蓋建立物件的所有的要求，所以Python直譯器會自動呼叫它。但是物件初始化，Python會要求重載（Overload）__init__()方法；認識其語法。

```
object.__init__(self[, ...])
```

◈ object為類別實體化所產生的物件。

◈ 使用__init__()方法的第一個參數必須是self敘述，接續的參數可依據實際需求來覆寫（override）此方法。

利用一個簡單的例子來說明方法__new__()和__init__()兩者之間的連動變化。

```
# 參考範例「initClass.py」
class Student:
   def __new__(cls, name):     #__new__()建構物件
      if name != '' :
         print('已開始...')
         return object.__new__(cls)
      else:
         print('沒有人報名')
         return None
   def __init__(self, name):    #__init__()初始化物件
      print('報名者：', name)

st1 = Student('') #沒有名稱
st2 = Student('Mary')
```

◈ 方法__new__()的參數cls用來接收實體化的物件，參數name則是建構物件時傳入其名稱。

◈ 定義__init__()方法，第二個參數「name」必須與__new__()的第二個參數相同。

◈ 實做物件st2帶入參數，__new__()方法回傳的第一個參數是類別實例，就會繼續執行__init__()方法。因此，方法__new__()與__init__()須具相同個數的參數；若兩者的參數不相同，同樣會引發TypeError。

1.5.3 繼承機制

繼承（Inheritance）是物件導向技術中一個重要的概念。繼承機制是利用現有類別衍生出新的類別所建立的階層式結構。透過繼承讓已定義的類別能以新增、修改原有模組的功能。

當衍生類別繼承了基底類別之後，除了讓程式碼再用的機會大大的提昇之外，也能物盡其用，縮短開發的流程。Python採用多重繼承機制，未介紹類別之前，認識與繼承有關的兩個名詞。

➢「基底類別」(Base Class）也稱父類別（Super class），表示它是一個被繼承的類別。

➢「衍生類別」(Derived Class）也稱子類別（Sub class），表示它是一個繼承他人的類別。

對Python來說要繼承另一個類別，只要定義類別時指定某個已存在的類別名稱即可，先說明其語法。

```
class DerivedClassName(BaseClassName):
    <statement-1>
    . . .
    <statement-N>
```

◈ DerivedClassName：欲繼承的類別名稱，稱衍生類別或子類別，其名稱必須遵守識別字的規範。

◈ BaseClassName：括號之內是被繼承的類別名稱，稱基礎類別或父類別。

以一個簡例來說明兩個類別之間如何產生繼承關係。

```
# 參考範例「Inheritance.py」
class Father: #基礎類別
    def walking(self):
        print('多走路有益健康!')
class Son(Father): #衍生類別
    pass

Joe = Son()     #子類別實體(即物件)
Joe.walking()
```

◈ 定義一個父類別（或基底類別）Father，內含方法walking()。

◈ 定義了子類別（或稱衍生類別）Son，括號內是要指定另一個類別名稱Father，表示Son類別繼承了父類別。

兩個類別發生繼承關係，表示子類別擁有父類別的屬性和方法。所以子類別Son的實體，可以直接呼叫父類別的方法walking()。

同時擁有多個基底類別

對於Python而言，衍生類別同時擁有多個基底類別是可行，它的語法如下：

```
class DerivedClassName(Base1, Base2, Base3):
    <statement-1>
    . . .
    <statement-N>
```

◈ DerivedClassName為衍生類別或子類別，同樣要遵守識別字的規範。

◈ 括號之內的Base1、Base2代表基底類別的名稱，可依據繼承需求同時指定多個。

不過，由於多重繼承引發的問題較為複雜，此處不會進行更多的討論，以一個簡例了解Python多重繼承的作法。

```
#參考範例「multiInher.py」
class Father: #基底類別一
    def walking(self):
        print('多走路有益健康!')
class Mother: #基底類別二
    def riding(self):
        print('I can ride a bike!')
class Son(Father, Mother): #衍生類別
    pass

Joe = Son()    #產生子類別實體
Joe.walking()
Joe.riding()
```

```
# 輸出
多走路有益健康!      #來自Father類別
I can ride a bike!     #來自Mother類別
```

◈ 定義兩個父類別Father、Mother，各類別裡亦有不同的方法。

◈ 衍生類別Son同時繼承了基底類別Father和Mother，但什麼事也沒做。

◈ 產生子類別物件Joe，它可以呼叫兩個基底類別的方法。

上述簡例說明Python的多重繼承機制，繼承的子類別同時擁有父類別的方法，並且以自己的實體去呼叫兩個基底類別的方法是可行的。

子類別覆寫父類別的方法

對於Python來說，繼承子類別可以覆寫父類別的方法。何謂覆寫（Override）？簡單地說，就是「青出於藍」。在繼承機制下，子類別可重新改寫父類別中已定義的方法。先以一個簡例做說明。

```
# 參考範例「override.py」
class Mother(): #父類別
    def display(self, pay):#父類別所定義的方法
        self.price = pay
        if self.price >= 30000:
            return pay * 0.9
class Son(Mother): #子類別
    def display(self, pay): #覆寫display方法
        self.price = pay
        if self.price >= 30000:
            print('8折：', end = ' ')
            return pay * 0.8
Joe = Son()#建立子類別物件
print(Joe.display(35000))
```

◈ 父類別的方法display()，傳入參數pay，超過30000打9折。

◈ 子類別的方法與父類別方法同名稱，表示子類別的方法覆寫了父類別；所以子類別物件Joe是呼叫自己定義的方法display()，完成打8折動作。

課後習作

一、填充

1. 整數125轉為二進位為__________，使用BIF的__________；轉成八進位為__________，使用BIF的__________，轉成十六進位為__________，使用__________。
2. 填入下列BIF的功能：int()是把__________；float()是把__________。
3. 複數包含__________和__________兩部分__________；要取得更精確的小數位數，要使用內建函式__________。
4. 請填寫下列運算式的答案：(1)__________、(2)__________、(3)__________、(4)__________。

```
a, b = 12, 47
a + b     #(1)
a * b     #(2)
b % a     #(3)
b // a    #(4)
```

5. 請寫出下列敘述中變數k的輸出結果：

```
for k in range(5)    #(1)
for k in range(2, 6)    #(2)
for k in range(5, 25, 4)    #(3)
```

6. break敘述的作用是__________，而continue敘述則是__________。
7. 寫出下列BIF的作用：input()__________、divmod()__________、

format()＿＿＿＿＿＿、type()＿＿＿＿＿＿。

8. 自訂函式時，要使用關鍵字＿＿＿＿＿＿，以＿＿＿＿＿＿敘述回傳結果。
9. Python繼承機制中，被繼承的類別稱為＿＿＿＿＿＿或＿＿＿＿＿＿；繼承他人的類別稱為＿＿＿＿＿＿或＿＿＿＿＿＿。

二、實作題

1. 使用者能輸入兩個數值，用自定函式，回傳相加、相乘；相除和餘數的結果。
2. 使用者能輸入3科分數，以自定函式，回傳總分和平均，並進一步判斷平均分數大於60分，輸出訊息「過關」，未達60分則顯示「多加油」。
3. 撰寫一類別，須輸人學生名稱來初始化，類別內要定義另一個第二個物件方法來計算學分費，學分10分內，每學分835；學分12分以內，每學分750；大於12學分則每學分518。

第二章

程式與資料結構

★學習導引★

- 從資料的特性去了解它與資訊的不同
- 資料結構能做什麼？以常見種類談起
- 演算法能以文字、虛擬碼和流程圖做為工具進行分析
- 演算法的效能從Big-0來看時間複雜度

2.1 資料是什麼？

什麼是資料（Data）？用來表達一個觀念或一個事件的一群文字、數字、符號或圖表。經過處理的資料能應人而異而發揮所長，也就是大家熟悉的的「資訊」（Information）。那麼資料、資料處理和資訊，這三者該如何看待？與資料結構有什麼關係，一起來探討之。

2.1.1 資料的特性

資料具有什麼特性？我們可以從電腦的微觀角度出發，把儲存資料的層次先做簡單區分，它有五種層次：位元、位元組、欄位、記錄和檔案。

- 位元（Bit）：儲存內部資料的最小單位，如同機器語言中的0與1。
- 位元組（Byte）：表示一個「字組」（Word）所需的位元數目，由八個位元組成一個位元組。
- 欄位（Field）：由數個「位元組」（Bytes）組成，為一個獨立且具備某種意義的資料項目，例如身分證資料上的姓名、性別、住址等都算是一種「欄位」。
- 記錄（Record）：由幾個彼此相關的「欄位」構成有意義的基本單位，例如姓名、性別、住址、身分證字號、出生年月日等「欄位」可構成一個國民的身分證「記錄」。
- 檔案（File）：由數筆相關的記錄構成，例如國民身分證檔就是描述所有國民的每筆記錄所構成。

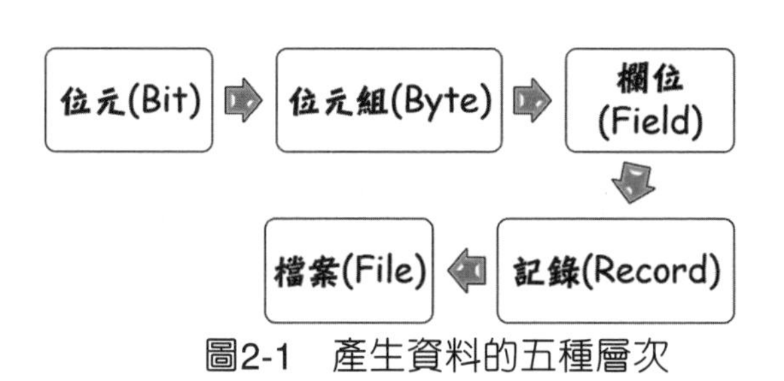

圖2-1 產生資料的五種層次

再把鏡頭向外推移，以電腦的處理角度來思考這個問題。所謂「資料」就是指可以輸入到計算機中，並且被程式處理的文字、數字、符號或圖表等，它所表達出來的是一種沒有評估價值的基本元素或項目。例如姓名或我們常看到的課表、通訊錄等都可泛稱是一種「資料」（Data）。所以，依照資料的特性，可將資料分爲數值和文數資料兩大類：

- 數值資料（Numeric Data），例如0、1、2、3…9所組成，配合運算子（Operator）來做運算的資料。
- 文數資料（Alphanumeric Data）又稱非數值資料（Non-Numeric Data），像A、B、C、+、*、#等。

姓名	國文	英文	數學
林大明	78	91	66
王小風	95	57	87

文數資料　　數值資料

2.1.2 資料與資訊

將上述的兩大類資料，經過有系統的整理、分析、篩選處理所提煉出來的文字、數字、符號或圖表，它具有參考價格及提供決策的依據，具備某種有特別意義的文字、數字或符號，就是「資訊」（Information）。在分析、處理資料的過程中，利用電腦的兩大優點：速度快和容量大，可以帶給我們很大的便利。

圖4-2　資料經由處理才是資訊

將「資料處理」更嚴謹的看待，就是用人力或機器設備，對資料進行有系統的整理如記錄、排序、合併、整合、計算、統計等，以使原始的資料符合需求，而成爲有用的資訊。所以，可以把「資料元素」（Data Element）視爲資料的基本單位。考量其整體性，性質相同的資料元素形成了資料子集，稱爲「資料物件」，它泛指「資料」。舉個例子來說，學生的成績由姓名、國文、英文和數學來傳遞，更通俗的讀說法是一筆記錄；將多筆資料元素集合，就是學生成績，也就是「資料」。

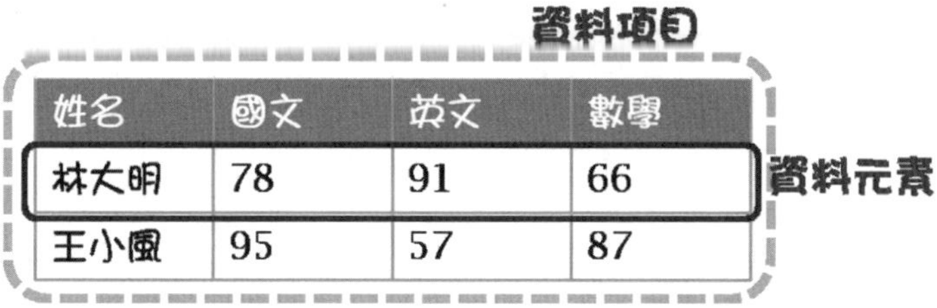

資料項目

姓名	國文	英文	數學
林大明	78	91	66
王小風	95	57	87

資料元素

當然！「資料和資訊的角色並非一成不變」；同一份文件在某種狀況下可能被視爲資料，而在其他狀況下則爲有用的資訊。例如台北市這週的平均氣溫是35℃，這段陳述文字對於高雄市民而言，僅是一項天氣的資料；但居住於台北的市民，表明天氣「炎熱」得提醒自己多補充水份，避免中暑。究竟是「資料」還是「資訊」，會因爲人、事、物而有不同的處理態度。

2.1.3 資料的種類

若以電腦的存在層次來區分，還可以把資料分爲基本資料型別、抽象資料型別兩種。

基本資料型別

所謂的「基本資料型別」（Primitive Data Type），表示它無法以其他型別來定義資料，或者稱爲純量資料型別（Scalar Data Type），幾乎所有的程式語言都會提供一組基本資料，以Python的數值型別就包含int（整數）、float（浮點數）和complex（複數）等。

抽象資料型別

抽象資料型別（Abstract Data Type, ADT）相對於基本資料型別而言，可以看成是定義資料操作的模型，並且利用此模型來定義相關資料的運算及本身屬性所成的集合。而「抽象資料型別」會依其定義來行使它的邏輯特性；也就是說，ADT是一種「資訊隱藏」（Information Hiding），電腦的內部運作和現實無關。例如智慧型手機的品牌琳琅滿目，儲存好朋友的電話號碼時可能是「0900-111-222」或「0900-111222」，無論表達的方式如何，它就是一組0~9的整數集合。

2.2 資料結構簡介

對於資料、資料處理有了基本認識之後，大家不免好奇，究竟什麼是資料結構呢？就是把彼此之間存有特定關係的資料元素集合在一起。當我們要求電腦解決問題時，必須以電腦了解的模式來描述問題，資料結構是資料的表示法，包括可加諸於資料的操作。可以把資料結構視爲是最佳化程式設計的方法論，資料結構最主要目的就是將蒐集到的資料有系統、組織地安排，建立資料與資料間的關係，它不僅討論儲存與處理的資料，也考慮到彼此之間的關係與演算法。

2.2.1 重新審思程式

學習資料結構與演算法之前，我們重新來審視什麼是「程式」？依據圖靈獎得主Nicklaus Wirth大師的說法：

```
Algorithms + Data Structures = Programs
```

也就是「程式 = 演算法 + 資料結構」；若以Python程式語言的觀點來看待。

```
#參考範例「getNum.py」
na1, na2 = eval(input('請輸入兩個數值，以逗號隔開->'))
if (na1 > na2):
   print('最大值：', na1)
else:
   print('最大值：', na2)
```

上述這個找出兩個數值較大的一個，以「if/else」敘述做條件判斷，所以是一個邏輯清楚的「演算法」。

```
#參考範例「totalScore.py」
st1 = [98, 72, 65, 82]
item = 0
print('分數->', end = '')
#len()函式取得st1的長度，sum()將st1的元素加總
while item < len(st1):
   print(format(st1[item], '<3d'), end = '')
   item += 1
else:
   print('\n總分', sum(st1))
```

以Python的List物件「st1」（可視爲陣列結構）來儲存多個分數，再以while迴圈讀取陣列的元素並呼叫內建函式sum()將元素加總。所以此範例是陣列結構配合演算法來完成。

2.2.2 資料結構的分類

依據資料的存在關係，可以把資料結構概分爲三種：①基本結構、②線性結構、③階層結構和④圖形結構。

- 基本結構就是集合（Set），它如同數學中的集合關係一樣，資料元素的關係就是「一個集合」，它們之間沒有任何先後次序的關係，著重於資料是否存在或屬於集合的問題。

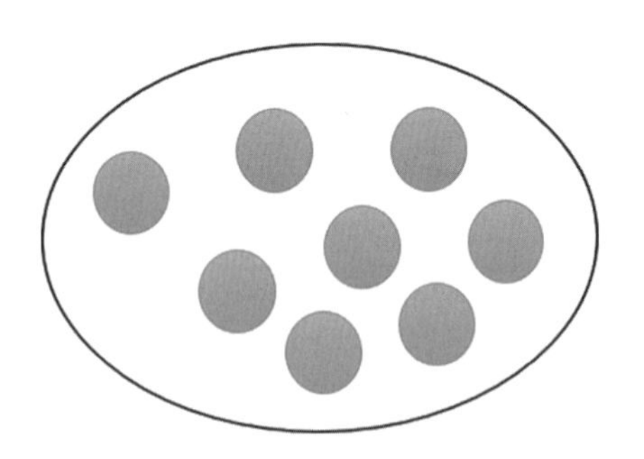

- 線性結構：資料元素是一對一的存在關係，它是有序的集合（Ordered set），也就是資料與資料之間是有先後次序的。例如陣列（Array）、串列（List）、堆疊（Stack）與佇列（Queue）等

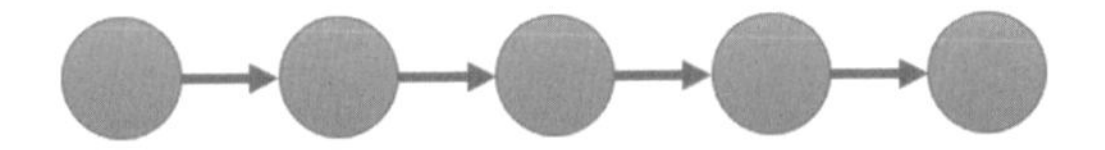

- 階層結構：結構中的資料元素爲一對多的存在關係，如二元搜尋樹（Binary search tree），其資料具上下的階層化組織。

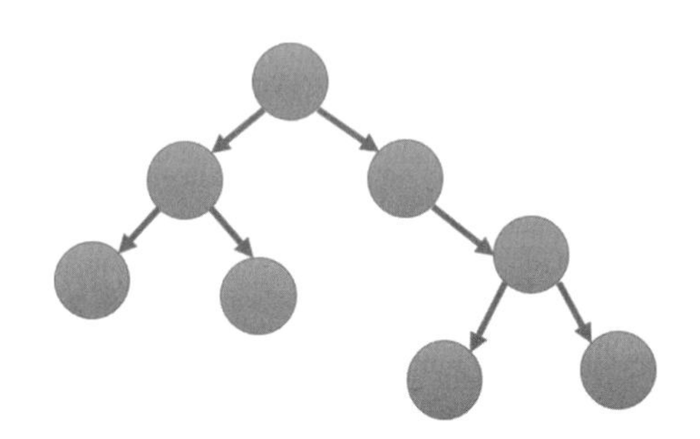

➢ 圖形結構：資料元素彼此間爲多對多的存在關係，所謂的先後和上下關係，在此類的資料結構中，變得更模糊。

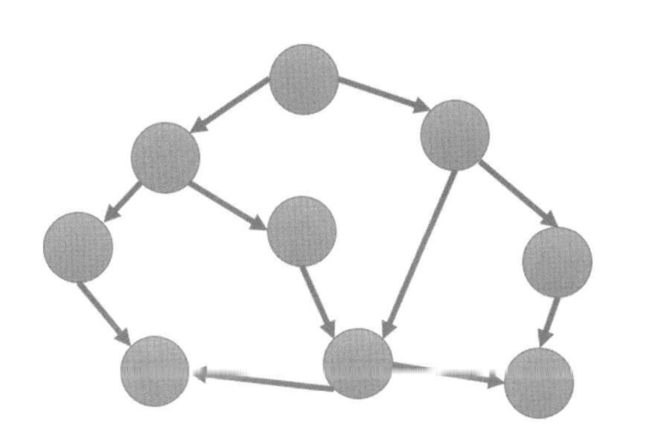

這些資料結構乍看之下好像很抽象，但是在我們日常生活中，卻是隨處可見，像學校的教室座位屬於「二維陣列」；火車把車廂串連成一列來載運乘客的方式可視爲「串列」（List）；從底部向上疊起的碗盤則是「堆疊」（Stack）；排隊買票，先到先買的作法就是「佇列」（Queen）；正如火如荼展開的世足賽，其淘汰制就是「樹狀」結構；旅行時，當我們用谷歌大神來查看地圖上的城市或有名的觀光景點，就是不折不扣的「圖形」結構。

2.2.3 常見的資料結構

常見的資料結構，利用下表做簡單說明。

資料結構	說明
陣列	最常用到的資料結構，給予名稱之後能存放較多量資料
鏈結串列	比陣列更有彈性，使用時不必事先設定其大小
堆疊	具有先進後出的特性，如同疊盤子般，資料的取出和放入要在同一邊
佇列	具有先進先出的特性，就像排隊一樣，讓出入口設在不同邊

資料結構	說明
遞迴	瞭解程式撰寫中常用的遞迴函式，並介紹遞迴可解決的問題
樹狀結構	具有階層關係，類似於族譜的資料型別，屬於非線性集合
圖形結構	跟地圖很相像的資料型別，含有目標地與路徑，爲非線性組合

表2-1　常見的資料結構

2.3 演算法

雖然本書以資料結構爲主題，對一個執行有效率的程式來說，資料結構（Data structure）和演算法（Algorithm），如同天平兩邊的砝碼缺一不可。由此可知，資料結構和演算法是程式設計中最基本的內涵。程式能否快速而有效率的完成預定的任務，取決於是否選對了資料結構，而程式是否能清楚而正確的把問題解決，則取決於演算法。所以我們可以把Nicklaus Wirth大師的說法再進一步闡述：「資料結構加上演算法等於可執行的程式」。所以，將演算法做簡單的定義：

- 演算法用來描述問題並有解決的方法，以程序式的描述爲主，讓人一看就知道是怎麼一回事。
- 使用某種程式語言來撰寫演算法所代表的程序，並交由電腦來執行。
- 在演算法中，必須以適當的資料結構來描述問題中抽象或具體的事物，有時還得定義資料結構本身有哪些操作。

2.3.1 演算法的特性

演算法（Algorithm）代表一系列爲達成某種目標而進行的工作，通常演算法裡的工作都是針對資料做某種程序的處理過程。在韋氏辭典中演算法卻定義爲：「在有限步驟內解決數學問題的程序」。

如果運用於電腦科學領域中，我們把演算法定義成：「爲了解決某一個工作或問題，所需要有限數目的機械性或重覆性指令與計算步驟」。其實日常生活中有許多工作都可以利用演算法來描述，例如員工的工作報告、寵物的飼養過程、學生的功課表等。認識了演算法的定義後，我們還要說明演算法必須符合的下表的五個條件。

演算法特性	說明
輸入（Input）	零個或多個輸入資料，這些輸入必須有清楚的描述或定義
輸出（Output）	至少會有一個輸出結果，不可以沒有輸出結果
明確性（Definiteness）	每一個指令或步驟必須是簡潔明確而不含糊的
有限性（Finiteness）	在有限步驟後一定會結束，不會產生無窮迴路
有效性（Effectiveness）	步驟清楚且可行，能讓使用者用紙筆計算而求出答案

表2-2　演算法的五個條件

輸入和輸出

通常輸入和輸出是比較容易明白；來自於資料處理的作法，有輸入，可能也有輸出，例如：輸入x、y、z三個數值做運算。

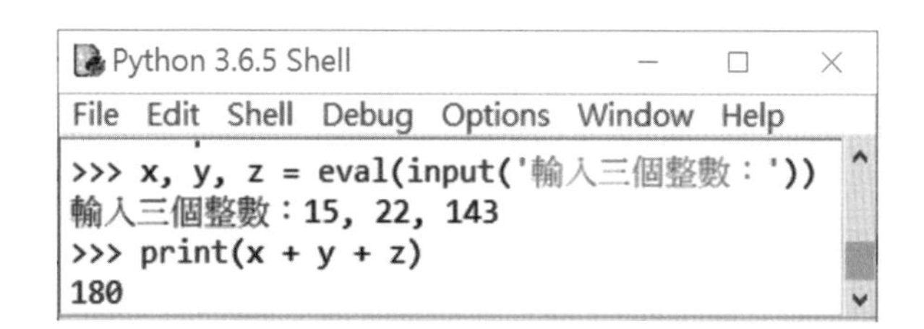

不過某些情形下可能就沒有輸入的指令，例如：Python的print敘述就能把內容顯示於螢幕上；或者直接匯入模組取得目前的日期和時間。

```
print("Hello Python")
```

```
import time
time.ctime() #呼叫ctime()方法顯示目前的日期和時間
```

以演算法來說，只有輸出的訊息並無輸入資料，它的「Input」為零。什麼情形下會有多個輸出？就是函式的回傳值，直接以運算式回傳結果。下列敘述中定義了函式「calc」，return敘述可直接回傳運算結果；然後呼叫函式「calc」時，直接以print()函式就能看到運算後以多個數值來輸出。

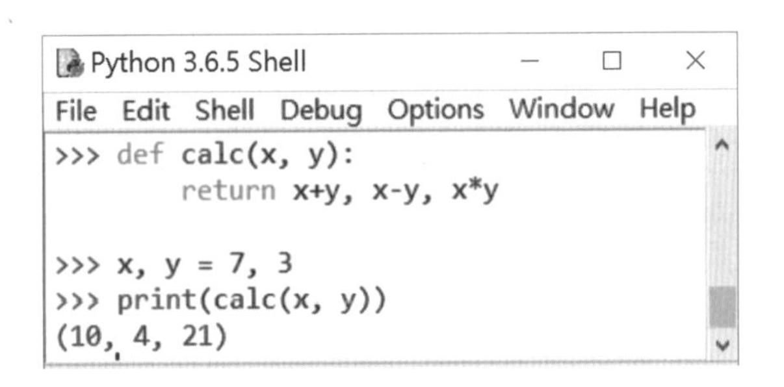

明確性

演算法的每一個步驟都必須定義明確，不能出現定義不清楚的情形。用一段文字描述來表達演算法：

敘述1.這次期中考獲得高分者，可以申請獎學金
敘述2.這次期中考分數高於90分者，，可以申請獎學金

第一個描述的語意含糊，因為「高分者」每個人的解讀並不相同，無法表達其明確性。而第二個描述則指出「高於90分者」，表達明確。再來看一個更明確的演算法，以「條件」指令來說：

```
IF a > b THEN
   PRINT(a)
END IF
```

◈ 這是一個單向選擇，變數a若大於b，表示條件成立就輸出變數a。

有限性

通常額算法必須在有限的步驟中執行，每一個步驟都得在是可接受的時間內完成。以下列演算法的迴圈來說，有可能寫出不會停止執行的無限迴圈；這樣的演算法就不符合「有限性」。

```
count <- 3
WHILE count >= 1 DO
   PRINT(count)
END WHILE
```

2.3.2 演算法和程式的差異

演算法描述解決問題的方法是以程序式的描述為主，讓「人」一看就知道是怎麼一回事，所以表達的對象以人為主，要能閱讀。通常在描述演算法時必須講求精準明確，但不必遵循嚴謹的語法。

撰寫的「程式」則是要讓「電腦」執行，它強調程式的執行結果正確性、可維護性及執行效率。經由演算法的分析，可以用某種程式語言來撰寫演算法所代表的程序，並由電腦來執行這個程式。不過一旦要把演算法交付給電腦來執行時，當然就得十分的講究，因爲程式語言的邏輯與算術運算是完全依照所給的指令來進行的。

這就是爲什麼演算法和程式是有所區別，因爲程式不一定要滿足有限性的要求，例如作業系統或機器上的運作程式，除非當機，否則永遠在等待迴路（waiting loop），這也違反了演算法五大原則之一的「有限性」。另外演算法都能夠利用程式流程圖表現，但因爲程式流程圖可包含無窮迴路，所以無法利用演算法來表達。

2.3.3 常見的演算法工具

接下來的問題是：「什麼方法或語言才能夠最適當的表達演算法？」事實上，只要能夠清楚、明白、符合演算法的五項基本原則，即使一般文字，虛擬語言（Pseudo-language），表格或圖形、流程圖，甚至於任何一種程式語言都可以作爲表達演算法的工具。

以文字來描述

演算法是可以使用文字來加以描述，但是會比較不精確，因此一般較不常用。例如：

步驟一：輸入兩個數值
步驟二：判斷第一個數值是否大於第二個數值
步驟三：判斷正確的話，以第一個數值爲最大值

流程圖

一般常見的流程圖符號以表2-3做說明。

符號	名稱	功能
	開始／結束	流程圖的開始或結束
	處理程序	處理問題的步驟
	輸入／輸出	處理資料的輸入或輸出的步驟
	決策	依據決策符號的條件來決定下一個步驟
	接點	流程圖過大時，作爲兩個流程圖的連接點
	流程方向	決定流程的走向

表2-3　常見的流程圖

虛擬碼

虛擬碼是目前設計演算法最常使用的工具。在陳述解題步驟時，它混合了自然語言和高階程式語言，其表達方式介於人類口語與程式語法之間，容易轉換成程式指令。透過表2-4列舉循序、選擇和迴圈的虛擬碼寫法。

結構	關鍵字	虛擬碼	Python語法
循序	運算式	k←x1 + x2	k = x1 + x2
	=	=	==
	mod	mod	%
	and	and	and
	or	or	or
選擇	if	if 條件 then end if	if 條件: true_suite

	if, else	if 條件 then
		else
		end if
			if 條件:
			  true_suite
			else:
			  false_suite

結構	關鍵字	虛擬碼	Python語法
迴圈	while	while 條件 do end while	while 條件: true_suite
	for	for (item in range) do end for	for item in range(): true_suite
	exit	exit for	break
	continue	continue	continue
其他	print	PRINT	print()
	return	return	return

函式	Function	FUNC 名稱: 回傳值型別
		  RETURN 值
			def 名稱 ():
			  函式主體_suite
			  return 值

宣告		x <- 0	x = 0
陣列		A[]	A = []

表2-4　常用的虛擬碼

綜合應用

這是先前的範例，利用流程圖和演算法來溫故而知新。

```
#參考範例「getNum.py」
na1, na2 = eval(input('請輸入兩個數值，以逗號隔開->'))
if (na1 > na2):
   print('最大值：', na1)
else:
   print('最大值：', na2)
```

流程圖如下：

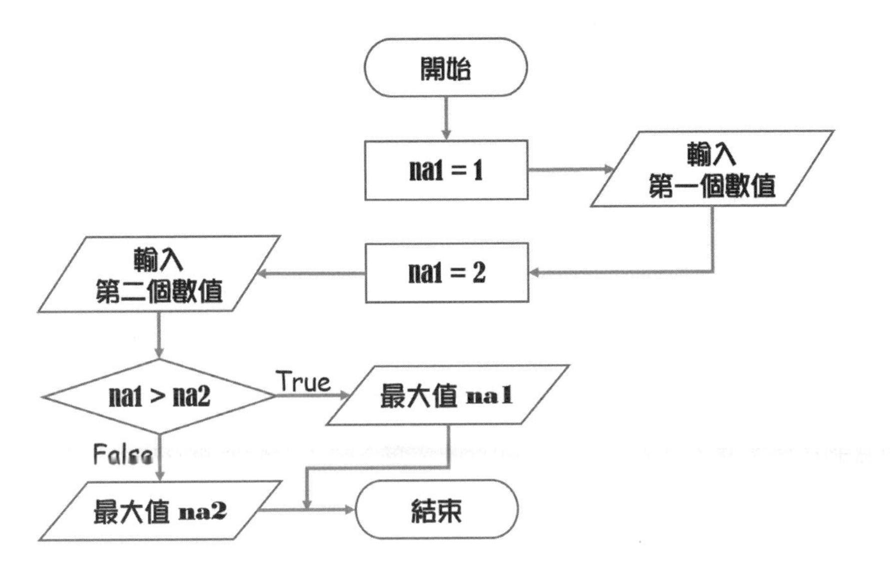

虛擬碼撰寫如下：

```
INPUT:輸入兩個數值
OUTPUT:回傳最大值
```

```
IF na1 > na2 THEN
   PRINT("最大值：", na1)
ELSE
   PRINT("最大值：", na2)
```

2.4 分析演算法的效能

從廣義角度來看，資料結構能應用在程式設計的要求上，透過程式的執行效能與速度爲衡量標準。充份了解每一種元件資料結構的特性，才能將適合的資料結構應用得當，否則非但不能符合程式的設計需求，甚至會讓整體執行效率變的更差。資料結構和演算法是相輔相成的，在解決特定問題的時候，當我們決定採用哪一種資料結構，也就是決定了演算法。

關於演算法的優劣，主要是要看這個演算法占用的電腦資料所需的時間和記憶空間而定，可以從「空間複雜度」和「時間複雜度」這兩方面來考量、分析。

- 空間複雜度（Space complexity）：是指演算法使用的記憶體空間的大小。
- 時間複雜度（Time complexity）：決定於演算法執行完成所用的時間。

不過由於電腦硬體進展的日新月異，所以純粹從程式（或演算法）的效能角度來看，應該以演算法的時間複雜度為主要評估與分析的依據。

2.4.1 計算執行次數

資料結構和演算法要利用程式語言來描述，才能交由電腦執行。要評估一個演算法的好壞，排除了硬體設備之後，有兩種作法：

- 進行實際量測。
- 把程式執行的時間以「指令被執行的次數」×「指令所需要的時間」。

我們會把焦點擺在測量指令執行的次數。如何計算？可以把演算法中執行次數的多寡當作執行時間。這當中，演算法的迴圈也是程式設計中不可或缺的指令，所以迴圈的計算經常是影響程式時間效能的重要因素。

循序結構的執行次數

已經知道流程控制的「循序結構」就是一個敘述接著下一行敘述，它的執行次數很直觀，就是把敘述的行數加總即可。

例一：

```
x, y = 10, 25 #敘述1
print(x + y)    #敘述2
```

例二：下述演算法中，不管參數n的值為多少，它只會執行一次。

```
def Show(n):
   print(n)
```

含有「條件結構」的敘述

若程式含有「條件結構」表示它會依據條件運算而走不同的路。一般會以比較次數的敘述和條件敘述的最多行數來取決。例二：執行次數「1＋1＋2＝3」。

```
x, y = 10, 25 #循序結構，執行次數1
if x > y: #條件結構的比較敘述，執行次數1
    total = x + y #條件的最多行數2
    print(total)
else:
   print(x, y)
```

迴圈結構

例一：下列演算法有for迴圈，執行的次數依據輸入的n值來決定，所以①for迴圈的print敘述會執行「n」次；但②for迴圈有2行敘述，所以是「2n」次。

```
for item in range(n): #①
    print(n, total)
```

```
for item in range(n): #②
    total += item
    print(n, total)
```

例二：有一點複雜的狀況，演算法包含兩個for迴圈，所以它是「$2n\times(n-1)$」得到「$2n^2-2n$」次。

```
for item in range(n):
    for k in range(n):
        print(k * item)
    print()
```

2.4.2 時間複雜度

時間複雜度（Time complexity）是指程式執行完畢所需的時間，概括兩個時間：第一個是編譯時間（Compile Time），使用編譯器編譯程式所需的時間會被忽略。第二個是執行時間（Execution Time），它才是探討的對象。

藉由迴圈執行次數計的簡例，我們知道在程式設計時，決定某程式區段的步驟計數是程式設計師在控制整體程式系統時間的重要因素；不過，決定某些步驟的精確執行次數卻也眞是件相當困難的工作。例如程式設計師可以就某個演算法的執行步驟計數來衡量執行時間的標準；先來看看下列兩行指令：

```
x += 1
y = x + 0.3 / 0.7 * 225
```

雖然我們都將其視爲一個指令，由於涉及到變數儲存型別與運算式的複雜度，它影響了精確的執行時間。與其花費很大的功夫去計算眞正的執行次數，不如利用「概量」的觀念來做爲衡量執行時間，這就是「時間複雜度」（Time complexity）。

通常採用以下三種分析模式來表示演算法的時間複雜度：

➢ 最壞狀況：分析所有可能的輸入組合下，最多所需要的時間。程式最高的時間複雜度，稱爲Big-O；也就是程式執行的次數一定相等或小於最壞狀況。

- 平均狀況：分析所有可能的輸入組合下，平均所需要的時間。程式平均的時間複雜度，稱爲Theta(θ)；程式執行的次數介於最佳與最壞狀況之間。
- 最佳狀況：分析對何種輸入資料，所需花費的時間最少。程式最低的時間複雜度，稱爲Omega(Ω)；也就是程式執行的次數一定相等或大於最佳狀況。

2.4.3 Big-O

Big-O代表演算法時間函式的上限（Upper bound），在最壞的狀況下，演算法的執行時間不會超過Big-O；在一個完全理想狀態下的計算機中，定義T(n)來表示程式執行所要花費的時間：

```
T(n) = O(f(n))(讀成Big-oh of f(n)或Order is f(n))
若且唯若存在兩個常數c與n0
對所有的n值而言，當n≧n0時，則T(n)≦c*f(n)均成立
```

◈ T(n)爲理想狀況下，程式在電腦中實際執行指令次數。

◈ f(n)取執行次數中最高次方或最大的指數項目，也可以稱爲執行時間的成長率（Rate of growth）。

◈ n資料輸入量。

進行演算法分析時，時間複雜度的衡量標準以程式的最壞執行時間（Worse Case Executing Time）爲規模；也就是分析演算法在所有輸入可能的組合下，所需要的最多時間，一般會以O(f(n))表示。(f(n))可以看成是某一演算法在電腦中所需執行時間始終不會超過某一常數倍的f(n)。若輸入資料量（n）比（n_0）多時，則時間函數T(n)必會小於等於f(n)；當輸入資料量大到一定程度時，則c*f(n)必定會大於實際執行指令次數。

我們來看一些實際的例子，假設下列多項式各為某程式片斷或敘述的執行次數，請利用Big-O來表示時間複雜度。

例一：$4n + 2$

$4n+2 = O(n)$，得到$c = 5$，$n_0 = 2$，所以$4n + 2 \leqq 5n$
$4*n+2 \leqq c*n$　（因為$T(n)=O(f(n))$） 得$(c-4)*n \geqq 2$ 找出上限時，可以把最大的加項再加「1」值，所以為「5n」 當$c=4+1$時，則$n \geqq 2$，所以$n_0=2$（因為$n \geqq n_0$） 所以$c \geqq 5$，且$n_0 \geqq 2$時，則$4*n + 2 \leqq 5*n$

例二：$10n^2 + 5n + 1$

$10n^2 + 5n + 1 = O(n^2)$，得到$c=11$，$n_0 = 6$ 所以$10n^2 + 5n + 1 \leqq 11n^2$
$10n^2 + 5n + 1 \leqq c * n^2$（因為$T(n) = O(f(n))$） 得$(c-10)n^2 \geqq 5n+1$ $c = 10+1$時，上式為$n^2 \geqq 5n+1$，當 $n \geqq 6$時，則 $n^2 \geqq 5n+1$ 得到 $n_0 = 6$（因為$n \geqq n_0$） 所以$c \geqq 11$，且$n_0 \geqq 6$時，則$10n^2 + 5n + 1 \leqq 11n^2$

例三：$7 * 2^n + n^2 + n^2 + n$

$7 * 2^n + n^2 + n^2 + n = O(2^n)$，得到$c=8$，$n_0=4$ 得到$7 * 2^n + n^2 + n \leq 8 * 2^n$

事實上，我們知道時間複雜度事實上只表示實際次數的一個量度的層級，並不是真實的執行次數。常見的Big-O有下列幾種。

常數時間

O(1)爲常數時間（Constant time），表示演算法的執行時間是一個常數倍，其執行步驟是固定的，不會因爲輸入的值而做改變，我們會記成「T(n) = 2 ⇨ O(1)」。

```
a, b = 5, 10
result = a * b
```

如果存在這樣的演算法，可以在任何大小的資料集合中自由的使用，而忽略資料集合大小的變化。就像電腦的記憶體一般，不考慮整個記憶體的數量，其讀取及寫入所耗費的時間是相同的。如果存在這樣的演算法則，任何大小的資料集合中可以自由的使用，而不需要擔心時間或運算的次數會一直成長或變得很高。

線性時間

O(n)爲線性時間（Linear time），當演算法加入迴圈就會變更複雜，得進一步去確認某個特定的指令的執行次數。執行的時間會隨資料集合的大小而線性成長，例如下列演算法有while迴圈，執行的次數依據輸入的n值來決定，所以「T(n) = n⇨O(n)」。

```
k = 1
while k < n:
   k += 1
```

對數時間

$O(\log_2 n)$稱爲對數時間（Logarithmic time）或次線性時間（Sub-linear time），成長速度比線性時間還慢，而比常數時間還快。例如下列演算法有while迴圈，每當j乘以2就愈靠近輸入的n值，所以「$2^x = n$」可以得到「$x = \log_2 n$」，其時間複雜度就是「$O(\log_2 n)$」。

```
j = 1;
while  j < n:
  j *= 2
```

平方時間

$O(n^2)$為平方時間（quadratic time），演算法的執行時間會成二次方的成長，這種會變得不切實際，特別是當資料集合的大小變得很大時。下列演算法中有兩層while迴圈：第一層while迴圈的時間複雜度就是「$O(n)$」，第二層while迴圈再進行迴圈n次，所以所得的時間複雜度就是「$O(n^2)$」。

```
j, k = 1, 1
while j <= n:
   while k <= n:
      k += 1
   j += 1
```

可以再想想看，將第一層while迴圈的n變更爲m的話，則時間複雜度就變成「$O(m \times n)$」。

```
j, k = 1, 1
while j <= m:
    while k <= n:
        k += 1
    j += 1
```

所以，可以獲悉「迴圈的時間複雜度等於主迴圈的複雜度乘以該迴圈的執行次數」。

指數時間

$O(2^n)$為指數時間（Exponential time），演算法的執行時間會成二的n次方成長。通常對於解決某問題演算法的時間複雜度為$O(2^n)$（指數時間），我們稱此問題為Nonpolynomial Problem。

線性乘對數時間

$O(n\log_2 n)$稱為線性乘對數時間，介於線性及二次方成長的中間之行為模式。演算法當中會以雙層for或while迴圈，執行次數為n，但累計以指數呈現。

動動腦

假設有一個問題，分別利用上述的七種演算法來解決，哪一種方法最佳？哪一種方法最差？其大小關係如下：

$$O(1) < O(\log_2 n) < O(n) < O(n\log_2 n) < O(n^2) < O(n^3) < O(2^n)$$

當$n \geq 16$時，時間複雜度的優劣比較會有明顯差異。

常數	線性	對數	平方	指數	線性乘對數	立方
	n	$\log_2 n$	n^2	2^n	$n \log_2 n$	n^3
1	1	0	1	2	0	1
1	2	1	4	4	2	8
1	4	2	16	16	8	64
1	8	3	64	256	24	512
1	10	3.3	100	1024	3.3	100
1	16	4	256	65536	64	256

2.4.4 Ω（Omega）

Ω也是一種時間複雜度的漸近表示法，它代表演算法時間函式的下限（Lower Bound）；如果說Big-O是執行時間量度的最壞情況，那Ω就是執行時間量度的最好狀況。以下是Ω的定義：

T(n)= Ω(f(n))(讀作Big-Omega of f(n))
若且唯若存在大於0的常數c和n_0
對所有的n值而言，$n \geqq n_0$時，$T(n) \geqq c*f(n)$均成立

◈ T(n)為理想狀況下，程式在電腦中實際執行指令次數。

◈ f(n)取執行次數中最高次方或最大的指數項目，也可以稱為執行時間的成長率（Rate of growth）。

◈ n資料輸入量。

若輸入資料量（n）比（n_0）多時，則時間函數T(n)必會大於等於f(n)：當輸入資料量大到一定程度時，則c*f(n)必定會小於實際執行指令次數。例如「f(n) = 5n + 6」，存在「c = 5, n_0 = 1」，對所有$n \geqq 1$時，$5n+5 \geqq 5n$，因此「f(n) = Ω(n)」而言，n就是成長的最大函數。

假設下列多項式各爲某程式片斷或敘述的執行次數，請利用Ω來表示時間複雜度。

例一：3n + 2

3n+2=Ω(n)
得到c = 3，n_0 = 1，使得3n + 2 ≧ 3n

∴3 * n + 2 ≧ c * n, 得到(3-c)*n≧-2
要找下限，事實上是找出比3n+2≧3n更小，保留最大的加項，刪除最小的加項
當c=3時，並且n>1，上式即可成立
∴找到c=3，n_0 =1(因爲n≧n_0)，則3n+2 ≧ 3n

例二：$200n^2 + 4n + 5$

$200n^2$ + 4n + 5 = Ω(n^2)
找到c = 200，n_0 = 1，使得$200n^2$ + 4n + 5 ≥ $200n^2$

2.4.5 θ（Theta）

介紹另外一種漸近表示法稱爲θ（Theta），它代表演算法時間函式的上限與下限。它和Big-O及Omega比較而言，是一種更爲精確的方法。定義如下：

T(n)= θ(f(n))(讀作Big-Theta of f(n))
若且唯若存在大於0的常數c_1、c_2和n_0
對所有的n值而言，n≧n_0時，c_1*f(n)≦T(n)≦c_2*f(n)均成立

◈ T(n)爲理想狀況下，程式在電腦中實際執行指令次數。

◈ f(n)取執行次數中最高次方或最大的指數項目，也可以稱爲執行時間的成長

率（Rate of growth）。

◈ n資料輸入量。

◈ $c_1 \times f(n)$爲下限，即Ω。

◈ $c_2 \times f(n)$爲上限，即θ。

若輸入資料量（n）比（n_0）多時，則存在正常數c_1與c_2，使$c_1 \times f(n) \leq T(n) \leq c_2 \times f(n)$。T(n)的運算次數會介於或等於$c_2f(n)$與$c_1f(n)$之間，可視爲$c_2 \times f(n)$相當於T(n)的上限，$c_1 \times f(n)$相當於T(n)的下限。

例如：$T(n) = n^2 + 3n$。

$c_1 * n^2 \leqq n^2 + 3 * n$

$n^2 + 3 * n \leqq c_2 * n^2$

∴找到$c_1 = 1$，$c_2 = 2$，$n_0 = 1$，則$n^2 \leqq n^2+3n \leqq 2n^2$

課後習作

問答與實作

1. 試述演算法與程式流程圖的關係爲何？
2. 假設現在有3位同學，每人有5科成績，試求每位同學的總分和平均分數，以及平均分數高於60分的同學。請使用文字描述來表示其演算法，並以python自訂函式來寫出此程式。
3. 請算出以下程式碼片斷的執行次數。

```
k = 100000
while k >= 5:
    k /= 10
```

4. 請決定下列的時間複雜度（f(n)表執行次數）
   (1) $f(n) = n^2\log n + \log n$
   (2) $f(n) = 8 \log \log n$
   (3) $f(n) = \log n^2$
   (4) $f(n) =4 \log \log n$
   (5) $f(n) = n/100 + 1000/n^2$
   (6) $f(n) = n!$
5. 請以Python演算法設計一個求出介於100到200中所有奇數之總和。
6. 請以Python演算法設計，輸入一個數值number並計算其階乘值。

第三章 陣列

★學習導引★

- 認識Python的序列型別
- 配合Python的List物件、List生成式實作陣列
- 介紹陣列結構；從一維、二維和三維陣列並了解位址的計算
- 矩陣的應用：兩個矩陣相加、相乘與稀疏矩陣的處理

3.1 Python的序列型別

爲了讓電腦的記憶體空間發揮的淋漓盡致，其他的程式語言會以陣列（Array）資料結構做處理。陣列能存放元素，藉由索引表達它的位置，並且以電腦一整塊的記憶體儲存型別相同的資料，屬於線性串列的一種。

對Python程式語言而言，以序列（Sequence）來實作陣列結構。這有什麼好處？一來節省爲順序性資料一一命名的步驟，二來還可以透過「索引」（index）取得記憶體中真正需要的資訊。序列型別可以將多個資料群聚在一起，依其可變性（mutability），將序列分成不可變序列（Immutable sequences）和可變序列（Mutable sequences），涵蓋的型別利用下圖3-1說明：

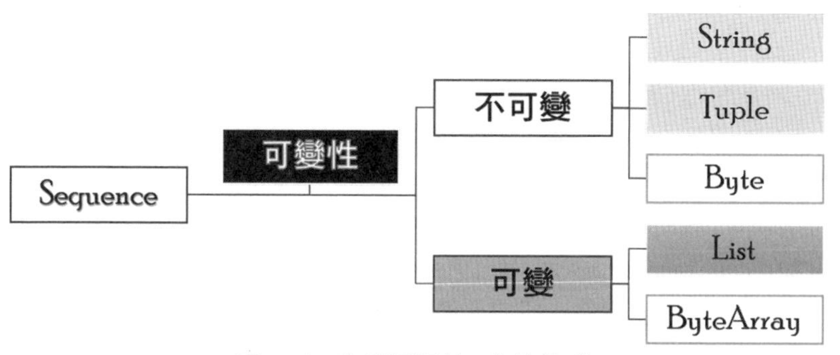

圖3-1　序列型別包含的物件

如果把序列型別視爲容器的話，我們可以在容器裡存放各式各樣的物件，究竟序列資料有何特色？

- 支援隨機存取（Random Access）與循序存取（Sequential Access）。
- 可迭代物件，使用for迴圈配合索引（index），讀取序列中儲存的元素。
- 支援in/not in成員運算子；判斷某個元素是否隸屬於／不隸屬序列物件。

➢ 提供切片（Slicing）運算。

3.1.1 序列成員的基本操作

由於序列本身是一個抽象類別，就藉助字串（String）、List或Tuple等所建立的物件來解說相關操作。

```
number = [12, 14, 16]                    # 我是list
title = ('Mary', 'Eric', 'Vicky')        # 我是tuple
word = 'Hello Python'                    # 我是字串
```

◈ Tuple以括號( )來存放元素；List使用方括號[ ]儲存項目。

◈ 無論是List或Tuple，皆可依其需求放入不同的資料型別。不過，通常會以list物件來存放同質性的資料；tuple存放異質性的資料。

序列裡存放的資料稱爲元素（element）；要取得其位置，使用[ ]運算子配合索引編號（index），語法如下：

```
序列型別[index]
```

◈ 中括號[ ]配合索引，標示序列元素的位置。

◈ index：或稱「offset」（偏移量）；只能使用整數值。

◈ 索引值有兩種表達方式；左邊由0開始，右邊則是由-1開始，參考圖3-2。

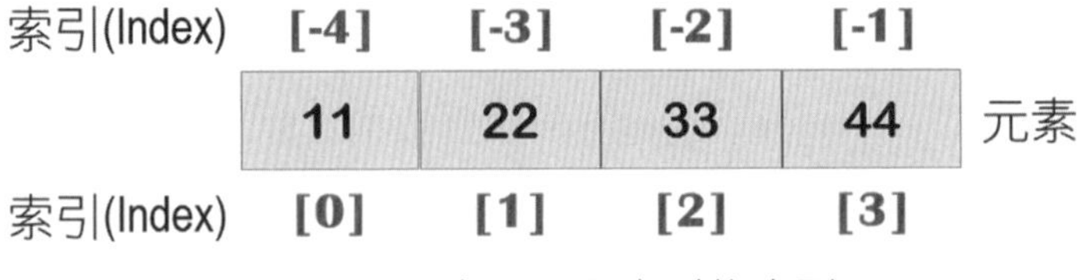

圖3-2 具有正、負索引的序列

例一：以[ ]運算子存取或指派序列的項目。

```
word = 'Python'    #我是字串，能以單引號表示字串
print(word[0])    #回傳'P'
```

```
number = 11, 22, 33, 44    #我是Tuple物件，能省略括號()
print(number[-2])    #回傳「33」
number[0] = 13          #將索引[1]的項目變更為13
```

◈ 由於字串屬於序列的一種，所以能以[]運算子取得字串中的某個字元。

◈ 儲存於Tuple物件的元素，能以負索引來取得元素，請參考圖3-2。

序列的元素，無論是數值或字串，皆可以利用表3-1的BIF（內建函式）取得長度（或大小）、最小值和最大值。

內建函式	說明（S為序列物件）
len(S)	取得序列S長度
min(S)	取得序列S元素的最小值
max(S)	取得序列S元素的最大值
sum(S)	將陣列元素加總

表3-1　與序列有關的內建函式

例二：List物件的基本操作。

```
number = [11, 22, 33, 44, 55] #我是List
number[2:4]      #輸出[33, 44]
33 in number     #number有33這個元素，回傳True
35 not in number    #number沒有35這個元素，回傳True
```

例三：使用內建函式。

```
number = [11, 22, 33, 44, 55]
len(number)    #取得長度，回傳5
min(number)    #找出最小元素，回傳11
sum(number)    #將所有元素相加，回傳165
```

例四：Python允許我們把屬性不同的資料交由List或Tuple來儲存，這也是它與其他程式語言的不同處。

```
student = ('Tomas', 78, ' Eric', 81, 'Bob', 94)
person = ['Tomas', 23, True]
```

◈ 可以看出student屬於Tuple物件，它依據分數，具有順序性。

◈ person爲List物件，但它存放了字串、數值和布林三種資料型別，就不具任何順序性。

Python的ctype模組

其實Python有提供低階的陣列，可匯入ctype模組來實作類似C語言的陣列，試舉一個簡單的範例供大家認識。

```
#參考範例「otherArray.py」
import ctypes
AryType = ctypes.py_object * 5
data = AryType()
for item in range(5):    #初始化
    data[item] = None
data[1], data[2], data[4] = 27, 652, 317 #依索引設值
for item in data :
    print(item, end = ', ')
```

◈ 第一個for迴圈須將ctype產生的陣列，以填入None來完成初始化。

◈ 再指定每個索引欲存放的內容，再以for迴圈讀取時，就能看年無數值者就以None顯示。

3.1.2 字串

Python程式語言將字串視爲容器，可以將一連串字元放在單引號或雙引數來表示。建構函式str()是String的實作型別，可以利用它將資料轉爲字串。建立字串時，無論是單引號或雙引號皆可，簡例如下：

```
wordA = ''      #空字串
wordB = 'P'      #單一字元
wrodC = "Python"
```

◈ 當單引號之內沒有任何字元時，它是一個空字串。

◈ 以Python來說，它沒有「字元」（Character）型別，字串可使用單一字元來表達。

◈ 建立字串時，也可以使用雙引號。

字串的建構函式str()，其語法如下：

```
str(object)
```

◈ object代表欲轉換的物件。

例一：將兩個變數指向同一個字串，表示它參照到同一個字串，所以id()函式會回傳相同的識別碼（表示兩者指向同一個記憶體位址）。

```
st1 = 'Hello'; st2 = 'Hello'    #兩個字串變數指向同一個字串
id(st1); id(st2)     #回傳(2287313977504, 2287313977504)
```

例二：字串具有不可變（immutable）特性，變數st1先指向「Hello」字串；再指向字串「Python」時，原來的字串「Hello」沒有任何的物件參照就會被標示待回收對象，透過記憶體的回收機制把它清除。

```
st1 = 'Hello'; id(st1)     #回傳2287313977504
st1 = 'Python'; id(st1)    #回傳2287304747416
```


切片運算

字串的字元具有順序性，利用[ ]運算子能擷取字串中的單一字完或某個範圍的子字串，稱爲「切片」（Slicing）。以表3-2簡介其運算。

運算	說明（s表示序列）
s[n]	依指定索引值取得序列的某個元素
s[n : m]	由索引值n至m-1來取得若干元素
s[n:]	依索引值n開始至最後一個元素
s[:m]	由索引值0開始，到索引值m-1結束
s[:]	表示會複製一份序列元素
s[::-1]	將整個序列元素反轉

表3-2　使用[ ]運算子存取序列元素

簡單地說，切片運算有三種語法可以運用：

```
sequence[start:]
sequence[start : end]
sequence[start : end : step]
```

◈ 表示切片運算適用於序列型別。

◈ start、end、step皆表示索引編號，只能使用整數。

◈ step又稱stride（Python早期版本），爲增減值。

例一：將字串「Python Hello!」做切片運算，回傳其結果。

```
wd = 'Python Hello!'    #產生字串
wd[2:5]          #回傳'tho'
wd[1:12:3]       #回傳'yoHl'
wd[::-1]         #將字元反轉，回傳'!olleH nohtyP'
```

◈ wd[2:5]表示由索引2開始到5結束，取出3個字元；這裡不包含索引5的字元。

◈ wd[1:12:3]表示由索引1開始到12結束，每隔2個字元來取出一個字元，參考下表解說。

◈ wd[::-1]表示由左邊的索引-1開始取出字元，會將字元反轉。

字串	P	y	t	h	o	n		H	e	l	l	o	!
負索引	[-13]	[-12]	[-11]	[-10]	[-9]	[-8]	[-7]	[-6]	[-5]	[-4]	[-3]	[-2]	[-1]
正索引	[0]	[1]	[2]	[3]	[4]	[5]	[6]	[7]	[8]	[9]	[10]	[11]	[12]
[1:12:3]		y			o			H			l		

補給站

利用索引運算子[]指定索引做切片運算，同樣適用於List或Tuple物件。

```
data = [25, 36, 17, 66, 88, 14]
num = len(data) // 2 #取得陣列長度，得整數商「3」
data[num:]     #索引3~6取右半部的陣列，回傳[66, 88, 14]
data[:num]     #索引0~3取左半部的陣列，回傳[25, 36, 17]
```

3.1.3 Tuple

序列型別的Tuple（中文稱序對或元組）物件，其元素具有順序性但不能任意更改其內容。如何建立Tuple物件？它以括號( )來存放元素。Tuple的元素可以使用for/in或while迴圈來讀取，其建構函式tuple()可將「可迭代物件」轉換成Tuple物件。

```
data = (); number = (, )     #空的Tuple
type(data)    #回傳<class 'tuple'>
('A03', 'Judy', 95)         #沒有名稱的Tuple
mary = 'A06', 'Mary', 85 #無括號Tuple
```

◈ 產生的Tuple物件可存放不同型別的資料。

建構函式tuple()可將List和字串轉換成Tuple，語法如下：

```
tuple([iterable])
```

◈ iterable：可迭代者。

例：以tuple()建構函式轉換字串和List物件。

```
wd = 'Hello'    #字串
print(tuple(wd))    #回傳('H', 'e', 'l', 'l', 'o')
lst = [22, 33, 44]    #List物件
print(tuple(lst))    #回傳(22, 33, 44)
```

◈ 字串wd轉換成tuple物件時會被拆解成單一字元。

◈ list物件本身屬於可迭代者物件，可轉換成tuple物件。

由於Tuple是不可變動（Immutable）的物件，這意味著建立Tuple物

件之後，不能變動每個索引所指向的參考物件。若透過索引編號來改變其值，直譯器會顯示「TypeError」的錯誤訊息。

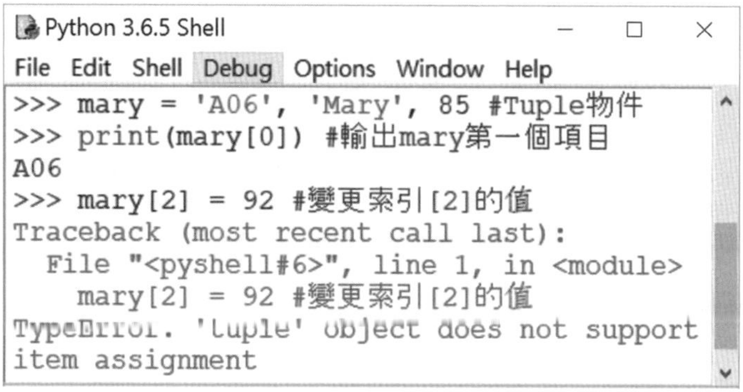

```
Python 3.6.5 Shell
File Edit Shell Debug Options Window Help
>>> mary = 'A06', 'Mary', 85 #Tuple物件
>>> print(mary[0]) #輸出mary第一個項目
A06
>>> mary[2] = 92 #變更索引[2]的值
Traceback (most recent call last):
  File "<pyshell#6>", line 1, in <module>
    mary[2] = 92 #變更索引[2]的值
TypeError: 'tuple' object does not support
item assignment
```

圖3-3　產生Tuple物件後無法改變其內容

若以陣列的結構來看，Python的Tuple可能較接近動態陣列結構；但產生之後，無法新增元素，也無法將某個位置的元素變更其值。建立Tuple元素之後，方法index()回傳元素的值；方法count()計算某個元素出現的次數。它們的語法如下：

```
count(value)
index(value, [start, [stop]])
```

◈ value指Tuple物件的元素，不能缺少。

◈ start、stop：選擇參數，以start為起始；而stop為結束來設定範圍來取得某個項目的位置。

範例「ReadItem.py」 讀取儲存於Tuple的元素

```
01 number = 25, 372, 65, 277, 541
02 for item in number:
03     print(format(item, '<4'), end = '')
04 print()
05 print('number 65的索引：', number.index(65))
```

建置、執行

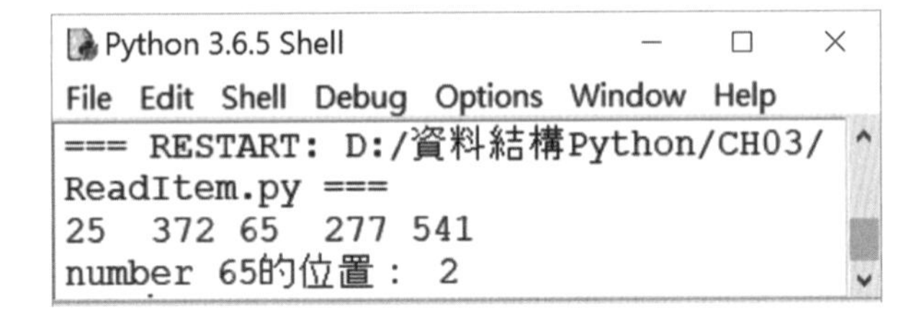

程式說明

◈ 第2~3行：for迴圈讀取Tuple元素，並設欄寬為4，向左對齊。

◈ 第5行：利用方法index()回傳元素「65」的索引值。

3.1.4 List

List和Tuple皆屬於序列，所不同的是List以中括號[ ]來表示存放的元素。如果說Tuple是一個規範嚴謹的模型，那麼List就是隨意自灑的捏土。就以List物件來學習一維陣列的基本操作。List物件有何特色？列示如下：

➢ 有序集合：不管是數字、文字皆可透過其元素來呈現，只要依序排列即可。

➢ 具有索引：透過索引即能取得某個元素的值；它也支援「切片」運算。

➢ 串列長度不受限：list物件同樣以len()函式取得，其長度可長可短。當串列中有串列形成巢狀時，也可依需求設定長短不一的list物件。

➢ 屬於「可變序列」：Tuple屬於不可變序列型別，因為List「可變」，為它自己帶來很大方便。例如：使用append()增加元素，就地修改元素的值。

List（串列，或稱清單）亦屬於序列，同樣以建構函式list()將可迭代物件轉換為List物件；以[ ]運算子存放List元素，下述簡例說明。

```
data = []      #空的List
data1 = [25, 36, 78] #儲存數值的list物件
data2 = ['one', 25, 'Judy']    #含有不同型別的List物件
```

```
data3 = ['Mary', [78, 92], 'Eric', [65, 91]]
```

◈ data3表示List中亦有List，或稱矩陣。

範例「AddItem.py」 輸入項目，while迴圈輸出

```
01 ambit = 5 # 設定range()函式範圍
02 score = [] #建立空的串列
03 print('請輸入5個數值：')
04 for item in range(ambit):
05     line = input() #取得輸入數值
06     if line:
07         data = int(line) #int()函式轉為數值
08     score.append(data)
09 else:
10     print('已輸入完畢')
```

```
11 item = 0
12 print('輸入資料有', end = '-->')
13 while item < len(score):
14     print('{:4d}'.format(score[item]), end = '')
15     item += 1    #權充計數器
```

按【F5】鍵執行

```
==== RESTART: D:/資料結構Python/CH03
/AddItem.py ====
請輸入5個數值：
78
113
421
312
94
已輸入完畢
輸入資料有-->  78 113 421 312  94
```


程式說明

- ◈ 建立空的List，append()方法再加上for迴圈就能加入元素。List的元素，其資料項目可長可短，亦能接收不同型別的資料。
- ◈ 第2行：建立空的List物件，中括號[ ]無任何元素。
- ◈ 第4~10行：for迴圈會以迭代器（Iterator）來接收物件；變數data會暫存輸入的資料。
- ◈ 6~7行：如果有輸入資料，將資料以int()函式轉為數值。
- ◈ 第8行：append()方法將接收的物件加到List的score物件。
- ◈ 第13~15行：將儲存於student的List元素以while迴圈輸出；len()函式取得score物件的長度，配合format()函式，以欄寬為4輸出元素。

由於List屬於「動態資料結構」，雖然它在建構時有特定的長度，但Python允許使用者對List的元素可以任意的增加、刪除，表3-3介紹這些與操作有關的方法。

方法名稱	說明（s串列物件，x元素，i索引編號）
append(x)	將元素（x）加到串列（s）的最後
extend(t)	將可迭代物件t加到串列的最後
insert(i, x)	將元素（x）依指定的索引編號i插入到List中
remove(x)	將指定元素（x）從List中移除，跟「del s[i]」相同
pop([i])	依索引值i來刪除某個元素並回傳 未給i值時會刪除最後一個元素並回傳
s[i] = x	將指定元素（x）依索引編號i重新指派
clear()	清除所有串列元素，跟「del s[:]」相同

表3-3　與List物件操作的有關方法

補給站

如何進一步知道List物件的長度？透過下列簡短程式碼做一個小小測試。

- 當函式range()參數爲「2」，因爲作業系統爲64位元，會輸出如下訊息

  Length: 0; Size: 64

  Length: 1; Size: 96

- 說明List會以32位元（96-64）來擴充陣列的長度。

```
#參考範例「getListLength.py」
import sys
data = []
```

```
for k in range(2): #可指定range()函式的參數值
    a = len(data)
    b = sys.getsizeof(data)
    print('Length:{:3d}; Size: {:4d}'.format(a, b))
    data.append(None)
```

例一：append()方法新增List物件的元素，在範例「AddItem.py」也使用過。

```
serial = ['one', 'two']
serial.append('three')    #新增一個元素
```

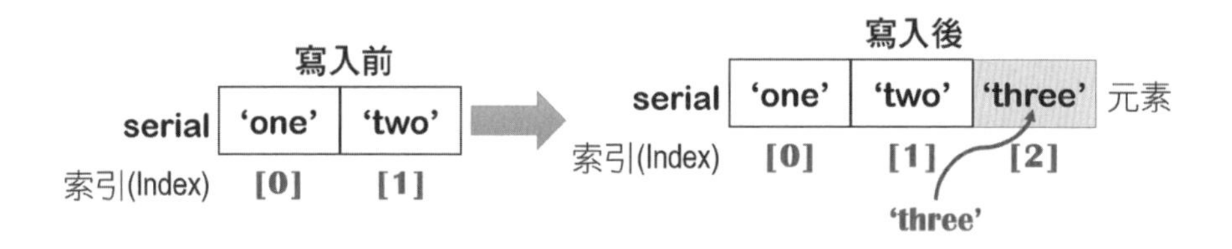

例二：insert()方法依指定位置插入元素，原先位置的元素得向後挪出空間。

```
serial.insert(0, 'zero')
print(serial)    #['zero', 'one', 'two', 'three']
```

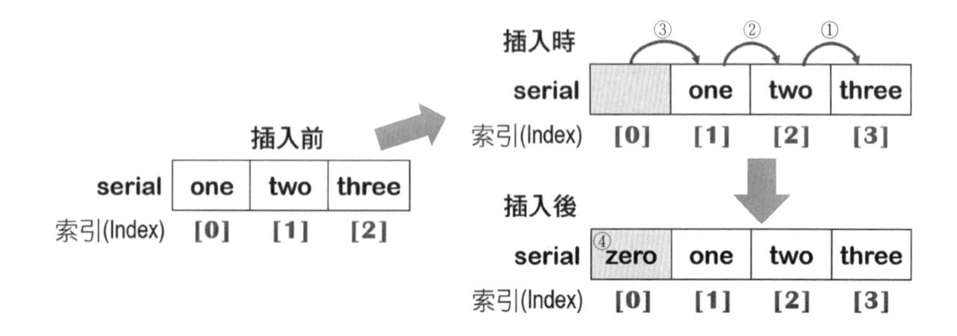

append()和insert()方法

例三：這裡產生了有趣的問題，呼叫append()和insert()方法來新增或指定位置插入元素，究竟誰比較快完成使命？

```
#參考範例「append_insert.py」
from time import time
def appendTime(n):
    data = []
    start = time() #呼叫time()方法計算開始時間
    for k in range(n):
        data.append(None)
    end = time() #停止時間，以秒數計算
    result = end - start
    return result
def insertTime(n):
    data = []
    start = time() #呼叫time()方法計算開始時間
    for k in range(n):
        data.insert(k, None)
    end = time() #停止時間，以秒數計算
    result = end - start
    return result
print(appendTime(1000000))
print(insertTime(1000000))
```

◈ 從輸出結果可以得知，使用append()是從List物件末端加入元素，會比insert()方法指定位置要來得快些。

例四：方法pop()或remove()刪除指定的元素。

```
serial.pop(0)    #回傳'zero'，表示它被刪除了
serial.remove('one')
```

◈ 方法pop()刪除第一個元素，它會回傳「zero」被刪除。

◈ 方法remove()須指定欲刪除的元素。

CHAPTER 3

方法append()和extend()有區別

要在List物件增加元素，可採用append()和extend()方法，但操作上會有些不同。方法extend()能結合兩個List物件，它強調的是有順序的物件（可迭代者），以下述簡例來說明。

```
word = ['one', 'two', 'three']
data = ['four', 'five']
word.extend(data)
print(word)    #回傳['one', 'two', 'three', 'four', 'five']
```

◈ 宣告兩個List物件：word、data。

◈ 以extend()方法將data加到word尾端，再以print()方法查看結果。

Tuple與List的差異

Python的Tuple與List若以資料結構的觀點來看，皆屬於動態資料結構。不同之處在於「可變性」，產生Tuple物件就無法改變其項目，無論是新增、插入或刪除皆無法使用。不過可以把兩個Tuple物件相加在一起，再指派給第三個Tuple存放；可參考如下的敘述：

```
Python 3.6.5 Shell
File Edit Shell Debug Options Window Help
>>> mary = 'A06', 'Mary', 85 #第一個Tuple物件
>>> tomas = 'A07', 'Tomas', 65 #第二個Tuple
>>> student = mary + tomas #合併兩個Tuple
>>> print(student)
('A06', 'Mary', 85, 'A07', 'Tomas', 65)
```

使用List所建的物件，無論是新增、插入、刪除或清空項目皆有List物件提供的方法來配合。所以，若希望陣列的內容不要被任意刪除或修改就以Tuple物件來處理，若要有更彈性的操作就找List物件來幫忙。

3.1.5 生成式

Python程式語言提供生成式（Comprehension）的作法，它可以將一個或多個迭代器聚集在一起，再以for迴圈做條件測試。由於List對於元素的存放採取更開放的態度，提供不同於其他型別的支援，所以有「串列生成式」（List Comprehension，或稱列表解析式），撰寫程式碼更簡潔。它的語法如下：

```
[運算式 for item in 可迭代者]
[運算式 for item in 可迭代者 if 運算式]
```

◈ 串列生成式要以中括號[ ]存放新List物件的元素。

◈ 使用for/in迴圈讀取可迭代物件。

爲什麼要使用「串列生成成式」？除了提高效能之外，讓for迴圈讀取元素更加自動化。若要找出數值10～50之間可以被7整除的數值，for迴圈可以配合range()函式，再以if敘述做條件運算的判斷，能被7整除者以append()方法加入List中，以下述簡例來說明。

```
#參考範例「ReadNum7.py」
numA = [] #空的List
for item in range(10, 50):
    if(item % 7 == 0):
        numA.append(item) #整除的數放入List中
print('10~50被7整除之數：', numA)
```

◈ numA是空的list物件。

◈ for迴圈讀取10~50之間的數值。

◈ 配合if敘述，只要能被7整除，就以append()方法加入numA串列中。

◈ 結果會輸出「10~50被7整除之數： [14, 21, 28, 35, 42, 49]」。

例一：將上述範例利用List生成式會更簡潔。

```
#參考範例「CompreReadNum7.py」
numB = [] #空的List
numB = [item for item in range(10, 50)if(item % 9 == 0)]
print('10~50被9整除之數：', numB)
```

◈ 使用List生成式，是將for迴圈和if敘述簡化，並且是在[ ]中括號內完成。

◈ 發現否？原來append()方法就不再使用。

◈ 結果會輸出「10~50被9整除之數：[18, 27, 36, 45]。

例二：使用List生成式產生有序列的數值。

```
result = [num ** 2 for num in range(1, 5)]
print(result)    #回傳[1, 4, 9, 16]
```

◈ 把變數num以倍數相乘，而以range()函式由1開始，取得4個數值。

範例「Fruit.py」List生成式找出字串長度

```
01 fruit = ['lemon', 'apple', 'orange', 'blueberry']
02 #使用List生成式
03 print('%9s'%'字串', '%3s'%'長度')
04 print('\n'.join( ['%10s:%3d'%(
05     item, len(item)) for item in fruit]))
```

建置、執行

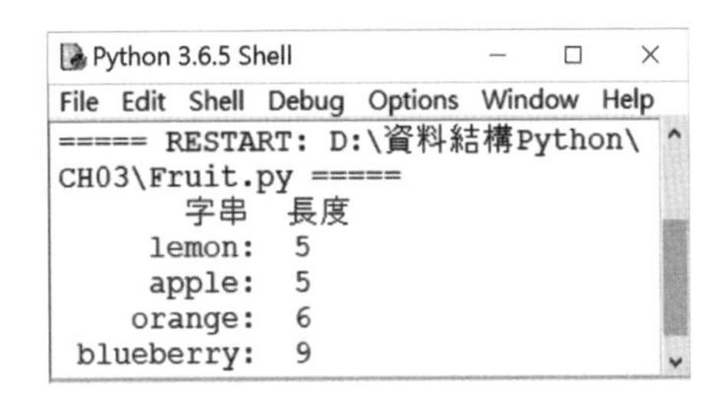

程式說明

◈ 第4~5行：以join()方法將原有的List和換行字元結合在一起，再以格式字元%讓輸出的字串和長度依欄寬輸出。由於運算式是由item和len(item)組成，必須前後加上小括號來形成Tuple，不然會引發錯誤。

3.2 話說陣列

如果是單一資料，使用變數來處理當然是綽綽有餘。如果是連續性又複雜的資料，使用單一變數（或者稱物件參照）來處理可能就捉襟見肘了！爲什麼呢？使用變數時會佔用電腦的記憶體空間，而電腦的記憶體空間有限，必須善加利用。

3.2.1 認識線性串列結構

未介紹陣列（Array）結構之前，先認識一下「線性串列」（Linear List）。它是由有次序的資料組合而成。依實際的運作方式概分兩種，分別為「循序串列」（Sequential List）與「鏈結串列」（Linked List）。線性串列會以連續的記憶體位置來呈現，其特性有：

- 資料元件屬於連續性資料，依據串列位置來形成的一個線性排列次序。
- 每次存取時，僅有一個資料被存取。
- 它有兩個端點，如陣列、鏈結串列、堆疊和佇列。

線性串列的基本操作如下：

- x[i]會出現在x[i + 1]之前；取出串列中的第i項；$0 \le i \le n - 1$。
- 計算串列的長度。
- 由左至右或由右至左讀此串列。
- 第i項加入一個新值，i之後的資料都要退後一個位址；原來的第i，i+1，…，n項變為第i+1，i+2，…，n+1項。
- 刪除第i項，i之後的資料都往前一個位址；原來的第i+1，i+2，……，n項變為第i，i+1，……，n–1項。

3.2.2 陣列的基本概念

如何實作循序串列？通常以陣列來表達。討論陣列（Array）之前，想一想為什麼要使用陣列？就以大家熟悉的學科成績來說，王小明這學期的分數可能是這樣：

```
#以Python敘述來表示
chin = 78 #國文分數
math = 92 #數學分數
eng = 67  #英文分數
```

這意味著什麼？若從程式觀點來看，每一個科目須用一個變數來儲存；如果有兩位學生要6個變數，一個班級有20位學生就得需要更多的變數。但電腦的記憶體並非無限資源，所以陣列就能派上用場。

陣列（Array）在數學上的定義是指：「同一類型元素所形成的有序集合」。在程式語言的領域，可以把陣列看作是一個名稱和一塊相連的記憶體位址來儲存多個相同資料型態的資料。將其中的資料稱為陣列的元素（Element），並依據索引（Index）來存放各個元素，而陣列的大小（Size）或長度（Length）建立之後就固定下來。所以前一個簡例以陣列來處理的話：

```
score = (78, 92, 67)    #以Python的Tuple物件來處理
```

◈ Score是一維陣列，存放3個元素，也表示陣列長度或大小為「3」。

以Score來說，每個索引所存放的是元素（Element）；以圖3-4來表達。索引從「0」到「2」存放三個元素或三個項目（Item）；大部分的程式語言其陣列的索引值皆從「零」開始；最後，再以迴圈或巢狀迴圈方式讀取陣列中的資料。

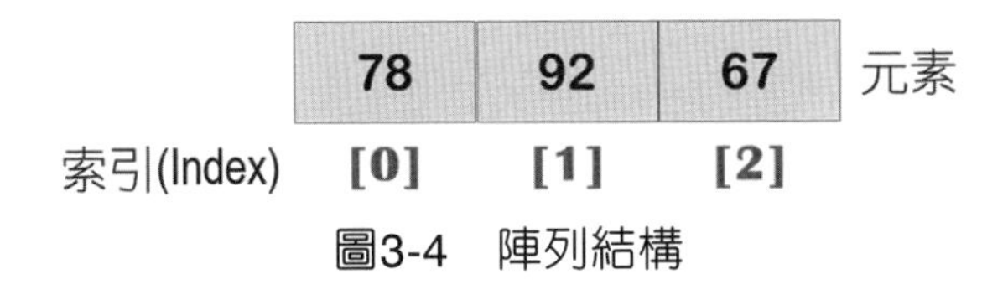

圖3-4　陣列結構

Tips

Python與陣列的有關名詞：

- [ ]（中括號）：表示陣列維度，Ary[2]只有一對中括號，表示註標為「1」說明它是一維陣列，Ary[1, [2, 3]]是二維陣列。
- 註標或索引（Index）：表示陣列的儲存位置。
- 長度（Length）或大小（Size）：表達陣列裡存放多少個元素。

3.2.3 動、靜皆宜的資料結構

靜態資料結構（Static Data Structure）或稱為「密集串列」（Dense List）。它使用連續記憶空間（Contiguous Allocation），儲存有序串列的資料。例如陣列型別就是一種典型的靜態資料結構。優點就是設計簡單，讀取與修改串列中任一元素的時間都固定。缺點則是刪除或加入資料時，需要移動大量的資料。此外，靜態資料結構的記憶體配置在編譯時，就必須配置相關的變數。因此陣列在建立初期，必須事先宣告最大可能的固定記憶體空間，容易造成記憶體的浪費。

動態資料結構

動態資料結構（Dynamic Data Structure），如鏈結串列（Linked List），使用的是不連續記憶空間來儲存有序串列。而我們所說的「動態記憶體配置」（Dynamic Memory Allocation）是指變數儲存區配置的過程是在執行（Run Time）時，透過作業系統提供可用的記憶體空間。

動態資料結構的優點是資料的插或刪除都相當方便，不需要移動大量資料。另外動態資料結構的記憶體配置是在執行時才發生，所以不需事先宣告，能夠充分節省記憶體。缺點就是設計資料結構時較為麻煩，另外在搜尋資料時，也無法像靜態資料一般可隨機讀取資料，必須循序找到該資料為止。

3.3 陣列的維度

陣列（Array）是指一群具有相同名稱及資料型態的變數之集合。陣列依其註標或維度可分爲一維、二維以及多維。若陣列只有一維，稱之爲向量（vector）；陣列爲二維，則稱之爲矩陣（matrix）；三維或多維爲立體結構，陣列具有的特色如下：

- 占用連續的記憶體空間，表明它是有序串列的一種。
- 陣列存放的元素，其資料型別皆相同。
- 支援隨機存取（Random Access）與循序存取（Sequential Access）。
- 操作陣列元素時，無論是插入或刪除，須要挪移其他元素。

配合Python的List物件來探討陣列的維度，就從最基本的一維List談陣列話維度。此外，將焦點放在陣列的維度，一同學習之。

3.3.1 一維陣列

Python中，使用[ ]（中括號）存放陣列元素，所以一維陣列只有一對中括號，存放多個元素時以逗點隔開。

```
number = [78, 92, 67]    #我是Python的List物件
```

◈ Python與其他程式語言略有不同，只有一對中括號[ ]，可以一維陣列對待之。

不過，一個空的List物件要注意其操作，append()方法的參數爲元素而非索引，它會加到List物件的末端：

```
score = [78, 65, 92] #含有元素的List物件
score.append(83)
print(score)     #輸出[78, 65, 92, 83]
```

◈ 使用append()方法來新增List物件的元素，它會加到List物件的末端。

```
Python 3.6.5 Shell
File Edit Shell Debug Options Window Help
>>> data = [] #空的List物件
>>> len(data) #取得List長度
0
>>> data.append(25)
>>> data[1] = 33 #錯誤
Traceback (most recent call last):
  File "<pyshell#51>", line 1, in
<module>
    data[1] = 33 #錯誤
IndexError: list assignment index
out of range
```

空的List物件可使用append()方法來新增List物件的項目，但不能使用[ ]運算子來指派其項目，它會顯示「IndexError」的錯誤訊息，表示指派的值已超出陣列的索引範圍。那麼一個空的陣列要如何宣告？透過List生成式再配合range()函式來產生一個存放空元素的一維List，敘述如下：

```
number = [None for item in range(1, 4)]
print(number)
number[1] = 12    #指定索引1存放了數值「12」
print(number)
```

◈ number最外圍的中括號[]是表示List物件，而for迴圈的左側以None取代原有的運算式；輸出[None, None, None]。

◈ 輸出[None, 12, None]，除了索引1有存放元素，其餘兩個都是空的項目。

3.3.2 二維陣列

陣列中有二對中括號，說明了它是二維陣列（Two-dimension Array）。若以m代表列數，n代表行數，它含有「m×n」個元素，一個3×4的二維陣列結構示意如下：

	第0欄	第1欄	第2欄	第3欄
第0列	Ary[0][0]	Ary[0][1]	Ary[0][2]	Ary[0][3]
第1列	Ary[1][0]	Ary[1][1]	Ary[1][2]	Ary[1][3]
第2列	Ary[2][0]	Ary[2][1]	Ary[2][2]	Ary[2][3]

圖3-5　二維陣列結構

Tips

列？行？欄？為避免混淆，本書採用列、欄的稱呼

- Row，稱為『列』，方向為橫「一」。
- Column，稱為『欄』，方向為直「|」。

事實上，若以陣列的定義來看，Python並沒有二維陣列，它並非以連續的記憶體來儲存資料，而是採用「List物件中有List物件」的作法。如何產生？配合List生成式，再加上range()函式。

```
#參考範例「CreateArray2D.py」
one, two, three = 11, 21, 31
number = [[one for one in range(one, 15)],
    [two for two in range(two, 25) ],
    [three for three in range(three, 35) ]]
```

```
print(number[0])
print(number[1])
print(number[2])
```

◈ 宣告number是二維的List物件。

◈ 變數one儲存「11」、two儲存「21」、three儲存「31」。

◈ number第[0]列元素以List生成式來產生「[one for one in range(one, 15)]」；由於range()函式由「11」開始，每次遞增值爲「1」，直到15就會結束。所以number第[0]列的元素爲「11, 12, 13, 14」。

◈ number第[1]列元素同樣以List生成式來產生：range()函式由「21」開始，每次遞增值爲「1」，直到25就會結束。所以number第[1]列的元素爲「21, 22, 23, 24」；而number第[2]列則存放「31, 32, 33, 34」，參考圖3-6。

	第[0]欄	第[1]欄	第[2]欄	第[3]欄
第[0]列	11	12	13	14
第[1]列	21	22	23	24
第[2]列	31	32	33	34

圖3-6　二維List儲存的元素

如何讀取二維List的元素？有兩個註標，表示要使用兩個for迴圈來讀取：外層for迴圈先讀取「列」（Row），再以內層for迴圈讀取「欄」（Column）的元素。

範例「Array2D.py」 雙層for迴圈讀取二維List

```
01 number = [[11, 12, 13], [22, 24, 26], [33, 35, 37]]
02 for idx, one in enumerate(number): # 第一層for迴圈
03     print('第{}列:'.format(idx), end = '')
04     for two in one:  # 第二層for迴圈
05         print(two, end = ' ') #輸出之後不換行
06     print()    #完成第二層for迴圈之後換行
07 else:
08     print('串列讀取完畢!')
```

建置、執行

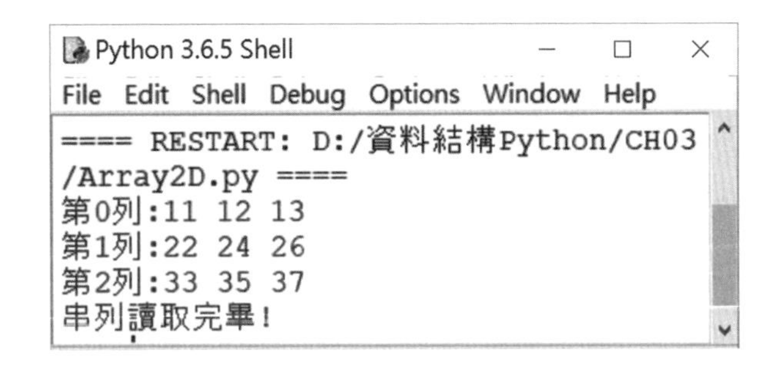

程式說明

- ◈ 第1行：宣告一個3列×3欄的List物件。
- ◈ 第2~8行：第一層for迴圈先讀List索引爲0~2的串列；此處加入enumerate()函式，配合變數idx來輸出列的索引編號。
- ◈ 第4~5行：第二層for迴圈讀取每欄的元素；由索引[0][0]開始再依序往下一欄的元素讀取。

要將二維陣列的元素存入實際的記憶體，也就是把「邏輯性」的平面

轉換爲線性排列，依照不同的處理方式，可區分爲下述兩種：

- 以列爲主（Row-major）：一列一列來依序儲存，例如Java、C/C++、Pascal語言的陣列存放方式。

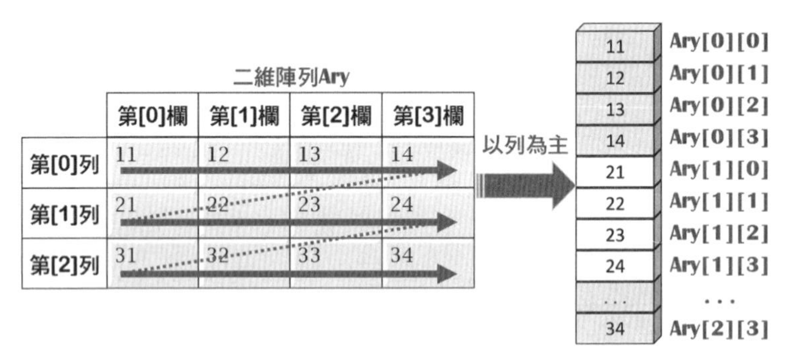

圖3-7　以列為主的存放

- 以欄爲主（Column-major）：一欄一欄地依序儲存，例如Fortran語言的陣列存放方式。

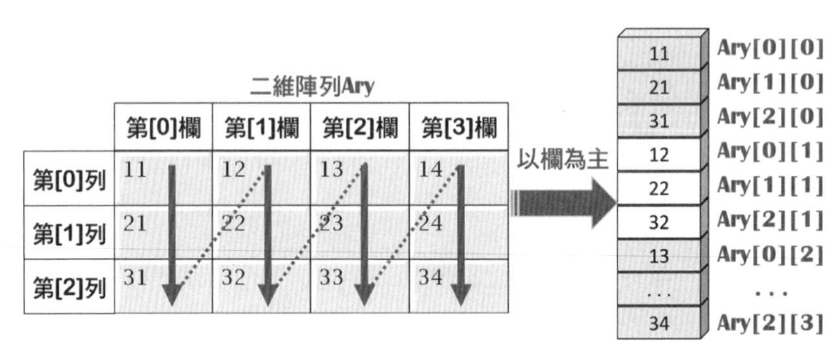

圖3-8　以欄為主的存放

要讀取二維List元素亦可以利用List生成式，但要注意，會將二維List以一維方式來輸出，敘述如下：

```
data = [one for one in range(1, 4)]    #一維List
print(data)
```

◈ 輸出一維List物件[1, 2, 3]。

例二：生成式產生二維List。

```
ary2D = [[two for two in range(1, 5)]
    for one in range(1, 4)]
print(ary2D)
```

◈ 變數one和外圍for迴圈配合range()函式產生3列，內層for迴圈則產生每列的元素。

◈ 輸出[[1, 2, 3, 4], [1, 2, 3, 4], [1, 2, 3, 4]]

範例「RowMajor2D.py」讀取二維陣列

```
01 array2D = [[11, 12, 13, 14],
02     [22, 24, 26, 28], [33, 35, 37, 39]]
03 print('以列爲主')    #讀取以列爲主的二維陣列
04 for idx, one in enumerate(array2D):
05     print('第 {0} 列- '.format(idx), end = '')
06     for two in one:
07         print(format(two, '<3'), end = '')
08     print()
09 print('以欄爲主')
10 print([[row[column] for row in array2D]
11       for column in range(4)])
```

CHAPTER 3

建置、執行

```
== RESTART: D:/資料結構Python/CH03
/RowMajor2D.py ==
以列為主
第 0 列- 11 12 13 14
第 1 列- 22 24 26 28
第 2 列- 33 35 37 39
以欄為主
[[11, 22, 33], [12, 24, 35], [13,
26, 37], [14, 28, 39]]
```

程式說明

◈ 第1~2行：宣告一個3*4的二維List。

◈ 第4~8行：雙層for迴圈讀取二維List；第一層for配合enumerate()函式來輸出列索引；而第二層for迴圈讀取每列的元素。

◈ 第10~11行：同樣是雙層List生成式，不同的是外層for迴圈是由欄開始，所以內層for迴圈會由上往下，讀取第[0]列的元素，然後是第[1]列元素，依此類推。

3.3.3 三維陣列

當陣列結構超過二維，習慣以多維陣列來稱呼。以三維陣列（Three-dimension Array）來說，代表它有三個註標，是一個「M * N * O」的多維陣列。Python的List物件表示如下：

```
#參考範例「Array3D.py」
number = [[[11, 12, 13], [21, 22, 23]],
   [[31, 33, 35], [42, 44, 46]]]
```

```
print(number[0])
#回傳三維陣列第1個項目[[11, 12, 13], [21, 22, 3]]
print(number[1])
#回傳三維陣列第2個項目[[31, 33, 35], [42, 44, 46]]
```

```
print(number[0][0])
#回傳第0個二維陣列的第0列項目[11, 12, 13]
print(number[0][0][0])
#回傳第0個二維陣列的第0列、第0欄元素11
```

- 表示number是一個「2 * 2 * 3」的三維陣列；其陣列結構參考圖3-9。
- number[0]會回傳第1個三維陣列項目，內含2*3的二維陣列： number[0][0]會回傳二維陣列第1列的項目，有三個元素「11, 12, 13」。
- number[0][0][0]則是取得二維陣列中第1個元素「11」，number[1][1][2]則是取得二維陣列最後一個元素「46」，可參考圖3-10的說明。

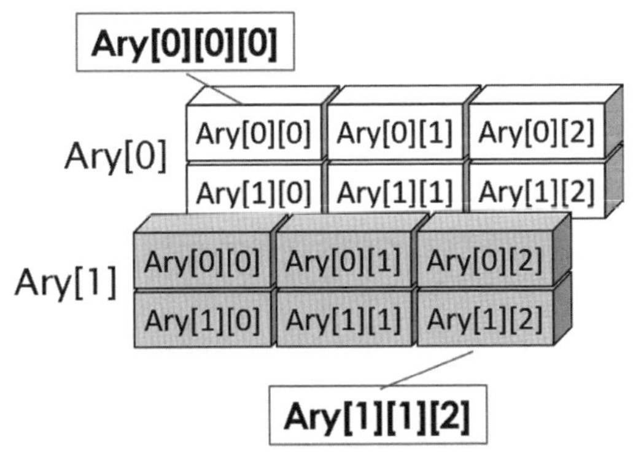

圖3-9　三維陣列結構

三維陣列number存放的項目為「2×2×3」，可參考圖3-10。

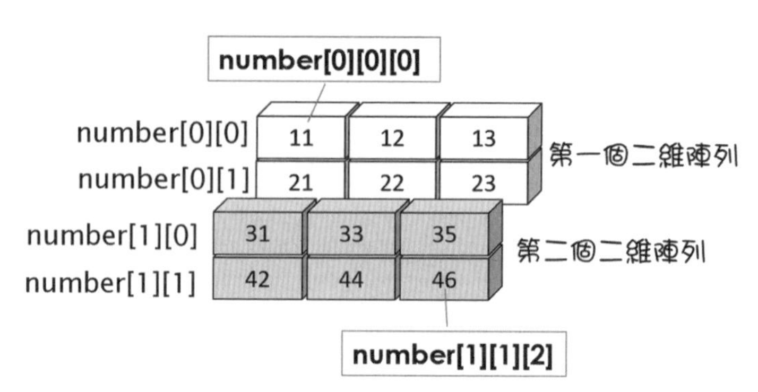

圖3-10　三維陣列number[2][2][3]存放的項目

3.4 計算陣列的位址

已經陣列是由一連串的記憶體組合而成，陣列元素所儲存的位址可利用方式來計算；而陣列的維度是「2」以上時還能「以列為主」或「以欄為主」的情形下做討論。

3.4.1 一維陣列的定址

如果有一個陣列Ary[7]，由於註標只有一個，表示它是一維陣列（One-dimension Array），索引0~7，表示它可存放7個元素，參考圖3-11。

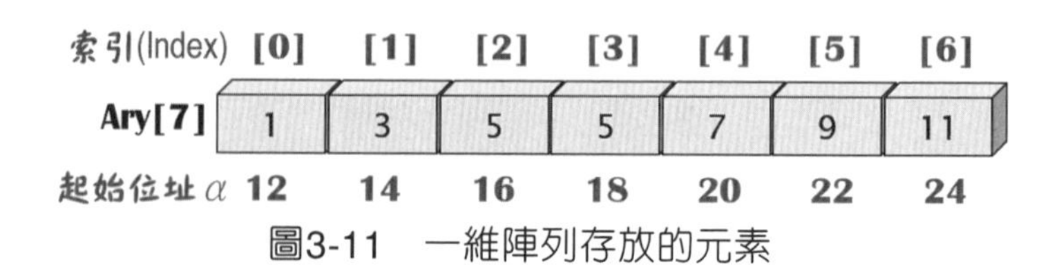

圖3-11　一維陣列存放的元素

位址計算

由於記憶體提供陣列的連續性儲存空間，宣告一維陣列之後；得進一步考慮陣列的定址。以圖3-11來說，一維陣列Ary[7]的起始位址α為「12」，每個元素的儲存空間d為2 Bytes；那麼Ary[2]的位址就是「α + i * d」，所以「12 + 2 * 2 = 16」。進一步推導一維陣列Ary(0: μ)，每個元素佔d空間，則Ary_i的位址如圖3-12所示。

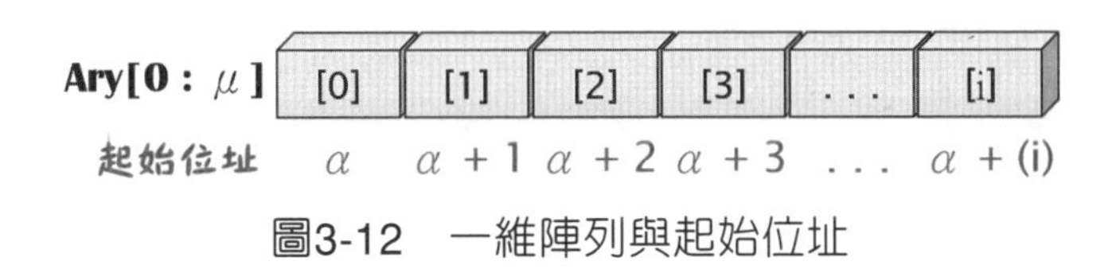

圖3-12　一維陣列與起始位址

情況一：以索引[0]為基準點，計算一維陣列Ary(0: μ)的位址如下：

```
Loc(Ary_i) = α + i * d    #公式一，以Ary[0]為基準點
```

情況二：考量起始位址，一維陣列Ary(L: μ)的位址計算如下：

```
Loc(Ary_i) = α + (i - L) * d    #公式二，以Ary[L]為基準點
```

由於一維陣列並非以Ary[0]為初始索引（基準點）；假設Ary(L:μ)的初始索引為「L」，有N個元素，則Ary(i)的定址會依據起始位址α來計算，取得位址i與L的間距再乘上每個陣列元素所需的空間d。

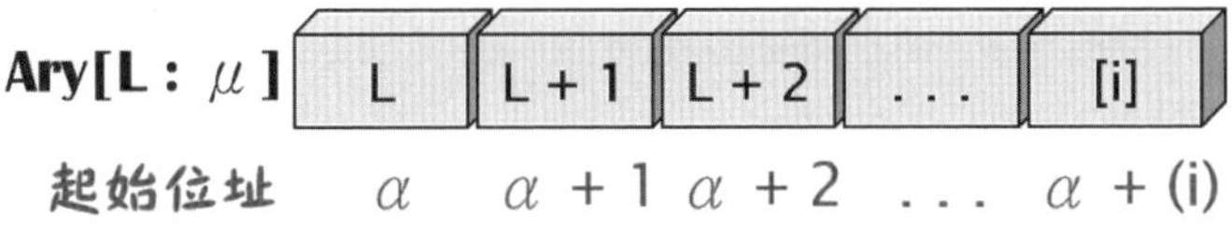

Ary[L : μ]　L　L + 1　L + 2　. . .　[i]

起始位址　α　α + 1　α + 2　. . .　α + (i)

圖3-13　一維陣列的索引非[0]開始

動動腦

《**3.4.1**》 一維陣列（0:50），起始位址A(0) = 10，每個元素占2 Bytes，則A(12)的位址為多少？

```
Loc(Ary12) = 10 + 12 * 2  = 10 + 24 = 34
```

《**3.4.2**》 一維陣列(-2:20)，起始位址A(-2) = 5，每個元素占2 Bytes，則A(2)的位址為多少？

```
Loc(Ary2) = 5 + (2 - (-2)) * 2 = 5 + 8 = 13
```

3.4.2 二維陣列位址

若把二維陣列（Two-dimension Array）視為一維陣列的延伸；它就像學校裡上課的教室，學生人數不多，那麼座位可以隨意擺放。當上課的人數愈來愈多，就得把座位予以排列，才能容納更多的學生。

那麼一個3×4的二維陣列，可以存放多少個元素？很簡單，就「3×4 = 12」可存放12個元素。一個二維陣列，如同數學的矩陣（Matrix），包含列（Row）、欄（Column）二個註標。如何表示？若以「i」表示列，「j」為欄，則第i列、第j欄的元素表示如下：

```
Ary[i][j]    #其他語言
data = [[], []]    #二維List
```

以列為主

二維陣列若採用「Row-major」；顧名思義，讀取陣列元素「由上往下」，由第一列開始一列列讀入，再轉化為一維陣列，循序存入記憶體中。也就是把二維陣列儲存的邏輯位置轉換成實際電腦中主記憶體的存儲方式。

二維陣列Ary[0:M-1, 0:N-1]，它有M列*N欄，假設α為陣列Ary在記憶體中起始位址，d為每個元素的單位空間。不考量它的起始位址，那麼陣列元素Ary(i, j)與記憶體位址有下列關係：

$$Loc(Ary_{i,j}) = \alpha + (i * N + j) * d \quad \text{\#公式一：不考量起始位置}$$

二維陣列Ary[L_1 : μ_1, L_2 : μ_2]，有M列*N欄，假設α為陣列Ary在記憶體中起始位址，d為每個元素的單位空間。將起始位址納入考量，那麼陣列元素A(i, j)與記憶體位址有下列關係：

$$Loc(Ary_{i,j}) = \alpha + (i - L_1) * N * d + (j - L_2) * d \quad \text{\#公式二}$$

我們要考量陣列的起始位置就必須知道此陣列的大小，所以M列等於「$\mu_1 - L_1 + 1$」，而N欄等於「$\mu_2 - L_2 + 1$」。那麼二維陣列的記憶體空間如何分配？可參考圖3-14之示意。

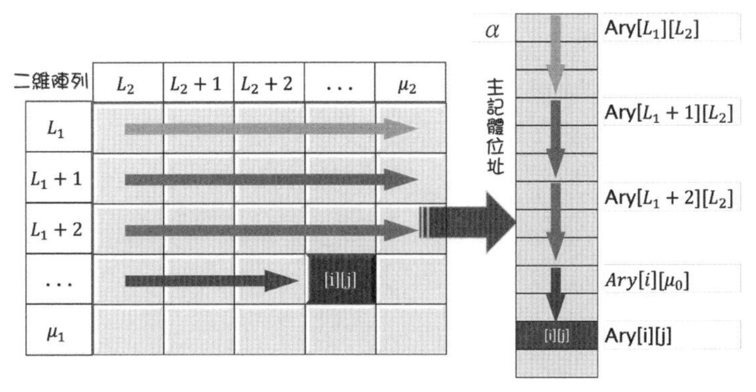

圖3-14　以列為主的記憶體位址

動動腦

《3.4.3》 有一個5×5的二維陣列，不考量起始位址，每個元素占兩個單位，起始位址爲10，則Ary(3, 2)的位址應爲多少？

```
Loc(Ary3, 2) = 10 + (3 * 5 + 2) * 2 = 44
```

《3.4.4》 有一個5×5的二維陣列，起始位址（1, 1）爲10，以列爲主來存放；每個元素占兩個單位，則Ary(3, 2）的位址？

```
Loc(Ary3, 2) = 10 + (3 - 1) * (5 * 10) + (2 - 1) * 2
Loc(Ary3, 2) = 32
```

《3.4.5》 有一個二維陣列Ary(-5：4, -3：1)，起始位址(-1, -2)爲50，以列爲主做存放；每個元素占兩個單位，則Ary(0, 0)的位址？

```
M列 = 4 - (-5) + 1 = 10
N欄 = 1 - (-3) + 1 = 5    #一個10列、5欄的二維陣列
Loc(Ary0,0) = 50 + (0-(-1)) * (5 * 2) + (0-(-2)) * 2
Loc(Ary0,0) = 64
#轉化為標準式，以公式一計算
Ary(-5 : 4, -3 : 1) ➡ Ary(0 : 9, 0 : 4)
A(-1, -2) ➡  Ary(0, 0) ➡ Ary(1, 2)
Loc(Ary1,2) = 50 + (1 * 5 + 2) * 2 = 64
```

以欄為主

以欄爲主的二維陣列要轉爲一維陣列時，必須將二維陣列元素「由左往右」，從第一欄開始，一欄欄讀入一維陣列。也就是把二維陣列儲存的

邏輯位置轉換成實際電腦中主記憶體的存儲方式。

二維陣列Ary[0:M-1, 0:N-1]，它有M列×N欄，假設α爲陣列Ary在記憶體中起始位址，d爲每個元素的單位空間。不考量它的起始位址，那麼陣列元素A(i, j)與記憶體位址有下列關係：

```
Loc(Ary_{i, j}) = α + (j * M + i) * d    #公式一：不考量起始位置
```

二維陣列Ary[L_1：μ_1, L_2：μ_2]，有M列×N欄，假設α爲陣列Ary在記憶體中起始位址，d爲每個元素的單位空間。考量其起始位址，那麼陣列元素A(i, j)與記憶體位址有下列關係：

```
Loc(Ary_{i, j}) = α + (i - L1) * d + (j - L2) * d * M    #公式四
```

要考量陣列的起始位置就必須知道此陣列的大小，所以M列、N欄的計算方式與「以列爲主」相同。那麼二維陣列的記憶體空間如何分配？可參考圖3-15之示意。

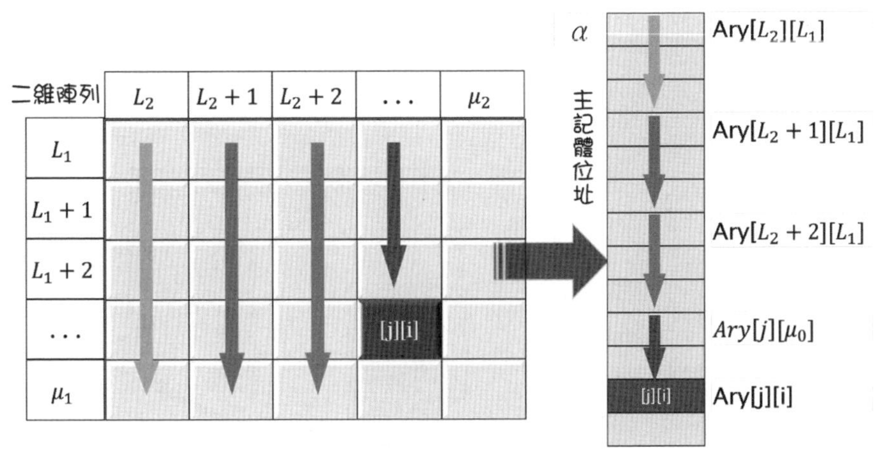

圖3-15　以欄為主的記憶體位址

動動腦

《**3.4.6**》 有一個5×5的二維陣列，不考量起始位址，每個元素佔兩個單位，起始位址為10，則Ary(3, 2)的位址應為多少？

```
Loc(Ary3, 2) = 10 + (2 * 5 + 3) * 2 = 34    #公式一
```

《**3.4.7**》 有一個二維陣列Ary(-5 : 4, -3 : 1)，起始位址（-1, -2）為50，以列為主做存放；每個元素佔兩個單位，則Ary(0, 0）的位址？

```
Loc(Ary3, 2) = 50 + (0 - (-1) + (0 - (-2)) * 9 * 2 = 88
```

3.4.3 三維陣列位址

將焦點再轉回到教室的座位，當一間教室無法容更多的學生，可以延伸教室的數量。所以陣列的結構會由線、平面而立體化。

圖3-16若以二維陣列觀點來看，表示有3個二維陣列，每個二維陣列由3×3個項目構成，二維陣列在幾何的表示上是平面的，考量的是列和欄的關係。三維陣列在幾何的表示上則是立體的，必須以三個註標（或是索引）來指定存取陣列元素。

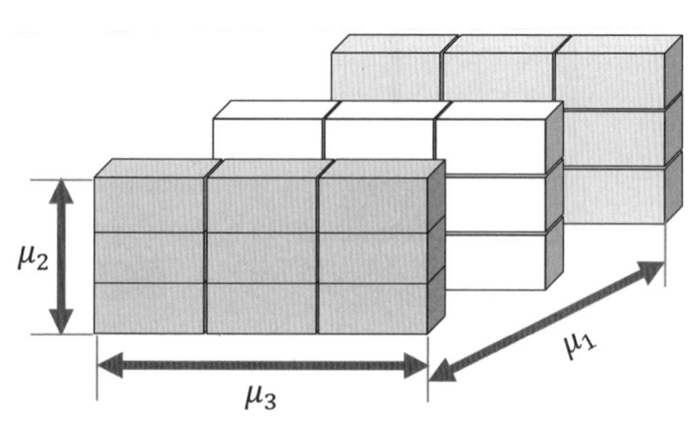

圖3-16 三維陣列由「$\mu_1 * \mu_2 * \mu_3$」組成

圖3-16表示三維陣列「$\mu_1 \times \mu_2 \times \mu_3$」，由$\mu_1$個二維陣列「$\mu_2 \times \mu_3$」構成。同樣地，可以將三維陣列表示法視爲一維陣列的延伸，以線性方式來處理亦可分成「以列爲主」和「以欄爲主」兩種。

以列為主（Row-Major）

將陣列Ary視爲μ_1個「$\mu_2 \times \mu_3$」的二維列陣，每個二維陣列有μ_2個一維陣列，每個一維陣列包含μ_3的元素。另外，α爲陣列起始位址，每個元素含有d個空間單位。

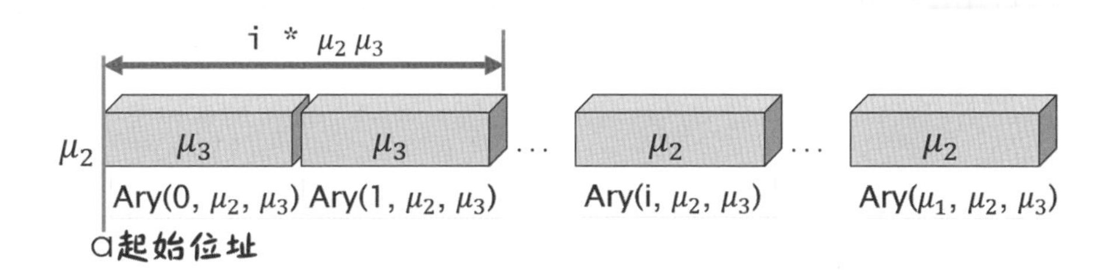

轉換公式時，將Ary(i, j, k)視爲一直線排列的第幾個，得到以下位址計算公式：

$$Loc(Ary_{i,j,k}) = \alpha + (i * \mu_2\mu_3 + j * \mu_3 + k) * d$$

三維陣列Ary[$L_1 : \mu_1, L_2 : \mu_2, L_3 : \mu_3$」，有O個M列×N欄，假設α爲陣列Ary在記憶體中起始位址，d爲每個元素的單位空間。

$$N = \mu_1 - L_1 + 1,\ M = \mu_2 - L_2 + 1,\ O = \mu_3 - L_3 + 1$$

$$Loc(Ary_{i,j,k}) = \alpha + (i - L_1)MOd + (j - L_2)Od + (k - L_3)d$$

以欄為主（Column-Major）

陣列Ary有個「$\mu_1 \times \mu_2$」的二維列陣，每個二維陣列有μ_2個一維陣列，每個一維陣列包含μ_1的元素。每個元素有d單位空間，且α爲起始位址。

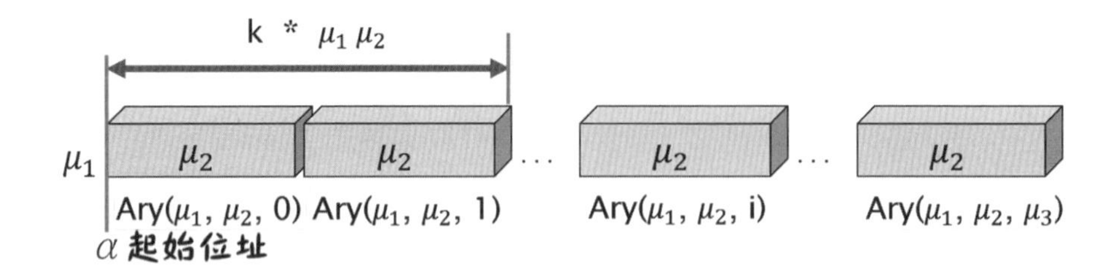

轉換公式時，得到以下位址計算公式：

$$(Ary_{i,j,k}) = \alpha + (i * \mu_1\mu_2 + j * \mu_3 + k) * d$$

三維陣列Ary[L_1：μ_1, L_2：μ_2, L_3：μ_3]，有O個M列*N欄，假設α爲陣列Ary在記憶體中起始位址，d爲每個元素的單位空間，位址計算如下：

$$N = \mu_1 - L_1 + 1,\ M = \mu_2 - L_2 + 1,\ O = \mu_3 - L_3 + 1$$

$$Loc(Ary_{i,j,k}) = \alpha + (k - L_3)NMd + (j - L_2)Nd + (i - L_1)d$$

例一：以列爲主；三維陣列Ary(2, 4, 7)，起始位址爲120，每個元素只占1 Byte，則Ary(2, 2, 5)的位址多少？

$$Loc(Ary_{2,2,5}) = 120 + ((2-1) * 4*7 + (2-1)*7 + 3)*1 = 158$$

例二：以列爲主的三維陣列Ary(-4:6, -3:5, 1:4)，起始位址Ary(-4, -5, 2) = 120；每個元素只占1 Byte，則Ary(1, 2, 2)的位址多少？

```
N = 6-(-4)+1 = 11
M = 5-(-3)+1 = 9
O = 4-1+1 = 4
Loc(Ary1,2,2) = 120 + (1-(-4))*9*4*1 + (2-(-3))*4*1 + 2-1 = 321
```

3.5 矩陣

前文利用Python的一維List簡單討論過一維陣列的基本操作：新增、插入或刪除陣列中的元素。而矩陣（Matrix）結構類似於二維陣列，由「m×n」的形式來表達矩陣中m列（Rows）和n行（Columns），通常以大寫的英文字母來表示。例如宣告一個Ary(1:3, 1:4)的二維陣列。

4欄

$$3列\begin{pmatrix} a_{0,0} & a_{0,1} & a_{0,2} & a_{0,3} \\ a_{1,0} & a_{1,1} & a_{1,2} & a_{1,3} \\ a_{2,0} & a_{2,1} & a_{2,2} & a_{2,3} \end{pmatrix}_{3\times 4}$$

實際上電腦面對於二維陣列所儲存的資料，我們都可以在紙上以陣列的方法表示出來。不過對於資料的存放不同，應把單純儲存在二維陣列中的方法作某些調整。一般而言，資料結構上常用到的矩陣有四種：

- 矩陣轉置（Matrix Transposition）。
- 矩陣相加（Matrix Addition）。
- 矩陣相乘（Matrix Multiplication）。
- 稀疏矩陣（Sparse Matrix）。

3.5.1 矩陣相加

從數學的角度來看，矩陣的運算方式可以涵蓋加法、乘積及轉置等。假設A、B都是「m×n」矩陣，將A矩陣加上B矩陣以得到一個C矩陣，並且此C矩陣亦為（m×n）矩陣。所以，C矩陣上的第i列第j行的元素必定等於A矩陣的第i列第j行的元素加上B矩陣的第i列第j行的元素。以數學式表示：

$$C_{ij} = A_{ij} + B_{ij}$$

假設矩陣A、B、C的m與n都是從0開始計算，因此，A、B兩個矩陣相加等於C矩陣，其表示如下：

$$A = \begin{bmatrix} A_{00} & A_{01} & \cdots & A_{0n} \\ A_{10} & A_{11} & \cdots & A_{1n} \\ \cdots & \cdots & \cdots & \cdots \\ A_{m1} & A_{m2} & \cdots & A_{mn} \end{bmatrix}_{m \times n} + \quad A = \begin{bmatrix} B_{00} & B_{01} & \cdots & B_{0n} \\ B_{10} & B_{11} & \cdots & B_{1n} \\ \cdots & \cdots & \cdots & \cdots \\ B_{m1} & B_{m2} & \cdots & B_{mn} \end{bmatrix}_{m \times n}$$

$$A = \begin{bmatrix} A_{00} + B_{00} & A_{01} + B_{01} & \cdots & A_{0n} + B_{0n} \\ A_{10} + B_{10} & A_{11} + B_{11} & \cdots & A_{1n} + B_{1n} \\ \cdots & \cdots & \cdots & \cdots \\ A_{m1} + B_{m1} & A_{m2} + B_{m2} & \cdots & A_{mn} + B_{mn} \end{bmatrix}_{m \times n}$$

就以簡例來說明兩個矩陣的相加。

$$\begin{bmatrix} 5 & 3 & 2 \\ 11 & 7 & 13 \\ 9 & 13 & 15 \end{bmatrix}_{3 \times 3} + \begin{bmatrix} 1 & 6 & 8 \\ 4 & 12 & 16 \\ 9 & 18 & 21 \end{bmatrix}_{3 \times 3} = \begin{bmatrix} 6 & 9 & 10 \\ 15 & 19 & 29 \\ 18 & 31 & 36 \end{bmatrix}_{3 \times 3}$$

範例「Array2DAdd.py」 兩個矩陣相加

```
01 aryA = [[5, 3, 2], [11, 7, 13], [9, 13, 15]]
02 aryB = [[1, 6, 8], [4, 12, 16], [9, 18, 21]]
03 aryC = [] #空的List物件，存放兩個矩陣相加的結果
04 for row in range(3):
05     aryC.append([]) #產生空白的3列
06     for column in range(3):
07         element = aryA[row][column] + aryB[row][column]
08         #以append()方法把每列的欄項目填入
09         aryC[row].append(element)
10 for idx, one in enumerate(aryC):
11     print('第', idx, '列', end = '|')
12     for two in one:
13         print(format(two, '>4d'), end = '|')
14     print()
```

建置、執行

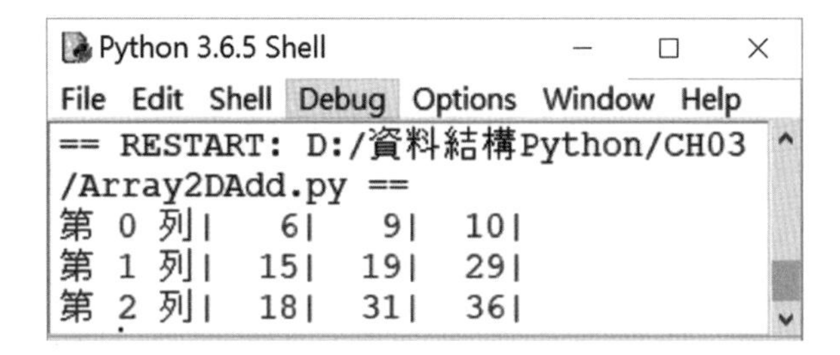

程式說明

◈ 第1~3行：產生兩個欲相加的矩陣和一個空的二維List。

◈ 第4~9行：第一層for迴圈先以append()方法建立二維List的三個空白列。

◈ 第6~9行：第二層for迴圈，將矩陣aryA、aryB依序將指定兩列的項目相加；將相加後的元素存放到aryC矩陣裡。

◈ 第10~14行：同樣以兩層for迴圈讀取相加後矩陣aryC所存放的內容。

3.5.2 矩陣相乘

假設矩陣A為「m×n」，而矩陣B為「n×p」，可以將矩陣A乘上矩陣B得到一個（m×p）的矩陣C；所以，矩陣C的第i列第j行的元素必定等於A矩陣的第i列乘上B矩陣的第j行（兩個向量的內積），以數學式表示如下：

$$C_{ij} = \sum_{k=1}^{n} A_{ik} + B_{kj}$$

假設矩陣A、B、C的m與n都是從0開始計算，因此，A、B兩個矩陣相乘等於C矩陣，其表示如下：

$$A = \begin{bmatrix} A_{00} & A_{01} & \cdots & A_{0n} \\ A_{10} & A_{11} & \cdots & A_{1n} \\ \cdots & \cdots & \cdots & \cdots \\ A_{m1} & A_{m2} & \cdots & A_{mn} \end{bmatrix}_{m \times n} \times \quad B = \begin{bmatrix} B_{00} & B_{01} & \cdots & B_{0n} \\ B_{10} & B_{11} & \cdots & B_{1n} \\ \cdots & \cdots & \cdots & \cdots \\ B_{m1} & B_{m2} & \cdots & B_{mn} \end{bmatrix}_{m \times n}$$

$$C = A \times B \begin{bmatrix} C_{00} & C_{01} & \cdots & C_{0p} \\ C_{10} & C_{11} & \cdots & C_{1p} \\ \cdots & \cdots & \cdots & \cdots \\ C_{m1} & C_{m2} & \cdots & C_{mp} \end{bmatrix}_{m \times p}$$

其中C_{ij}的兩個項目的相乘表示如下：

$$C_{ij} = [A_{i0}\ A_{i1} \ldots A_{in}] \times \begin{bmatrix} B_{0j} \\ B_{1j} \\ \cdots \\ B_{nj} \end{bmatrix}$$

$$= A_{i0} \times B_{0j} + A_{i1} \times B_{1j} + \ldots\ A_{im} \times B_{nj}$$

$$= \sum_{k=1}^{n} A_{ik} \times B_{kj}$$

例如：矩陣aryA和aryB相乘的示意如下：

$$\begin{bmatrix} 1 & 2 \\ 3 & 4 \\ 5 & 6 \end{bmatrix} \times \begin{bmatrix} 7 & 9 & 11 \\ 8 & 10 & 12 \end{bmatrix}$$

$$= \begin{bmatrix} (1*7+2*8) & (1*9+2*10) & (1*11+2*12) \\ (3*7+4*8) & (3*9+4*10) & (3*11+4*12) \\ (5*7+6*8) & (5*9+6*10) & (5*11+6*12) \end{bmatrix}$$

$$= \begin{bmatrix} 23 & 29 & 35 \\ 53 & 67 & 81 \\ 83 & 105 & 127 \end{bmatrix}$$

範例「Array2DMulti.py」 兩個矩陣相乘

```
01 aryA = [[1, 2], [3, 4], [5, 6]]
02 aryB = [[7, 9, 11], [8, 10, 12]]
03 X = len(aryA); Y = len(aryB); Z = len(aryB[0])
04 aryC = [] #空的List，存放aryA * aryB相乘結果
```

```
05 for one in range(X):
06     for two in range(Z):
07         total = 0
08         for three in range(Y):
09             #依序將指定兩列的項目相加
10             total += aryA[one][three] * aryB[three][two]
11         aryC.append(total)
12
13 for one in range(X):
14     for two in range(Z):
15        print('{:>4d}'.format(aryC[one*Z + two]), end = '|')
16     print()
```

建置、執行

```
Python 3.6.5 Shell
File Edit Shell Debug Options Window Help
= RESTART: D:/資料結構Python/CH03
/Array2DMulti.py =
  23|  29|  35|
  53|  67|  81|
  83| 105| 127|
```

程式說明

- 第1、2行：宣告欲相加的矩陣，aryA是3*2；而aryB是2*3。
- 第3行：利用內建函式len()取得矩陣的長度。
- 第5~11行：三層for迴圈；第一、二層for迴圈讀取矩陣aryA和aryB相乘後的元素，再以第三層for迴圈依序放入矩陣aryC。

◈ 第13~16行：雙層for迴圈輸出矩陣aryC。

3.5.3 矩陣轉置

假設有一個矩陣A為「m×n」，將矩陣A轉置為「n×m」的矩陣B，並且矩陣B的第j列第i行的元素等於A矩陣的第i列第j行的元素，數學式表示如下：

$$A_{ij} = B_{ji}$$

假設矩陣A、B的m與n都是從0開始計算；矩陣A、B的表示如下：

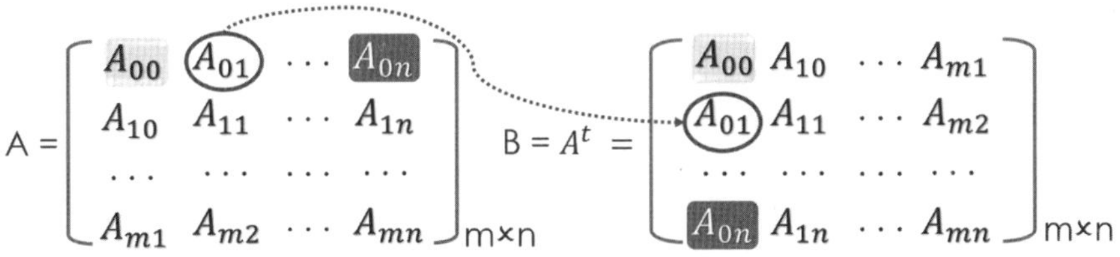

$$A = \begin{bmatrix} A_{00} & A_{01} & \cdots & A_{0n} \\ A_{10} & A_{11} & \cdots & A_{1n} \\ \cdots & \cdots & \cdots & \cdots \\ A_{m1} & A_{m2} & \cdots & A_{mn} \end{bmatrix}_{m\times n} \quad B = A^t = \begin{bmatrix} A_{00} & A_{10} & \cdots & A_{m1} \\ A_{01} & A_{11} & \cdots & A_{m2} \\ \cdots & \cdots & \cdots & \cdots \\ A_{0n} & A_{1n} & \cdots & A_{mn} \end{bmatrix}_{m\times n}$$

例如：將矩陣aryA轉置為aryB的示意如下：

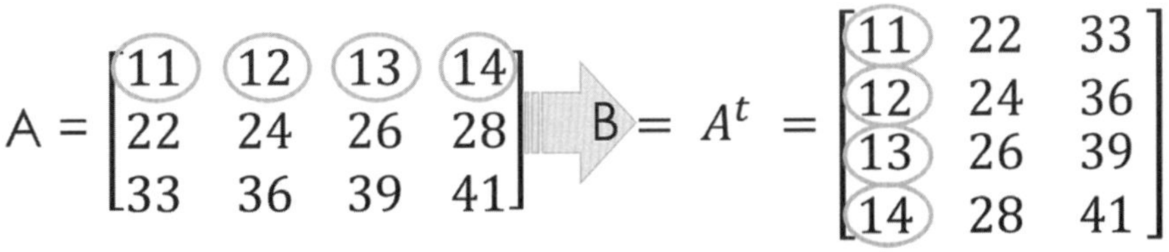

$$A = \begin{bmatrix} 11 & 12 & 13 & 14 \\ 22 & 24 & 26 & 28 \\ 33 & 36 & 39 & 41 \end{bmatrix} \Rightarrow B = A^t = \begin{bmatrix} 11 & 22 & 33 \\ 12 & 24 & 36 \\ 13 & 26 & 39 \\ 14 & 28 & 41 \end{bmatrix}$$

Python提供的內建函式zip()，將二維List壓縮或解壓縮的過程，能將列欄做置換動作，語法如下：

```
zip(*iterables)
```

◈ Iterables：可迭代的物件，前方（左側）的「*」字元不能省略。

不過函式zip()大部分情形下要配合建構函式list()來使用，參考下述簡例。

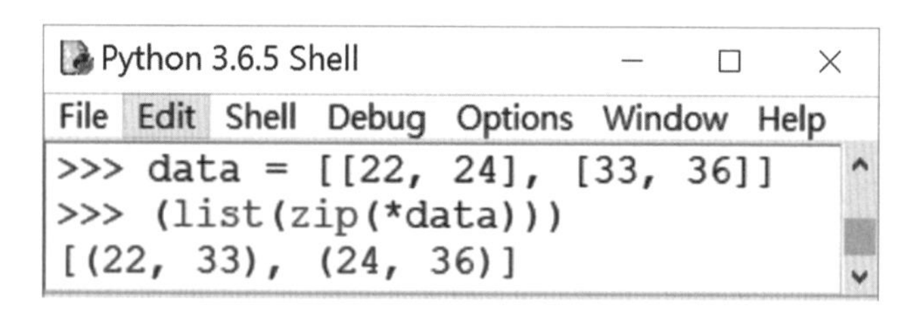

範例「Array2DTrans.py」矩陣轉置

```
01 aryA = [[11, 12, 13, 14], [22, 24, 26, 28],
02     [33, 36, 39, 41]]
03 lenC = len(aryA[0]) #取得二維陣列每欄長度
04 print('讀取原來陣列')
05 for row in aryA:
06     for column in row:
07         print('{0:>4d}'.format(column), end = '|')
08     print()
09 trans = [ [row[column] for row in aryA]
10             for column in range(lenC)]
11 print('列、欄轉換後陣列')
12 for row in trans:
13     for column in row:
```

```
14          print('{:>4d}'.format(column), end = '')
15      print()
16 #zip()函式做列、欄轉換
17 aryB = (list(zip(*aryA)))
18 print('zip()函式-列、欄轉換後陣列')
19 for row in aryB:
20      for column in row:
21          print('{:>4d}'.format(column), end ='')
22      print()
```

建置、執行

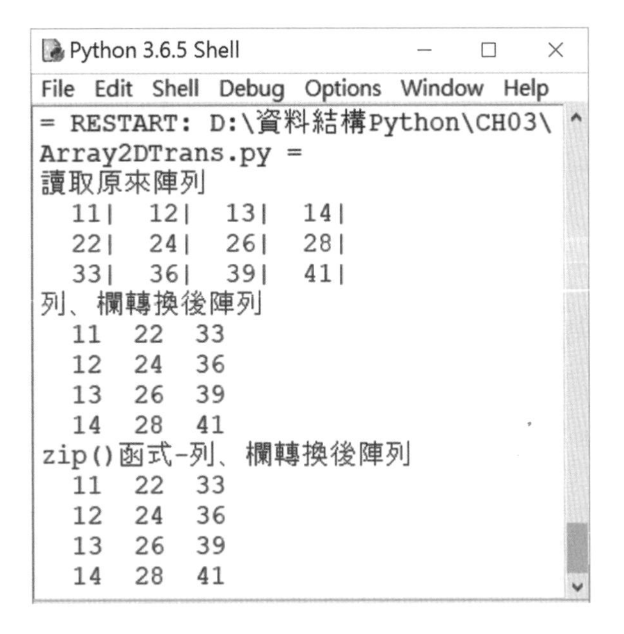

程式說明

- ◈ 第1~3行：宣告二維矩陣並以函式len()取得列的長度。
- ◈ 第5~8行：雙層for迴圈讀取原有矩陣aryA的內容。
- ◈ 第9~10行：以兩個List生成式將列、欄轉換；內部生成式先讀取每一列的欄元素，再由外部生成式依據矩陣列原有欄數循序存放為列。
- ◈ 第12~15行：雙層for迴圈讀取列、欄轉換後矩陣aryA的內容。

3.5.4 稀疏矩陣

「稀疏矩陣」（Sparse Matrix）是指矩陣中大部分元素皆為0，元素稀稀落落；例如下列矩陣就是相當典型的稀疏矩陣。

$$\begin{bmatrix} 0 & 0 & 0 & 27 & 0 \\ 0 & 0 & 13 & 0 & 0 \\ 0 & 41 & 0 & 0 & 36 \\ 52 & 0 & 9 & 0 & 0 \\ 0 & 0 & 0 & 18 & 0 \end{bmatrix}_{5\times5}$$

問題來了，如何處理稀疏矩陣？有兩種作法：

➢ 直接利用「M×N」的二維陣列來一一對應儲存。

如果直接使用傳統的二維陣列來儲存上述的稀疏矩陣也是可以，但許多元素都是0情形下，十分浪費記憶體空間，虛耗不要必的時間，這是雙重浪費。

➢ 使用三行式（3-tuple）結構儲存非零元素。

改進空間浪費的方法就是利用三行式（3-tuple）的資料結構。同樣地，假設有一個M*N的稀疏矩陣中共有K個非零元素，則必須要準備一個二維陣列Ary[0:K, 1:3]，將稀疏矩陣的非零元素以「row, column, value」的方式存放。所以要轉化一個5×5的稀疏矩陣，表示如下：

- A(0,1)代表此稀疏矩陣的列數。
- A(0,2)代表此稀疏矩陣的行數。
- A(0,3)則是此稀疏矩陣非零項目的總數。
- 每一個非零項目以（i, j, item-value）表示。其中i爲此非零項目所在的列數，j爲此非零項目所在的行數，item-value則爲此非零項的值。

可以把5×5稀疏矩陣得到如下結果。

列	欄	值
5	5	7
1	4	27
2	3	13
3	2	41
3	5	36
4	1	52
4	3	9
5	4	18

範例「Array2DSparse.py」 稀疏矩陣

```
01 aryA = [[0, 0, 0, 27, 0], [0, 0, 13, 0, 0],
02          [0, 41, 0, 0, 36], [52, 0, 9, 0, 0],
03          [0, 0, 0, 18, 0]]
04 #取得矩陣列數、欄數
05 aryARow = len(aryA)
06 aryAColumn = len(aryA[0])
07 number = 0 #統計非零項目
```

```
08 print('讀取稀疏陣列')
09 for row in aryA:
10     for column in row:
11         print('{0:>3d}'.format(column), end = '|')
12         if column != 0:
13             number += 1
14     print()
15
16 idx = 1
17 aryB = [[None]*3 for item in range(number + 1)]
18 aryB[0][0] = aryARow
19 aryB[0][1] = aryAColumn
20 aryB[0][2] = number
21 for row in range(aryARow):
22     for column in range(aryAColumn):
23         if aryA[row][column] != 0:
24             aryB[idx][0] = row+1
25             aryB[idx][1] = column+1
26             aryB[idx][2] = aryA[row][column]
27             idx += 1
28 print('讀取壓縮後的稀疏陣列')
29 for row in range(number + 1):
30     for column in range(3):
31        print(format(aryB[row][column], '>3d'), end = '|')
32     print()
```

建置、執行

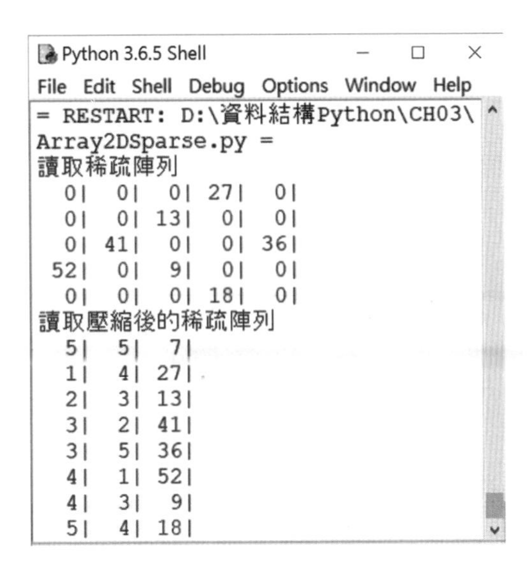

程式說明

- 第17~20行：要將原有的的稀疏矩陣進行壓縮，所以要建立一個能存放的二維List。將原有稀疏矩陣的列、欄數和統合非零項目的值存到新矩陣的第一列。
- 第21~27行：依據稀疏矩陣取得非零元素的列、欄索引和值，再依序填入新的陣列中。

課後習作

1. 請簡單說明Python內建型別中，Tuple與List有何不同？
2. 利用List生成式，找出數值1~100之間能被5整除的數值。
3. 讀取下列二維陣列並輸出如下結果。

```
ary2D = ['Tomas', [78, 96, 62],
         'Eric', [88, 64, 63],
         'Sandy', [55, 92, 67]]
```

提示：利用函式isinstance()來判斷元素是否為List物件

```
==== RESTART: D:\資料結構Python
\課後習題\Ex_03_3.py ====
Tomas - 78 96 62
Eric  - 88 64 63
Sandy - 55 92 67
```

4. 陣列「以列為主」順序存放在記憶體內。每個陣列元素占用4個單位的記憶體。若起始位址是100，在下列宣告中，所列元素的存放位置為何？

```
(1). Var A = array[-100…1, 1…100]，求A[1,12]之位址
(2). Var A = array[5…10, -10…20]，求A[5,-5]之位址
```

5. 有一個二維陣列Ary，已知$A_{3,2}$的位址為1110，$A_{2,3}$的位址為1115，且每個元素占一個位址，則$A_{5,4}$的位址為何？
6. 若A(3,3)在位置121，A(6,4)在位置159，則A(4,5)的位置為何？（單位空間d=1）

7. A(-3:5, -4:2)之起始位址A(-3,-4) = 100，以列為主排列，請問A(1,1)所在位址？（d=1）
8. 有一個二維陣列Ary，已知$A_{3,2}$的位址為168、$A_{8,6}$的位址為344，且每個元素占4個位址，則$A_{5,6}$的位址為何？
9. 假設有以列為主排列的程式語言，宣告A(1:3, 1:4, 1:5）陣列，且Loc(A(1, 1, 1)) = 100，請求出Loc(A(1, 2, 3))=？
10. 假設有一三維陣列宣告為A(-3:2,-2:3,0:4)，A(1,1,1)=300，且d=2，試問以行為主的排列方式下，求出A(2,2,3）的所在位址。

第四章 鏈結串列

★學習導引★

- 從單向鏈結串列開始，了解其資料結構
- 學會單向鏈結串列基本操作：加入、刪除節點，或者反轉鏈結串列
- 以雙向鏈結串列來新增，刪除節點
- 以環狀鏈結串列來處理Josephus問題
- 鏈結串列應用於多項式和稀疏矩陣

4.1 單向鏈結串列

第三章所討論的陣列，對大部分的程式語言來說，其記憶體配置屬於「靜態記憶體配置」（Static Memory Allocation），在編譯時期（Compile Time）就依照所宣告陣列的大小來配置連續的記憶體空間，因此效率佳，但比較缺乏彈性。配置多少的記憶體空間於撰寫程式時就必須決定，若配置過多會造成記憶體浪費；而配置太少，可能又不符合實際需求。

所謂「動態記憶體配置」（Dynamic Memory Allocation）是指在程式執行期間（Run Time），依據程式碼需求來決定記憶體空間。相對於靜態記憶體配置，使用上較有彈性，也因爲執行期間才配置記憶體配置，所以效率較差。那麼對於記憶體空間的配置，靜態和動態有何不同，歸納如下表。

記憶體	靜態記憶體	動態記憶體
記憶體空間配置	固定	不固定
狀態	浪費記憶體	節省記憶體
配置時期	編譯時期	執行時期
釋放記憶體	編譯器	程式設計師
效率與彈性	效率高、彈性低	效率低、彈性高

4.1.1 與鏈結串列的相遇

什麼是鏈結串列（Linked List）？可以把它想像成一列火車，乘客多就多掛車廂，人少了就以少量車廂行駛。鏈結串列也是一樣，新資料加入就向系統要一塊新節點，資料刪除後，就把節點所占用的記憶體空間還給系統。因爲鏈結串列加入或刪除一個節點非常方便，不需要大幅搬動資料，只要改變鏈結的指標即可。

本章節所探討的鏈結串列，其資料結構也是「動態記憶體配置」的一環。如何定義鏈結串列（Linked List）？

- 由一組節點（node）所構成，各節點之間並不一定占用連續的記憶體空間。
- 各節點的型態不一定相同。
- 插入節點、刪除節點方便；可任意（動態）增加、清除記憶體空間。
- 要留意它支援循序存取，不支援隨機存取。

線性串列中，以陣列中儲存資料即可，來到鏈結串列就稍有不同，除了儲存的資料之外，還要「鏈結」後續資料的儲存位址。所以，鏈結串列是由「節點」（Node）組成的有序串列集合；節點又稱爲串列節點（List Node）。每一個節點至少包含一個「資料欄」（Data Field）和「鏈結欄」（Linked Field）。「資料欄」存放該節點的資料；鏈結欄存放著指向下一個元素的指標，所以鏈結欄以指標稱呼也通，由圖4-1示意。

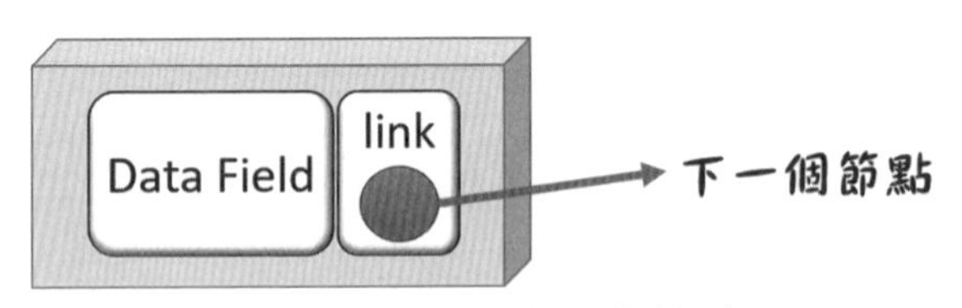

圖4-1　鏈結串列的節點

其實線性串列是有頭有尾；所以，可以把鏈結串列（Linked List）的第一個節點視爲「首指標」，如同火車頭一般，後面有接連的車廂。那麼，問題來了，尾節點的鏈結欄究意指向何處？當然是「空的」，其他的程式語言會以Null來表示，但Python以「None」表達（本書會交替使用）。

不過爲了讓大家更了解鏈結串列的操作，會有兩個比較特別的成員參與，習慣把鏈結串列的第一個節點再附設一個「首節點」（Head

Node），但是它不儲存任何資訊；有了首節點，表示從它開始就能找到第一個節點，也能藉由它儲存的「鏈結」（或指標）往下一個節點走訪。有時還會有「尾節點」（Tail Node），除了說明它是鏈結串列的最後一個節點之外，它的鏈結欄會指向「None」。當我們拜訪的節點，它的指標指向「None」不就表明它是最後一個節點。

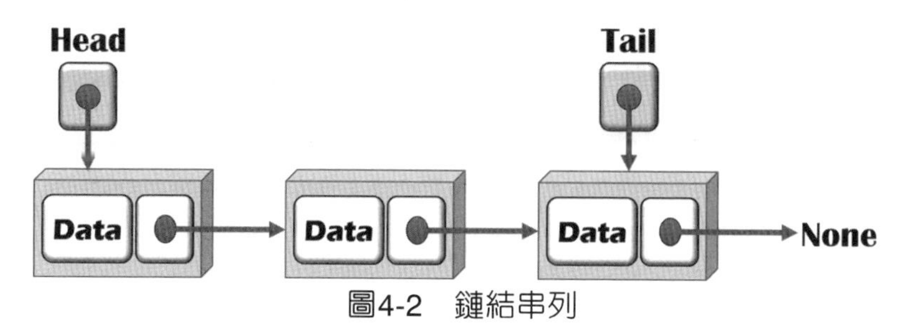

圖4-2　鏈結串列

鏈結串列依據其種類，共有三種：

➢ 單向鏈結串列（Single Link List）。
➢ 環狀鏈結串列（Circular Link List）。
➢ 雙向鏈結串列（Double Link List）。

補給站

為了避免混淆，LinkedList會以中文名稱「鏈結串列」，而Python的內建型別List就直接以英文名稱，由於它屬於動態陣列結構，也會以陣列來代表List物件。

4.1.2 定義單向鏈結串列

鏈結串列中最簡單的結構就是單向鏈結串列（Singly Linked List），可以把它想像如同一列火車，所有節點串成一列。它只能有單一方向，隨著火車頭前進；比較通俗的說法是尋找某筆資料時只能勇往直前，無法回頭另外查看。如何利用Python來定義一個單向鏈結串列？透過類別來自行產生。利用單向鏈結串列的結構，定義一個Score類別，初始化其分數和科目，指標會指向下一個節點，以None來表示它是尾節點。

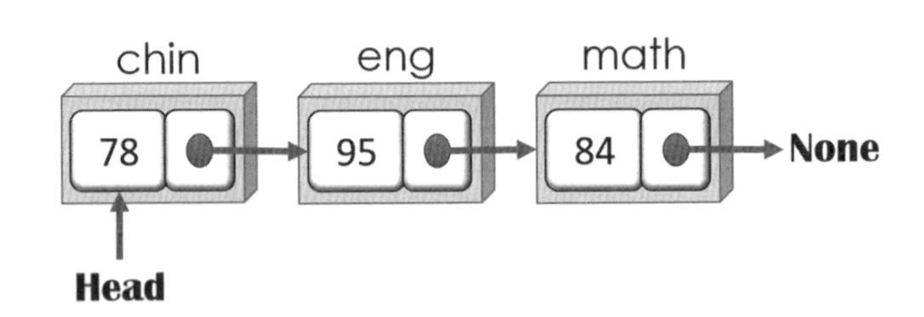

範例「Score.py」定義單向鏈結串列

```
01 class Score :
02     #初始化Score類別
03     def __init__(self, value, subject) :
04         self.value = value
05         self.subject = subject
06
07 s1, s2, s3 = eval(input(
08     '請輸入國文、英文、數學分數，並以逗點分隔：\n'))
09 math = Score(s3, None)
10 eng = Score(s2, math)
11 chin = Score(s1, eng)
12 headNode = chin
13 print('[', chin.value, ']-> [', eng.value,
14         ']-> [', math.value, ']-> None')
```

建置、執行

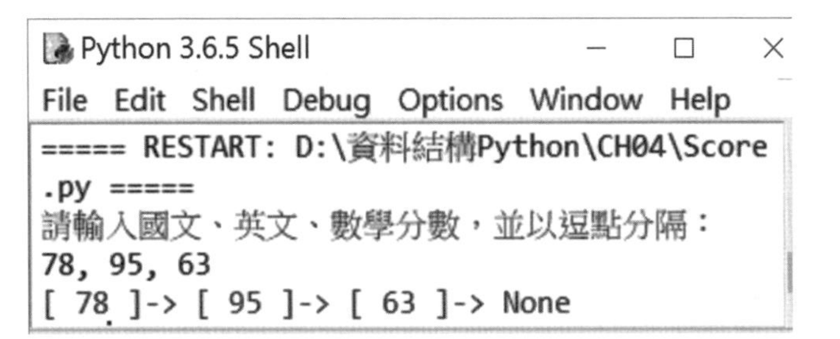

程式說明

◈ 第1~5行：定義Score類別的，初始化分數和科目。

◈ 第9~11行：初始化Score類別的物件，先產生物件math並代入None來表示它是尾節點。

4.1.3 走訪單向鏈結串列

對於單向鏈結串列有了基本認識之後，還可以進一步走訪它們。如何走訪節點？依據指標來走訪每一個節點，輸出每個節點資料欄儲存的內容，當指標指向None表示完成走訪。

Step 1. 先設定一個「目前節點」來指向目前的節點，完成走訪就輸出此節點「78」，繼續把「目前節點」移向下一個節點。

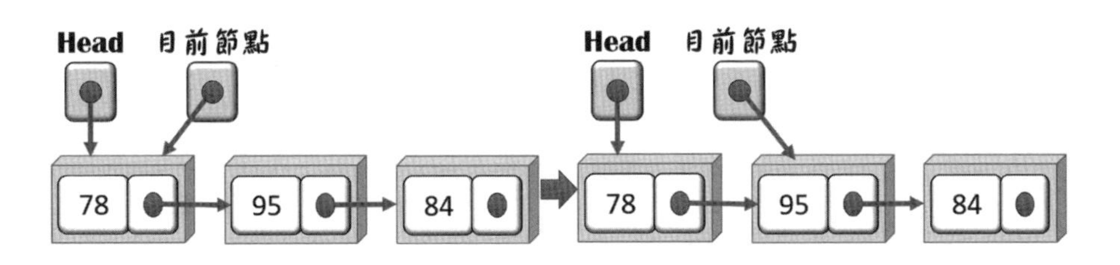

Step 2. 輸出節點「84」之後，若「目前節點」變成None表示它已走訪完畢。

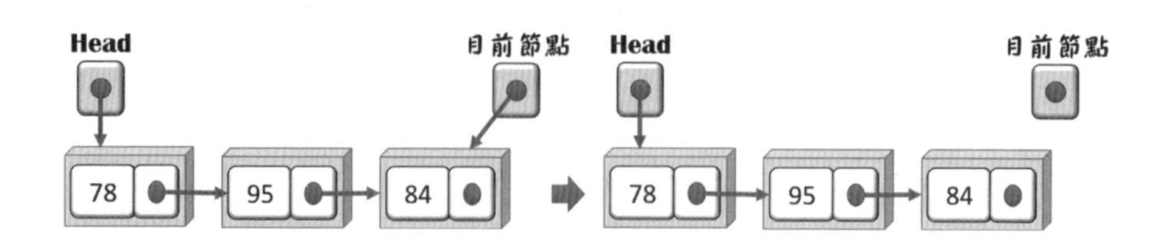

範例「Traversal.py」 走訪單向鏈結串列

```
01 class Score :
02     #初始化Score類別 - 程式碼跟範例《Score.py》相同
03
04     def TraversingNodes(self):
05         global headNode #全域變數
06         curNode = headNode #將首節點設為目前節點
07         fields = 0 #統計走訪的節點
08         if(curNode != None):
09             while(curNode.subject != None):
10                 print(format(
11                     curNode.value, '<4d'), end = '')
12                 curNode = curNode.subject
13                 fields += 1
14             fields += 1
15             print(curNode.value) #最後一個節點
16             print('走訪', fields, '節點')
17         else:
18             print('空白的節點')
19
20 #產生Score物件 chin, eng, math
```

```
21 grade = [78, 96, 65, 82]
22 ds = Score(grade[3], None)
23 math = Score(grade[2], ds)
24 eng = Score(grade[1], math)
25 chin = Score(grade[0], eng)
26 headNode = chin
27 chin.TraversingNodes()
```


程式說明

- ◈ 第4~18行：定義走訪節點的方法TraversingNodes()，以while迴圈走訪單向鏈結串列，被走訪過的單向鏈結串列就輸出「資料欄」的值並統計走訪過的節點。
- ◈ 第6、7行：設定一個變數「curNode」來取得走訪的節點；設定從首節點開始拜訪。設變數fields來統計走訪過的節點數。
- ◈ 第21行：產生List物件儲存成績。
- ◈ 第22~26行：設定成績所對應的科目並將科目chin設為首節點。

4.2 單向鏈結串列的基本操作

有了單向鏈結串列的走訪概念之後，我們可以做些簡單的操作，例如加入新的節點或者將某一個節點從鏈結串列中刪除。

4.2.1 新增節點

使用單向鏈結串列可以插入新的項目，有三種方式可供選擇：①從首節點插入；②從尾節點插入；③從中間的節點插入。不過，我們一定要知道，無論是哪一種方式都是把鏈結的指標指向新的物件。

CHAPTER 4

從尾節點加入資料

Step 1. 從尾節點插入資料時，若設有「尾節點」，可以先把①最後一個節點的指標指向新節點，②再把尾節點的指標指向新節點。

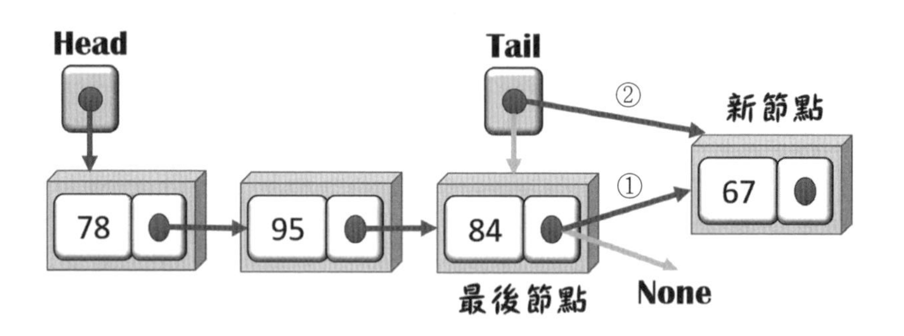

Step 2. 此時新節點「67」就加到鏈結串列的末端。

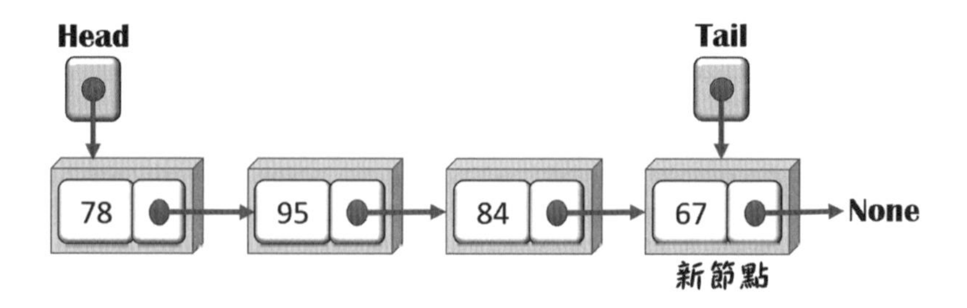

範例「SinglyLinkedList.py」 從尾節點新增項目

```
01 class Score :
02     def __init__(self, value) :
03         self.value = value
04         self.next = None
05
```

```
06 class Student:
07     def __init__(self):
08         self.head = None
09     def append(self, grade):    #從尾節點加入資料
10         if self.head is None:
11             self.head = grade
12         else:
13             tail = self.head
14             while True:
15                 if tail.next is None:
16                     break
17                 tail = tail.next
18             tail.next = grade
```

```
21 one = Score(78)
22 stu = Student()
23 stu.append(one)
24 two = Score(95)
25 stu.append(two)
26 three = Score(84)
27 stu.append(three)
```

程式說明

◈ 第1~4行：以類別來定義一個節點Node並以初始化，屬性value能取得節點儲存的值，另一個屬性next將鏈結欄設為None。

◈ 第6~18行：定義一個單向鏈結串列類別SingleLinkedList，設首節點head為None。

◈ 第9~18行：定義append()方法，新增的資料會從尾節點加入。if/else敘

述先判斷是否有首節點，若沒有首節點就以尾節點作為第一個新增的節點為首節點。

◈ 第14~17行：while迴圈讀取節點，若尾節點的下一個節點為None，就以break敘述中斷迴圈，要不然就是取得尾節點的下一個節點。

◈ 第18行：若有首節點，變更原來最後一個節點的指標，新節點加到末端變成尾節點。

◈ 第21~27：先產生節點物件one、two、three並以資料為參數來初始化物件；再加入單向鏈結串列物件stu，呼叫append()方法並帶入節點物件為參數，從尾部新增節點。

補給站

如果不設尾節點指標會如何？由於是單向鏈結串列，欲加到末端的新節點必須從第一個節點開始，直到最後一個節點才完成加入動作；若有尾節點的指標就能提其效能。

從首節點插入資料

如何從首節點插入資料？其實是把插入的項目設為首節點即可。作法是把加入資料的新節點設為首節點，先以暫存變數儲存，再把指標移向下一個節點即可。

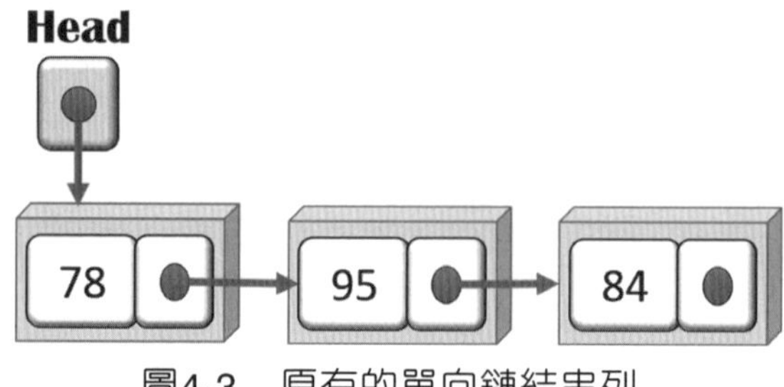

圖4-3　原有的單向鏈結串列

Step 1. ①將首節點指標指向要新加入的節點；②再把新節點的指標指向下一個節點。

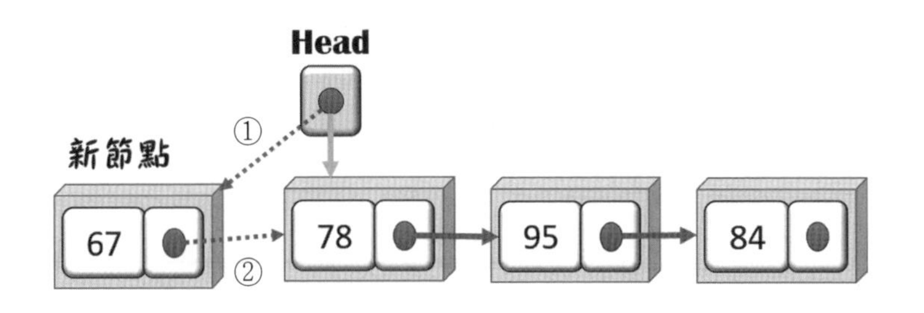

Step 2. 最後，新節點「67」加到節點「78」之前。

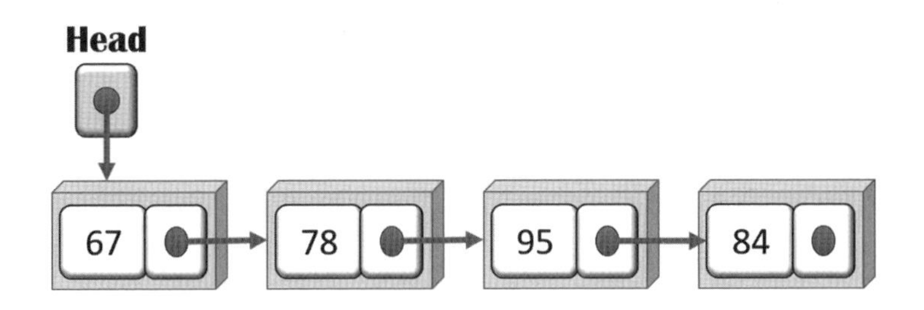

範例「SinglyLinkedList.py」（續） 從首節點新增資料

```
01 class Student:
02     #省略部分程式碼
03     def addHead(self, grade):
04         tmp = self.head
05         self.head = grade
06         self.head.next = tmp
07         del tmp
```

```
11 one = Score(78)
12 stu = Student()
13 stu.addHead(one)
14 two = Score(95)
15 stu.addEnd(two)
16 three = Score(84)
17 stu.addEnd(three)
18 four = Score(67)
19 stu.addHead(four)
```

程式說明

◈ 第3~7行：定義Student類別的addHead()方法，將插入的節點先以暫存變數tmp儲存，再把首節點指標指向新節點，新節點指標指向一個節點，再以del敘述刪除暫存變數tmp。

◈ 第11~19行：產生多個物件之後，分別呼叫addHead()和addEnd()方法，所以分數95、84會加到78之後，而67則加到78前端。

從中間的節點加入資料

從中間的節點插入新項目就是在兩個節點間插入新項目。如何做？當然要先找出欲插入節點的位置，然後移動指標。

Step 1. 依據指定位置加入新節點；也就是新節點會插入於節點「84」之前，將節點「95」的指標指向新節點；而新節點的指標指向節點「84」。

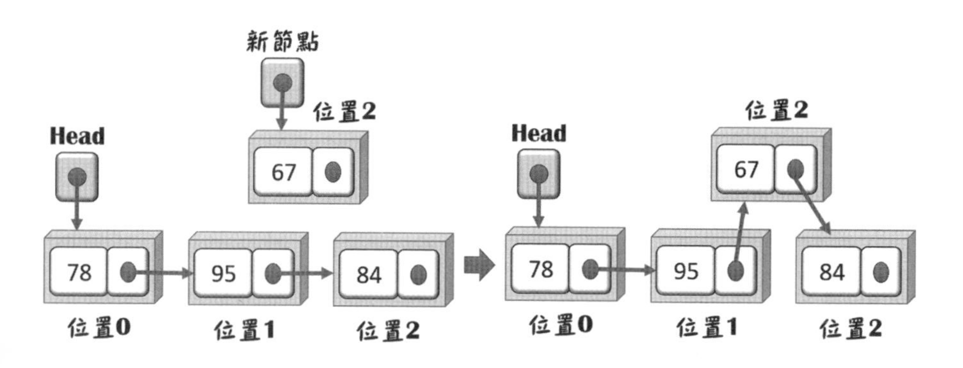

Step 2 重新變更節點的索引，完成新節點的加入。

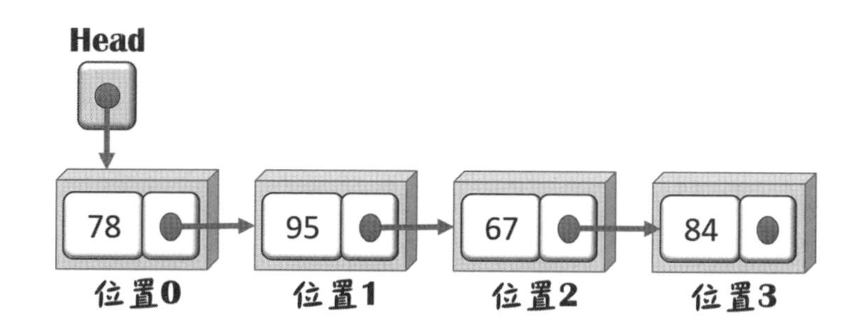

範例「SinglyLinkedList.py」（續） 兩個節點間新增項目

```
01 class Student:
02     #省略部分程式碼
03     def getLength(self):
04         curNode = self.head #首節點設為目前節點
05         length = 0
06         while curNode is not None: #讀取節點計算長度
07             length += 1
08             curNode = curNode.next
```

```
09        return length
10
11    def insertPos(self, grade, location):
12        prior = None #前一個節點
13        if location < 0 or location > self.getLength():
14            raise IndexError('插入的位置不對')
15        elif location is 0:
16            self.addHead(grade)
17        curNode = self.head
18        curPos = 0 #取得目前節點的位置
19        while True:
20            if curPos == location:
21                prior.next = grade
22                grade.next = curNode
23                break
24            prior = curNode
25            curNode = curNode.next
26            curPos += 1
```

程式說明

◈ 第3~9行：定義方法getLength()來取得節點長度。while迴圈能取得目前節點的狀況下才走訪節點。

◈ 第11~26行：定義方法insertPos()來插入位置，依據新節點grade和指定位置來新增項目。

◈ 第13~16行：判斷插入的位置是否爲合宜位置，指定的位置不能小於零或大於鏈結串列的長度，或者參數location爲零就直接變更爲首節點。

◈ 第19~26行：while迴圈中，先判斷指定位置和目前節點是否符合？也就是將grade會依指定節點（84）而加到前一個節點（95）位置，所以它是插入於節點95、84之間。同樣地，將新節點的指標指向目前節點（84），再把節點「95」的指標指向新節點，完成插入程序。

4.2.2 刪除節點

資料結構中，單向鏈結串列中刪除一個節點同樣有下述三種情況：①刪除串列的第一個節點：只要把串列首指標指向第二個節點即可。②刪除串列後的最後一個節點：只要指向最後一個節點的指標，直接指向None即可。③刪除鏈結串列的中間節點：將欲刪除節點的指標，直接指向None即可。

刪除串列的第一個節點

要刪除串列的第一個節點就是把鏈結串列的首節點予以刪除。

Step 1. 刪除首節點之前，①將第一個節點的指標變更為None，②把首節點指向下一個節點。

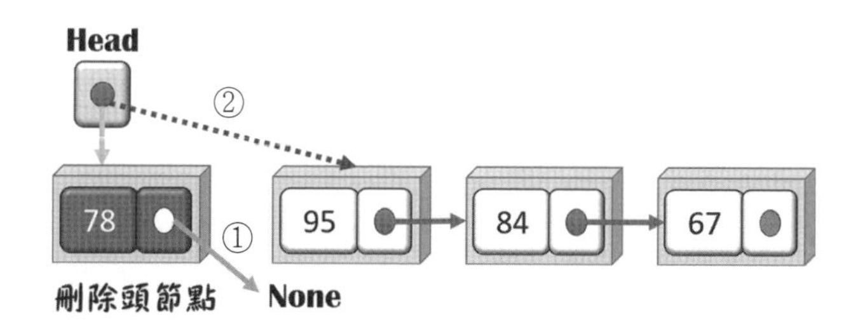

Step 2. 再把指標為None的首節點刪除。

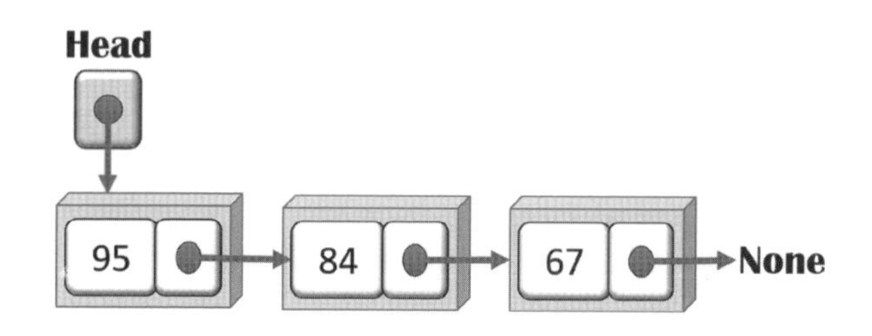

範例「SinglyLinkedList.py」刪除首節點

```
01 class Student:
02     #省略部分程式碼
03     def isEmpty(self):
04         if self.head is None:
05             return True
06         else:
07             return False
08
09     def removeHead(self):
10         if self.isEmpty() is False:
11             priorHead = self.head
12             self.head = self.head.next
13             priorHead.next = None
14         else:
15             print('無法刪除節點')
```

程式說明

- 第3~7行：定義方法isEmpty()來判斷鏈結串列中的首節點是否存在，分別以True表示存在、False表示不存在來回傳其結果。
- 第9~15行：定義方法removeHead()，將首節點設爲前一個節點，再把原來的第二個節點設爲首節點，然後變更首節點的指標爲None。

刪除最後一個節點

只要指向最後一個節點的指標，直接指向None即可。作法跟刪除首節點雷同，只是把目標轉移到尾節點。

Step 1. 把鏈結串列中倒數的第二個節點設爲暫時節點，並把原來的暫時節點的指標設爲「None」，而尾節點的指標移向此暫時節點「84」。

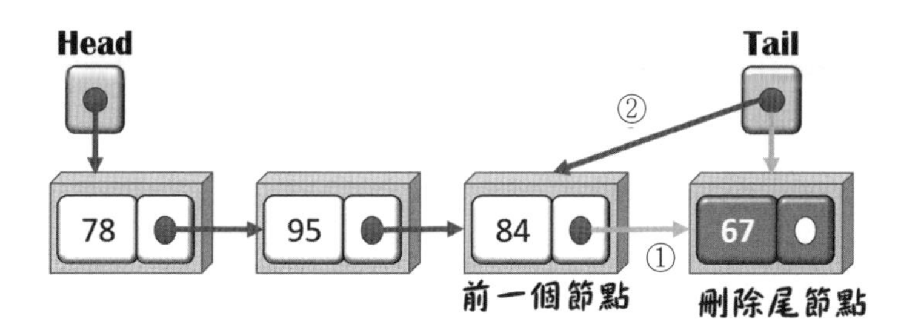

Step 2. 刪除尾頭節之後，原有的暫時節點就變成尾節點。

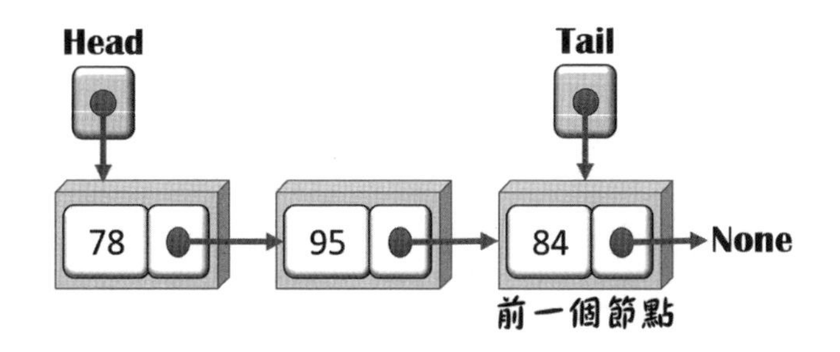

範例「SinglyLinkedList.py」（續）刪除尾節點

```
01 class Student:
02     #省略部分程式碼
03     def removeEnd(self):
04         tail = self.head
05         while tail.next is not None:
06             prior = tail
07             tail = tail.next
08         prior.next = None
```

程式說明

◈ 第3~8行：定義方法removeEnd()來刪除尾節點。先以while迴圈走訪到尾節點，刪除尾節點之後，再把例數第二個節點的指標設爲NULL而變成尾節點。

刪除鏈結串列的中間節點

在單向鏈結型態的資料結構中，要在鏈結串列中刪除指定節點，如圖4-4的位置「1」的節點。要完成這樣的動作需要兩個步驟：

Step 1. 首先，將欲刪除節點的前一個節點「78」的指標，將它重新指向欲刪除節點的下一個節點「84」，並把欲刪除節點「95」的指標設爲None。

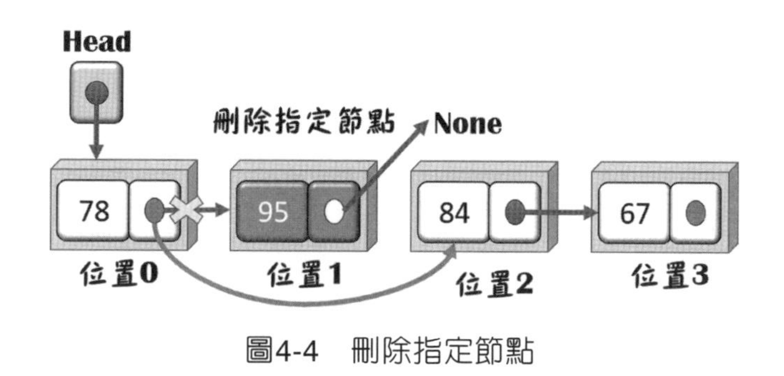

圖4-4 刪除指定節點

Step 2 以指標建立前一個點和下一個節點的連接並調整其位置。

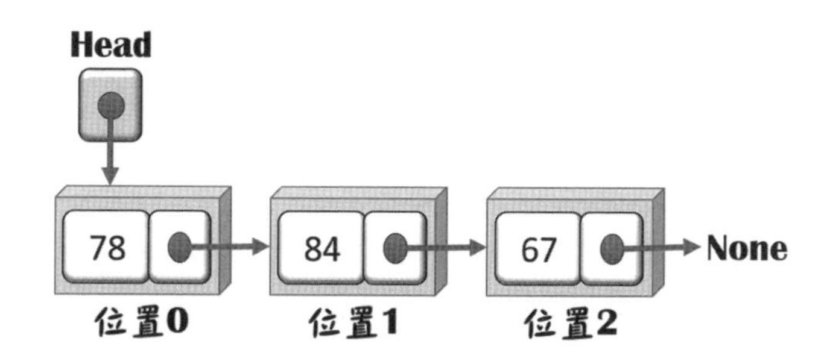

範例「SinglyLinkedList.py」（續）刪除指定節點

```
01 class Student:
02     #省略部分程式碼
03     def removeAt(self, location):
04         if location < 0 or location >= self.getLength():
05             raise IndexError('指定的位置不對')
06         elif self.isEmpty() is False:
07             if location is 0:
```

```
08                  self.removeHead()
09              curNode = self.head
10              curPos = 0
11              while True:
12                  if curPos == location:
13                      prior.next = curNode.next
14                      curNode.next = None
15                      break
16                  prior = curNode
17                  curNode = curNode.next
18                  curPos += 1
```

程式說明

◈ 第3~18行：以if/elif敘述判斷方法remaveAt()的參數location必須大於0或小於鏈結串列的長度之間，此外不能是無任何資料的串列。

◈ 第11~18行：走訪到指定位置的節點，將下一個節點的指標先設爲None之後，完成節點的刪除後，再把上、下節點以指標連結。

◈ 第13、14行：將前一個節點的指標指向目前（欲刪除）節點，再把欲刪除節點指標設爲None。

4.2.3 將兩個節點交換

在單向鏈結中，可以把兩個節點互換可以考量兩種情形：

- 兩個互換的節點並非首節點。
- 兩個互換的節點，其中一個是首節點。

情形一：兩個皆非首節點

兩個皆非首節點的交換過程：

Step 1. 節點B、C要做交換。

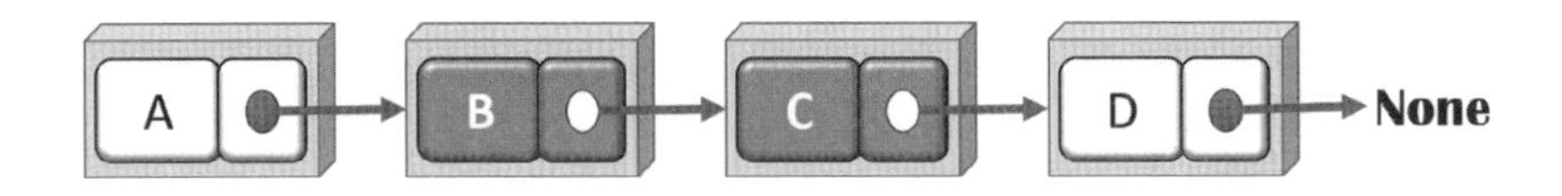

Step 2. 將節點A的指標指向節點C，而節點C的指標指向節點B。

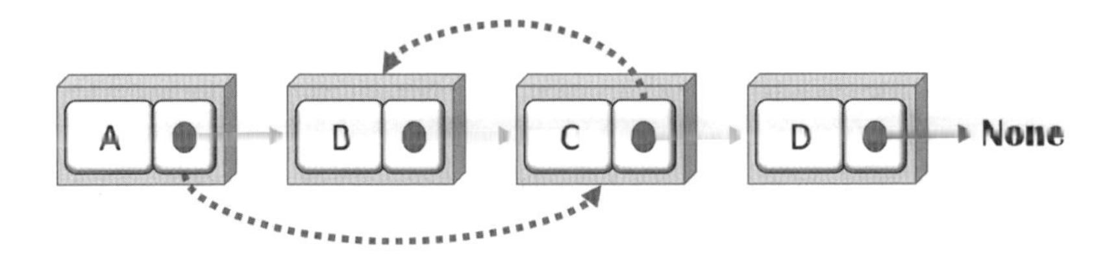

Step 3. 將節點B的指標指向節點D。

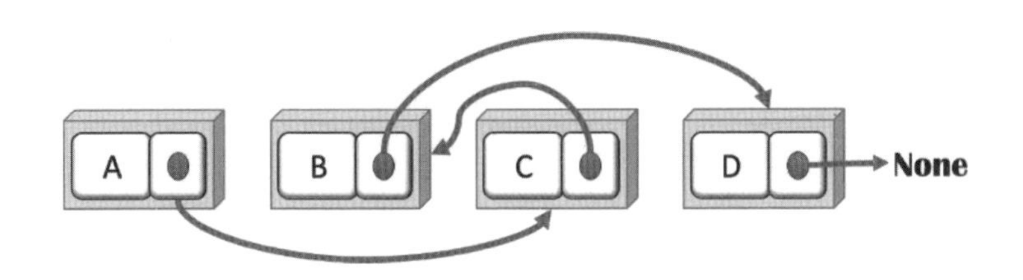

Step 4. 由於指標的改變，最後把節點B和C完成互換動作。

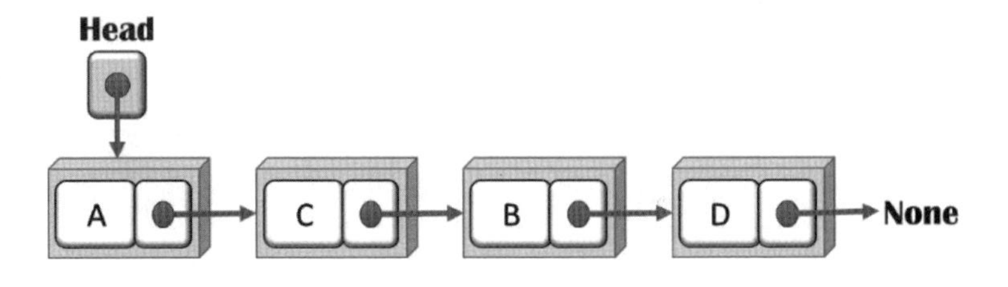

情形二：有一個是首節點

兩個節點要互換，若其中有一個是首節點，可藉助首節點的指標。

Step 1. 將節點A、B互換。

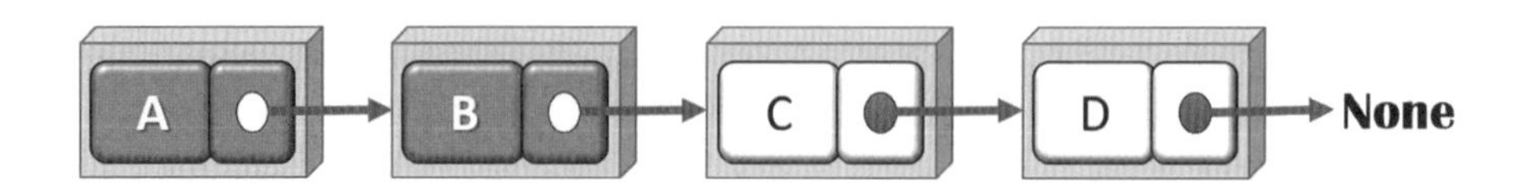

Step 2. 將節點A的指標指向節點C，節點B的指標指向A；而首節點指標移向節點B。

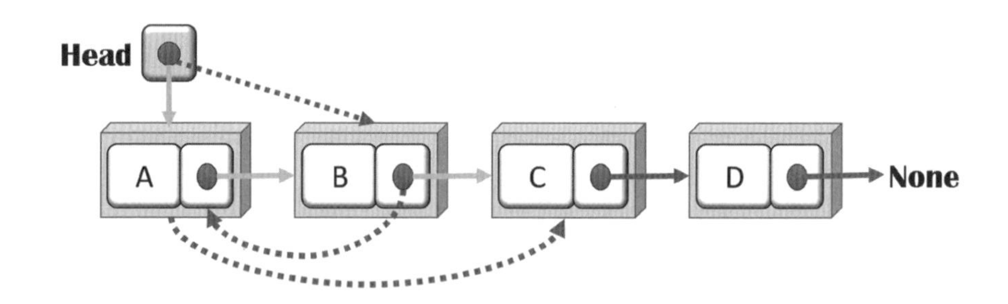

Step 3. 節點A、B完成交換動作。

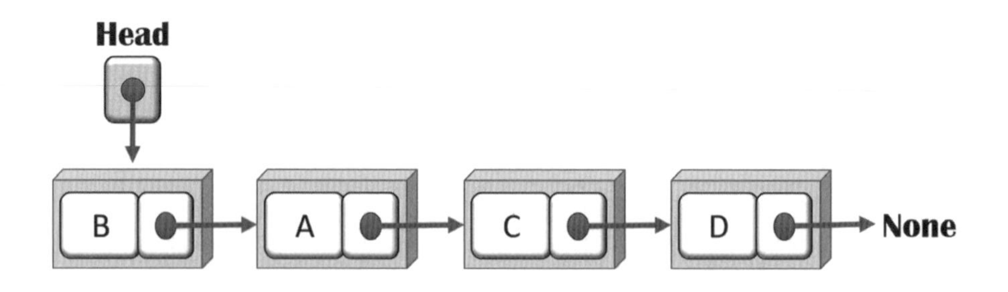

Step 4. 程式碼請參考範例「SinglyReverse.py」。

4.2.4 將單向鏈結反轉

如何把單向鏈結反轉？由於它具有方向性，走訪時只能向下一個節點移動。但它允許將新節點加到首節點。利用此特性（最先加入的節點會放到最後），把節點做逐一交換，最後取得的尾節點就把它改變成首節點，完成反轉過程。

Step 1. 原有的鏈結串列，同樣以while迴圈從首節點開始走訪。

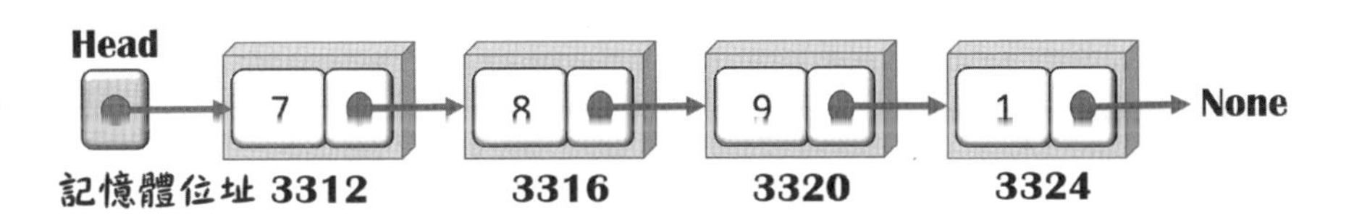

Step 2. ①將目前節點移向下一個節點，②原來的目前節點變更為前一個節點，③將目前節點的指標指向前一個節點。

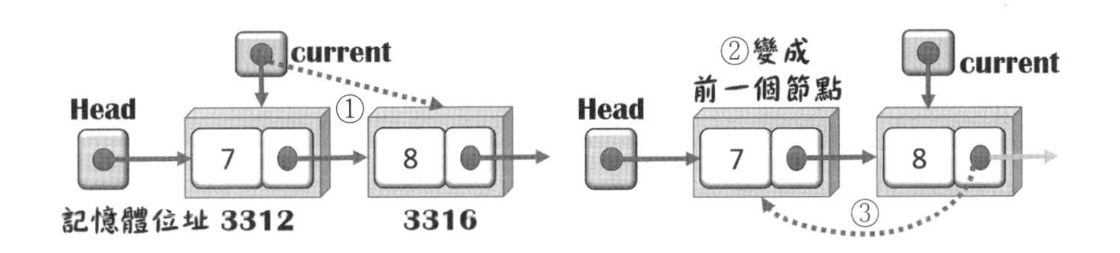

Step 3. 完成鏈結串列的反轉，原來的最後節點變成第一個節點。

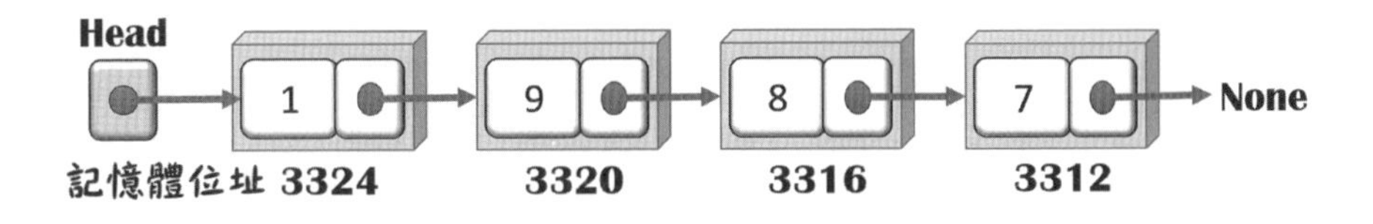

範例「SinglyReverse.py」反轉節點

```
01 class SLinkedList:
02     //省略部分程式碼
03     def regress(self):
04         prev = None
05         while self.head is not None:
06             current = self.head
07             self.head = current.next
08             current.next = prev
09             prev = current
10         self.head = prev
11 single = SLinkedList()
12 print('鏈結串列：')
13 for item in range(10, 20):
14     item = random.randint(1, 10) #產生10個亂數
15     single.append(item)
16 single.show()
17 single.regress()
18 print('\n反轉節點：')
19 single.show()
```

建置、執行

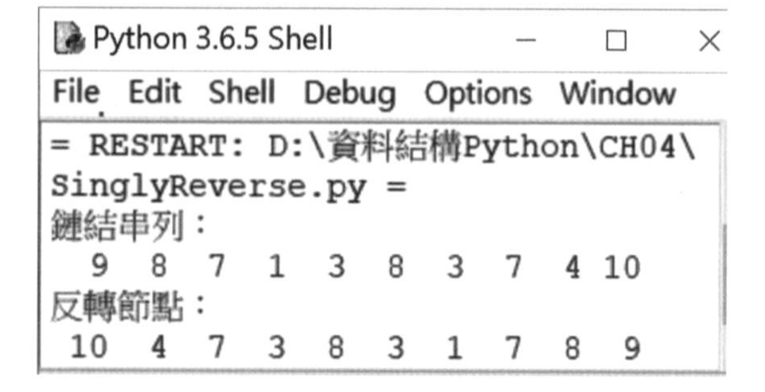

程式說明

◈ 第3~10行：定義方法regress()將鏈結串列的節點反轉。

◈ 第5~9行：while迴圈走訪整個鏈結串列，從首節點開始移動指標進行拜訪；將前一個節點變更為目前節點，最後，首節點指標移向前一個節點。

◈ 第13~15行：利用random的randint()方法產生整數的隨機值，呼叫SLinkedList類別所定義的物件方法append()來新增節點，然後以for迴圈讀取。

4.3 雙向鏈結串列

另一種常見的鏈結串列就是雙向鏈結串列（Double Linked List）。要存取單向鏈結串列必須依循指標方向，從首節點走向尾節點。但如果想在單向鏈結串列做反向走訪，那可就是一件如假包換的大工程。此外，單向鏈結串列的某一個鏈結斷裂，後續的資料就會遺失而無法復原。

為了解決上述這兩項缺失，存取資料讓方便，雙向鏈結串列允許雙向走訪，同時改善了單向鏈結串列鏈結斷裂的問題。雙向鏈結串列的基本結構和單向鏈結有點相似，每一個節點除了資料欄之外，還包含左、右兩個鏈結欄，一個指向前一個節點，另一個指向後一個節點。至於雙向鏈結串列的優、缺點分析如下：

雙向鏈結串列的優點：

➢ 雙向鏈結串列有兩個鏈結欄，由於已知前一個節點位置，刪除或加入一個節點時，執行速度快過單向串列。

➢ 因為有兩個鏈結欄，若鏈結斷落，另一個方向的鏈結欄能快速反向恢復已斷落鏈結。

雙向鏈結串列缺點：

➢ 雙向串列比單向串列更需要多一個鏈結，較浪費記憶體空間。

雙向串列加入一個節點時需改變四個指標，而刪除一個節點也要改變兩個指標。而單向串列加入個節點，只要改變兩個指標，刪除節點只要改變一個指標即可。

4.3.1 定義雙向鏈結串列

爲了改善單向鏈結串列只能依序走訪的不便性，於是雙向鏈結串列（Doubly Linked List）蘊含而生。它的節點不同於單向鏈結串列，它具有三個欄位，一爲左鏈結（Lnext），二爲資料（DATA），三爲右鏈結（Rnext），其資料結構如下圖4-5所示。

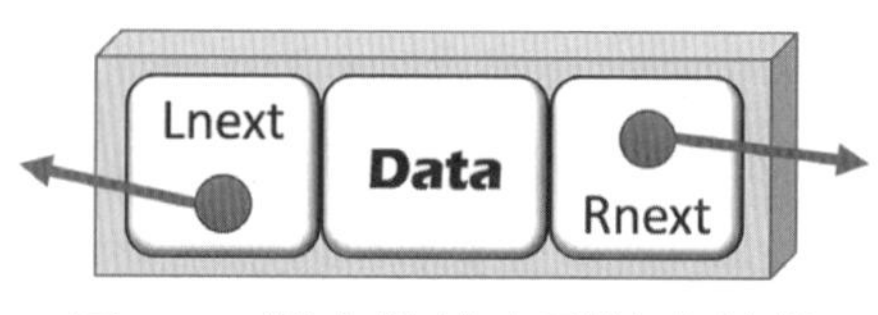

圖4-5　雙向鏈結串列基本結構

其中Lnext指向前一個節點，而Rnext指向下一個節點。通常在雙向鏈結串列加上一個串列首，此串列首的資料欄不存放資料。當串列首的Lnext和Rnext分別指向None，表示它是一個空串列。

雙向串列可分成環狀和非環狀兩種。另外爲了方便存取，透過圖4-6先認識資料欄含有資料的雙向鏈結串列。

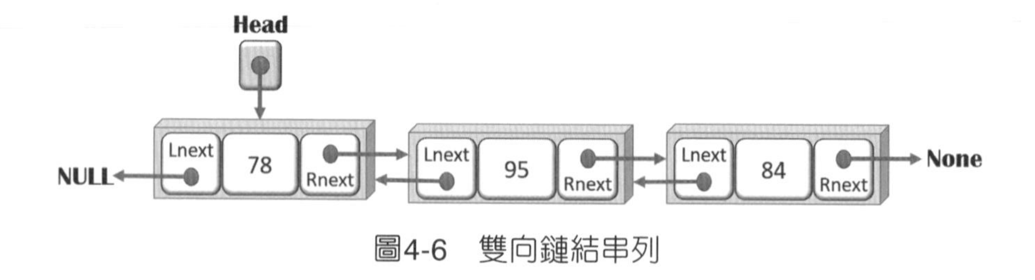

圖4-6　雙向鏈結串列

如何定義雙向鏈結串列？先來撰寫雙向鏈結串列的節點部分。

範例「DoublyLinkedList.py」定義雙向鏈結串列的節點

```
01 class Score:
02     def __init__(self, value):
03         self.value = value
04         self.Lnext = None #指向前一個節點
05         self.Rnext = None #指向下一個節點
```

程式說明

◈ 第1~5行：定義一個Score類別，初始化物件時，屬性Lnext指向前一個節點，Rnext指向下一個節點。

4.3.2 節點的新增

要在雙向鏈結串列中加入節點，同樣有三種情形可討論：①從尾節點加入、②從首節點加入、③指定位置加入新節點。如何在尾節點加入新節點？它的作法是加入新節點之後，此新節點就會變成鏈結串列的尾節點。

Step 1. 從最後一個節點處加入新節點「84」。

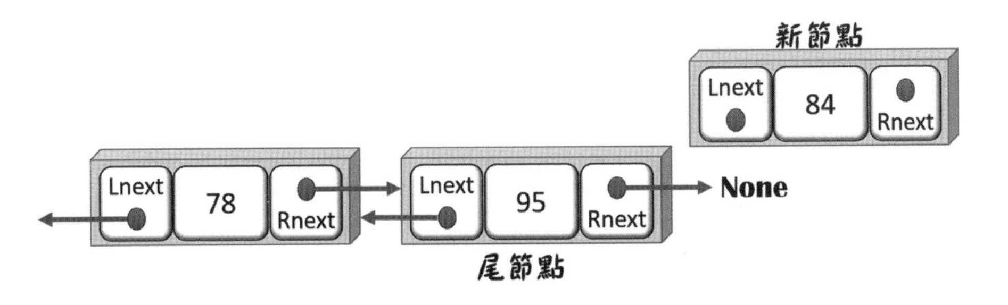

Step 2. ①將原串列的最後一個節點的右鏈結指向新節點；②新節點的左鏈結指向原串列的最後一個節點，並將新節點的右鏈結指向None；③新節點變成尾節點。

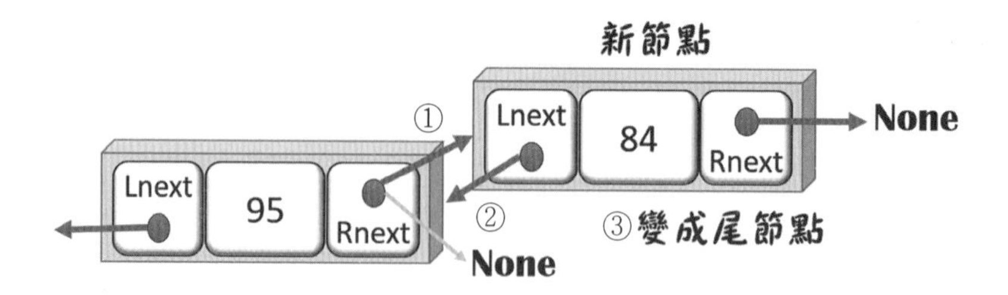

範例「DoublyLinkedList.py」從尾節點新增資料

```
01 class Student:
02     def __init__(self):
03         self.head = None
04         self.tail = None
05         self.count = 0
06     def append(self, value):
07         grade = Score(value)  #取得新節點物件
08         if self.tail is None:
09             self.head = grade
10             self.tail = grade
11         else:
12             self.tail.Rnext = grade
13             grade.Lnext = self.tail
14             self.tail = grade
15         self.count += 1
21 course = Student()
22 course.append(78)
23 course.append(95)
24 course.append(84)
```

程式說明

◈ 第2~5行：初始化物件時，設屬性首節點head和尾節點tail爲None，count統計節點數。

◈ 第6~15行：定義方法append()，原串列非空串列，①將串列尾節點的右鏈結指向新節點；②把新節點的左鏈結指向原串列的的尾節點；③原串列的尾節點變更爲新節點。

◈ 第21~24行：產生物件course並呼叫方法append()傳入參數，新增的節點會依序加在尾節點之後。

首節點加入新資料

在雙向鏈結串列中加入節點的第二種情形，將新節點加入原串列的第一個節點前。

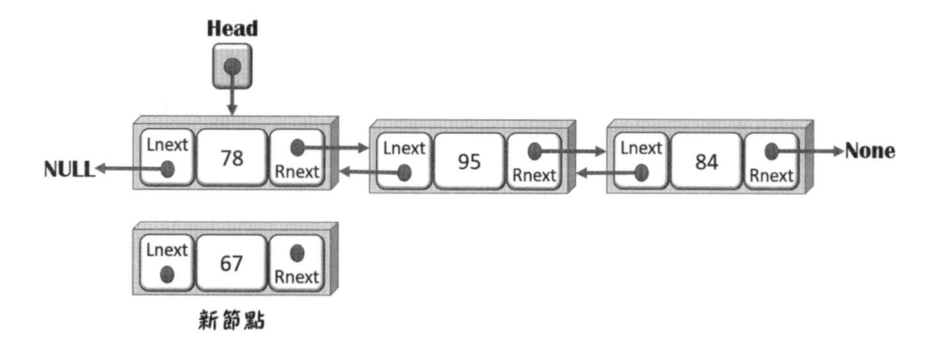

Step 1. ①將鏈結串列首節點的左鏈結指向新節點；②把新節點的右鏈結指向串列的首節點；③串列的首節點指向新節點。

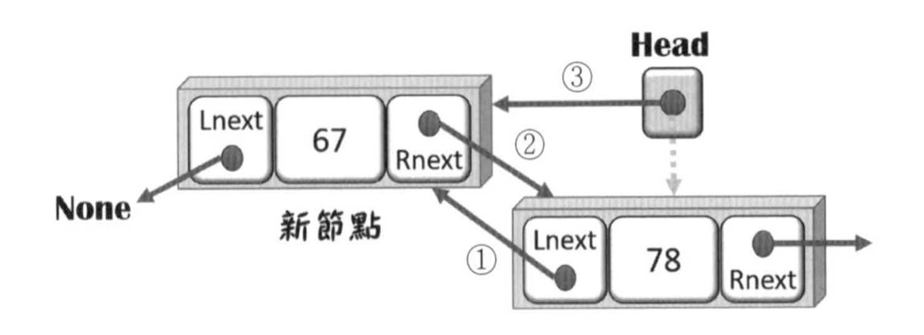

Step 2. 新節點變成首節點，完成加入動作。

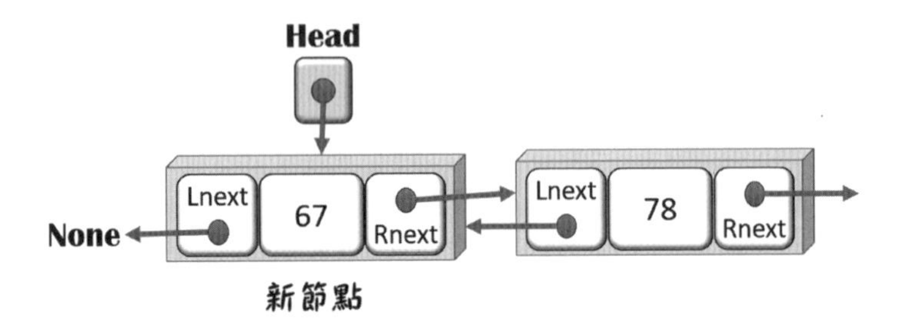

範例「DoublyLinkedList.py」（續） 從第一個節點新增資料

```
01 class Student:
02     #省略部分程式碼
03     def precede(self, value):
04         grade = Score(value) #取得節點物件
05         if self.head is None:
06             self.head = grade
07             self.tail = grade
08         else: #若有首節點
09             grade.Rnext = self.head
10             self.head.Lnext = grade
```

```
11              self.head = grade
12          self.count += 1
```

```
21 course = Student() #產生物件
22 course.addHead(78)
23 course.addHead(95)
24 course.addHead(84)
25 course.precede(67)
```

程式說明

- 第5~11行：先以if/else敘述做判斷；如果首節點爲None表示它是一個空串列，設節點的頭、尾節點。
- 第9~12行：有首節點的情形下，①把新節點的右鏈結指向串列的首節點；②將串列首節點的左鏈結指向新節點；③串列的首節點指向新節點。

指定位置插入節點

雙向鏈結串列新增節點的第三種可能情況：指定某個節點當前的位置，將新節點加到此節點之前。

Step 1. 準備在位置0和1之間加入新節點。

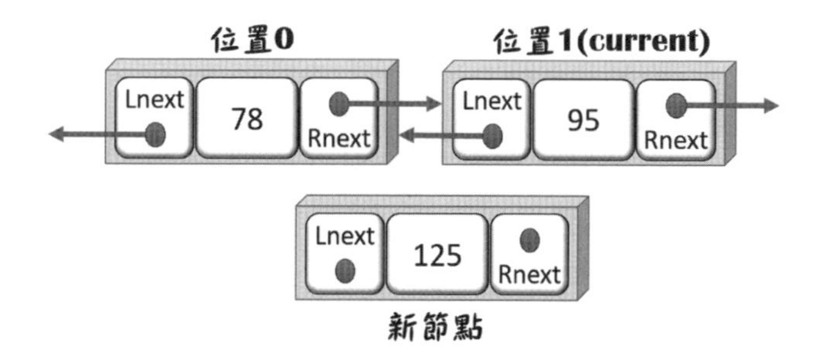

Step 2. ①將新節點「125」的右鏈結指向目前節點「95」；②將新節點的左鏈結指向目前節點的前一個節點「78」；③將目前節點的左鏈結指向新節點；④將目前節點「95」的前一個節點「78」的右鏈結指向新節點。

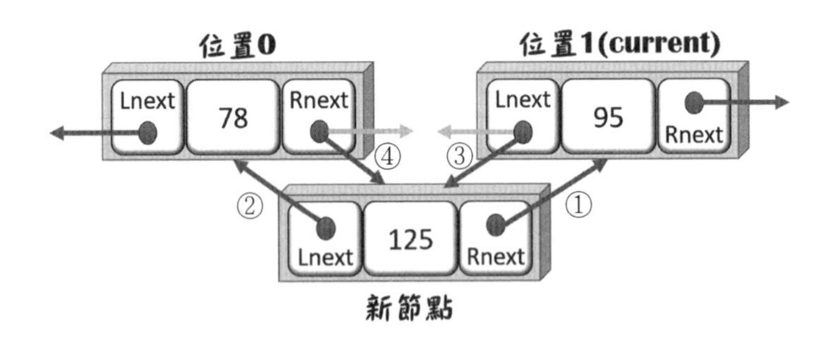

Step 3. 最後將目前節點的前一個節點的右鏈結指向新節點。

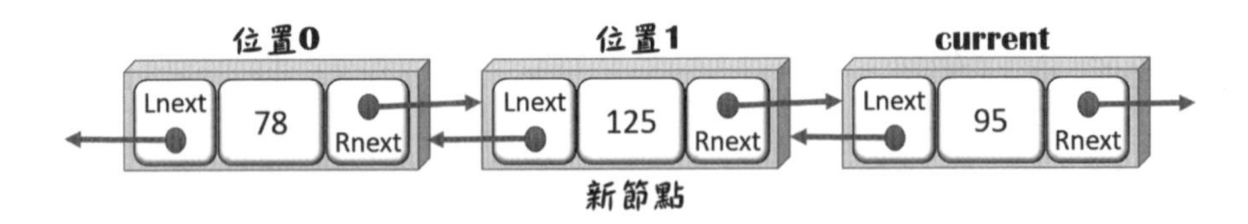

範例「DoublyLinkedList.py」（續） 指定位置插入新節點

```
01 class Student:
02     #省略部分程式碼
03     def insertAt(self, pos, value):
04         if pos <= 0:
05             self.precede(value)
06             return
07         elif pos > self.count:
```

```
08            self.append(value)
09            return
10        current = self.head
11        #依據傳入的位置參數讀取節點
12        for current in range(pos):
13            current = current.Rnext
14        grade = Score(value)
15        grade.Rnext = current
16        grade.Lnext = current.Lnext
17        current.Lnext = grade
18        grade.Lnext.Rnext = grade
19        self.count += 1
20        del current #刪除目前的節點
```

```
21 course = Student()
22 course.append(78)
23 course.append(95)
24 course.append(84)
25 course.insertAt(1, 225)
```


程式說明

- 第4~9行：以if/elif多重條件來檢查傳入的位置參數pos。情形一表示位置大於或等於零，呼叫precede()方法；情形二則是位置大於節點數，呼叫append()方法來處理。
- 第14~18行：指定位置插入新節點的四個步驟：①將新節點的右鏈結指向目前節點，②將新節點的左鏈結指向目前節點的前一個節點，③將目前節點的左鏈結指向新節點，④將目前節點的前一個節點的右鏈結指向新節點。

4.3.3 刪除節點

欲刪除雙向鏈結串列的節點，也可區分三種情況來討論：第一種情形是刪除串列的第一個節點。

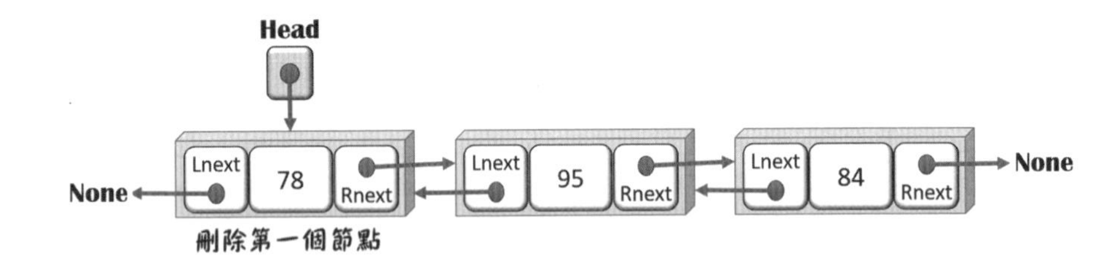

Step 1. ①將欲刪除節點的左鏈結設為None；②欲刪除節點的右鏈結設為None；③把下一個節點「95」變更為首節點。

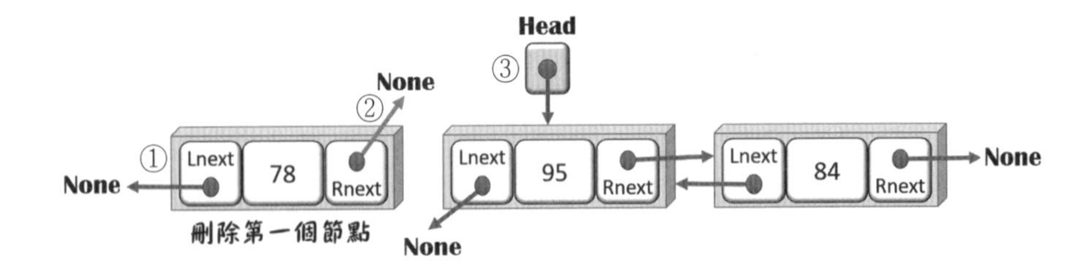

範例「DoublyLinkedList.py」（續） 刪除第一個節點

```
01 class Student:
02     #省略部分程式碼
03     def remove(self):
04         if self.head is None:
05             print('無法移除節點')
06         elif self.count == 1:
```

```
07            self.head = None
08            self.tail = None
09            self.count -= 1
10            return
11        current = self.head.Rnext
12        self.head.Rnext = None
13        self.head.Lnext = None
14        self.head = current
15        self.count -= 1
16        del current
```

```
21 course = Student()
22 course.append(78)
23 course.append(95)
24 course.append(84)
25 course.remove()    #刪除第一個節點
```

程式說明

- 第4~10行：if/elif敘述先判斷首節點是否存在，若無表示它是空串列。
- 第11~15行：欲刪除第一個節點時，把首節點的右鏈結設為None，移動指標到下一個節點；將下一個節點重設為首節點。

刪除鏈結串列的最後節點

欲刪除雙向串列的節點的第二種情形：刪除此鏈連串列的最後一個節點。

Step 1. 欲將最後節點「84」刪除。

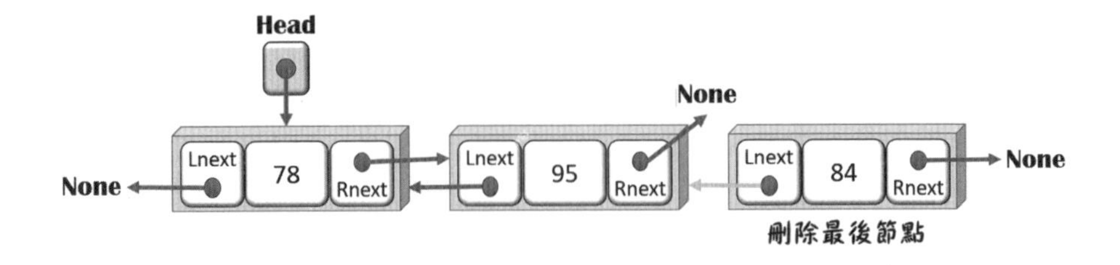

Step 2. ①取得尾節點的前一個節點「95」，②設尾節點的左鏈結為None，③指標重設尾節點為95，④設目前尾節點的右鏈結為None。

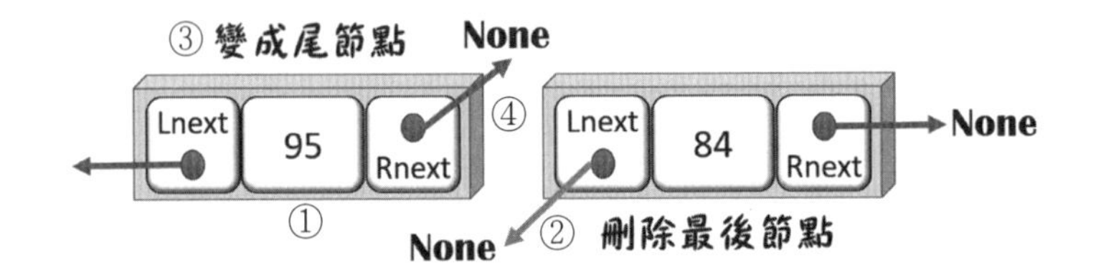

範例「DoublyLinkedList.py」（續） 刪除最後節點

```
01 class Student:
02     #省略部分程式碼
03     def delete(self):
04         if self.tail is None:
05             print('無法移除節點')
06         elif self.count == 1:
07             self.head = None
08             self.tail = None
09             self.count -= 1
10             return
```

```
11        current = self.tail.Lnext
12        self.tail.Lnext = None
13        self.tail = current
14        self.tail.Rnext = None
15        self.count -= 1
16        del current
```

```
21 course = Student()
22 course.append(78)
23 course.append(95)
24 course.append(84)
25 course.delete()    #刪除最後節點
```

程式說明

◈ 第3~16行：定義方法delete()來刪除最後一個節點時，①先取得目前尾節點的前一個節點，②再把尾節點的左鏈結變更None；③指標指向新的尾節點（①取得的節），然後把新設尾節點的右鏈結爲None，就能刪除最後一個節點。

4.4 環狀鏈結串列

從單向鏈結串列結構討論中，我們可以衍生出許多更爲有趣的串列結構，本節所要討論的是環狀串列（Circular List）結構，環狀串列的特點是在串列的任何一個節點，都可以達到此串列內的各節點，通常可做爲記憶體工作區與輸出入緩衝區的處理及應用。

4.4.1 定義環狀鏈結串列

還記得介紹單向鏈結串列，維持首節點是相當重要的一件事。因爲鏈結串列具有方向性，如果串列中的首節點被破壞或遺失，會導致整個串列遺失。

如果把串列的最後一個節點指標指向串列首，整個串列就成為單向的環狀結構。如此一來便不用擔心串列首遺失的問題了，因為每一個節點都可以是串列首，也可以從任一個節點來追縱其他節點。建立的過程與單向鏈結串列相似，唯一的不同點是必須要將最後一個節點指向第一個節點。

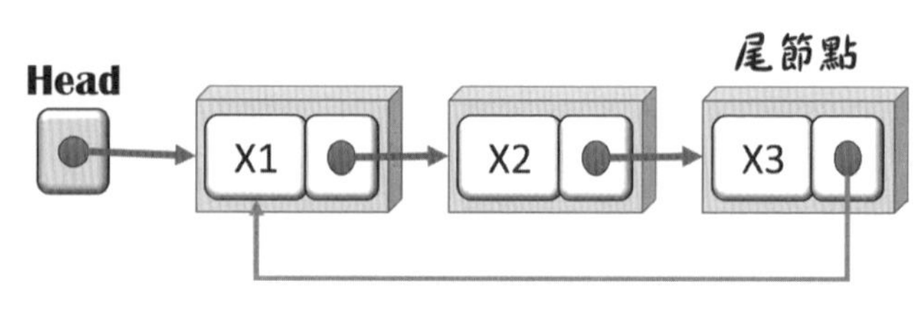

圖4-7　環狀單向鏈結串列

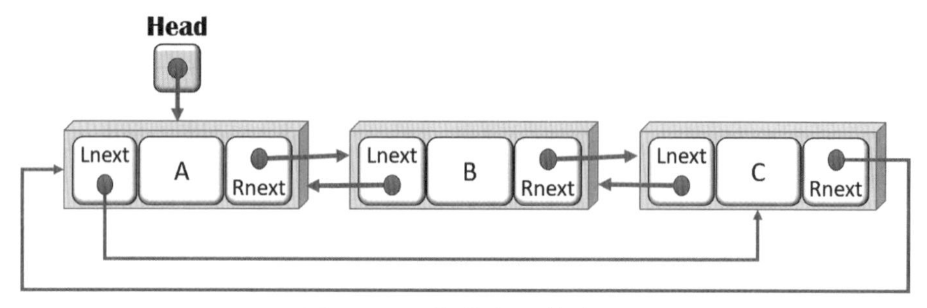

圖4-8　環狀雙向鏈結串列

環狀串列可以從串列中任一節點來追蹤所有串列的其他節點，也無所謂哪一個節點是首節點，同時，在環狀串列中的任一節點，都可以輕易找到其前一個節點。關於環狀串列的特點，我們大致做出以下的優、缺點。

優點：

- 回收整個串列所需時間是固定的，與長度無關。
- 可以從任何一個節點追蹤所有節點。

缺點：

- 需要多一個鏈結空間。
- 插入一個節點需要改變兩個鏈結。
- 環狀串列讀取資料比較慢，因爲必須多讀取一個鏈結指標。

4.4.2 節點的新增

對於環狀串列的節點插入，和單向串列的節點插入有一點不同，可以區分爲兩種情況：①將新節點插入於第一個節點之前；②將節點新增到最後，成爲最後一個節點。

首節點加入新資料

Step 1. 將新節點 D 直接插入原串列首節點之前，成為新的首節點。

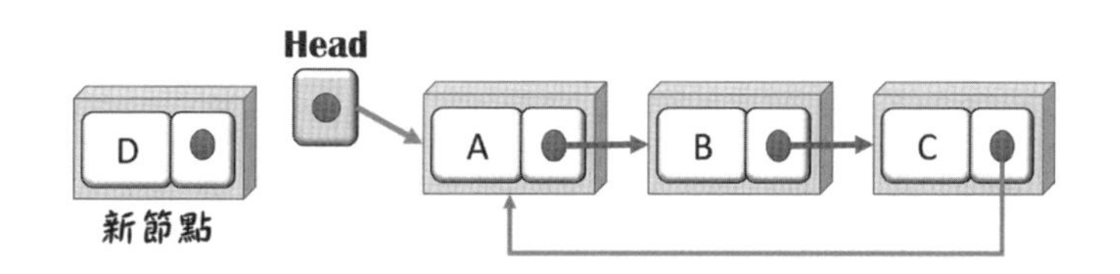

Step 2. ①將新節點D的指標指向原串列首節點；②移動整個串列；③將新節點設爲首節點。

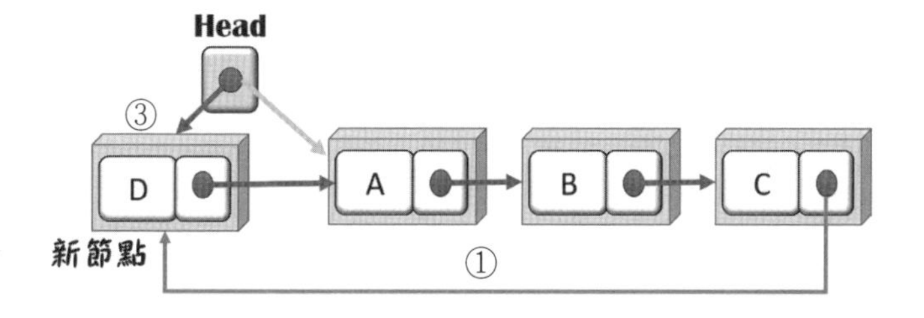

範例「CircularLinkedList.py」從首節點新增資料

```
01 class LinkedList:
02     def __init__(self):
03         self.head = None
04     def addHead(self, value):
05         '''加到首節點之前'''
06         newNode = Node(value) #取得新節點的值
07         current = self.head
08         newNode.next = self.head
09         if not self.head:
10             newNode.next = newNode
11         else:
12             while current.next != self.head:
13                 current = current.next
14             current.next = newNode
15         self.head = newNode #新節點變成首節點
```

程式說明

- 第4~15行：先產生類別LinkedList，再定義方法addHead()，讓新增的資料能由首節點加入。
- 第8行：新節點的鏈結指向原串列的首節點。
- 第9~15行：if/else敘述判斷首節點是否存在，有首節點的話，以while迴圈來移動指標，最後把新節點變更爲首節點。

新節點加到末端

Step 1. 新節點加入到鏈結串列末端，成爲最後節點。

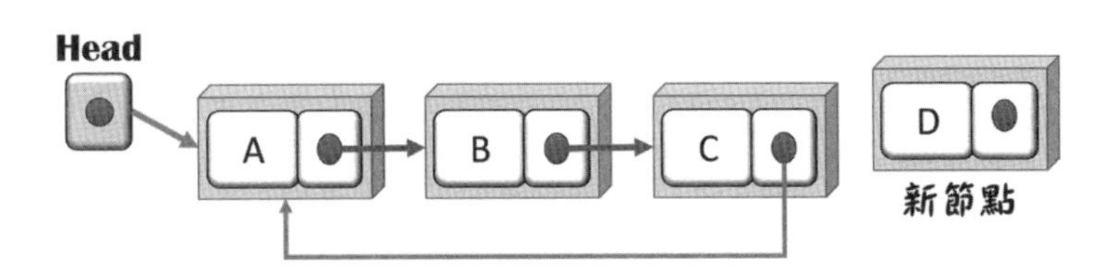

Step 2. ①將目前節點的指標指向新節點，②將新節點的指標指向第一個節點。

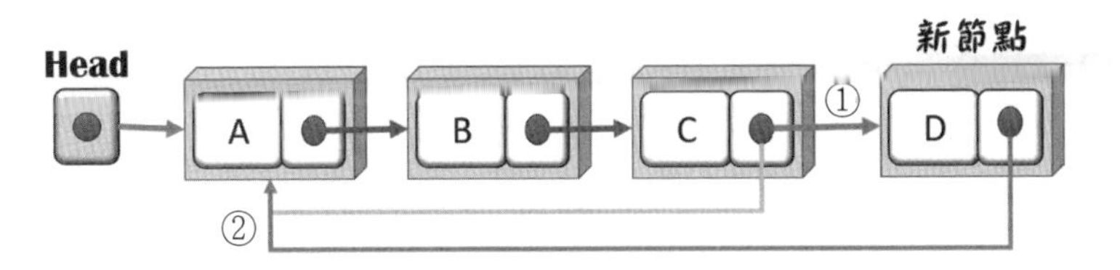

範例「CircularLinkedList.py」續 新增資料到最後節點

```
01 class LinkedList:
02     //省略部分程式碼
03     def addTail(self, value):
04         if not self.head:
05             self.head = Node(value)
06             self.head.next = self.head
07         else:
08             newNode = Node(value)
09             current = self.head
10             #移動目前節點的指標
11             while current.next != self.head:
12                 current = current.next
13             current.next = newNode
14             newNode.next = self.head
```

程式說明

◈ 第3~14行：定義函式addTail()將新節點加到鏈結串列末端。

◈ 第4~14行：if/else敘述判斷是否有首節點；有首節點的話就準備加入新節點。

◈ 第13、14行：將目前節點的指標指向新節點，將新節點的指標指向首節點。

4.4.3 刪除節點

要刪除環狀鏈結串列的節點，先指定欲刪除節點。

Step 1. 欲將鏈結串列的節點「B」刪除。

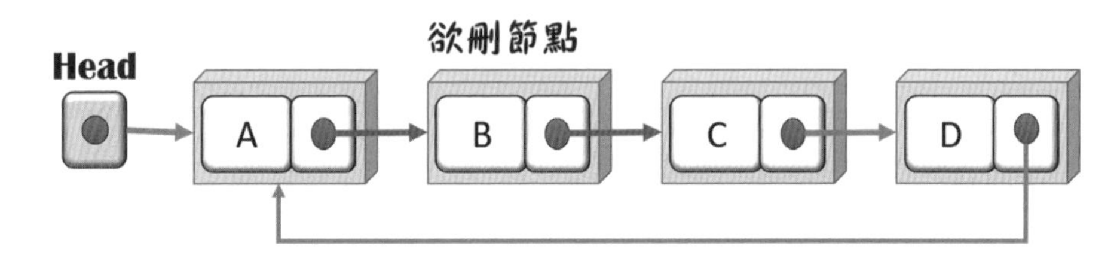

Step 2. ①找到欲刪除節點B；②將節點B的前一個節點的指標指向節點B的下一個節點。

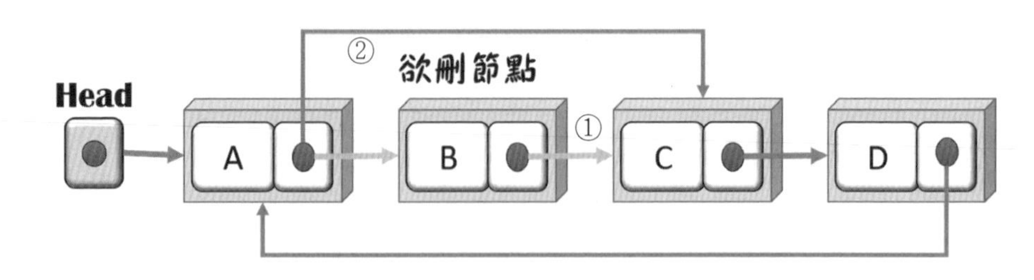

範例「CircularLinkedList.py」續 刪除節點

```
01 class LinkedList:
02     //省略部分程式碼
03     def remove(self, key):
04         if self.head.value == key:
05             current = self.head
06             #移動指標
07             while current.next != self.head:
08                 current = current.next
09             #將目前節點的指標指向首節點的下一個節點
10             current.next = self.head.next
11             #首節點變更為下一個節點
12             self.head = self.head.next
13         else:
14             current = self.head
15             prev = None
16             while current.next != self.head:
17                 prev = current
18                 current = current.next
19                 if current.value == key:
20                     prev.next = current.next
21                     current = current.next
```

程式說明

◈ 第3~21行：定義方法remove()藉由取得的「key」來刪除指定節點。

◈ 第4~21行：if/else敘述將刪除分成兩個方式來處理。情形一：若首節點的值等於key，則刪除對象為首節點。情形二（else敘述）刪除對象是其他節點。

- 第13、14行：將目前節點的指標指向新節點，將新節點的指標指向首節點。
- 第16~21行：while迴圈移動指標找到欲刪除節點，前一個節點的指標指向目前節點的下一個節點。

4.4.4 Josephus問題

所謂的Josephus問題就是數人圍成一個圓圈，從N開始報數，數到第M人就得出列，然後繼續報數直到所有人都出列，最後輸出已出列的編號。

鏈結串列	28	67	8	31	57	100	30	73	43	54

如果從節點「3」開始報數，每間隔2就讓報數的人出列。由於它是環狀鏈結串列，所以每次完成走訪後，就會變更首節點；最後只剩節點「31」。

間隔值	1	2	3	4	5	6	7	8	9	10
	28	67	8	31	57	100	30	73	43	54
	54	28	67	31	57	30	73			
	73	54	28	31	57					
	31	57	73	54						
	54	31	57							
	31	54								
出列的數	**8**	**100**	**43**	**67**	**30**	**28**	**73**	**57**	**54**	

範例「CircularLinkedList.py」續 Josephus問題

```
01 class Node:
02     #省略部分程式碼
03     def josephus(self, step):
04         current = self.head
05         print('移除節點：', end = '')
06         while len(self) > 1:
07             count = 1
08             while count != step:
09                 current = current.next
10                 count += 1
11             print('{:3}'.format(current.value), end = '')
12             self.delItem(current)
13             current = current.next
```

程式說明

◈ 定義方法josephus()並傳入間隔值step，會依據間隔值step來移除節點。

◈ 第6~13行：while迴圈走訪節點，設變數count來記錄節點數；第二層while迴圈移動指標並指向下一個節點。

◈ 第12、13行：呼叫方法來刪除節點並改變節點的指標。

4.5 鏈結串列的應用

鏈結串列的最大優點是視實際需要才配置記憶體空間，可以減少浪費記憶體空間，因此多項式處理與稀疏矩陣是鏈結串列最普遍的應用範例，效果上會比陣列結構來的節省空間。

4.5.1 多項式與單向鏈結串列

一般而言，一元多項式可表示如：

$$A(x) = a_n x^n + a_{n-1} x^{n-1} + a_{n-2} x^{n-2} + \ldots + a_2 x^2 + a_1 x^1 + a_0$$

◈ a_n是第n項的係數，所以完整的多項式共有「n + 1」個係數。

一般來說，使用鏈結串列處理多項式會比用陣列處理多項式來得好，因爲使用陣列會有以下兩個缺點：

- 多項式的內容若有所變動，則不論刪除或加入都不易處理。
- 必須事先於記憶體中尋找一塊夠大的空間，將此多項式存入，因而較不具彈性。

如果以鏈結串列來表示多項式的話，多項式只儲存非零項項目，其資料結構可以三個欄位表示。

- COEF：表示非零係數。
- EXP：表示指數。
- LINK：指到下一個節點的指標。

如果有m個非零項，則可以表示如下：

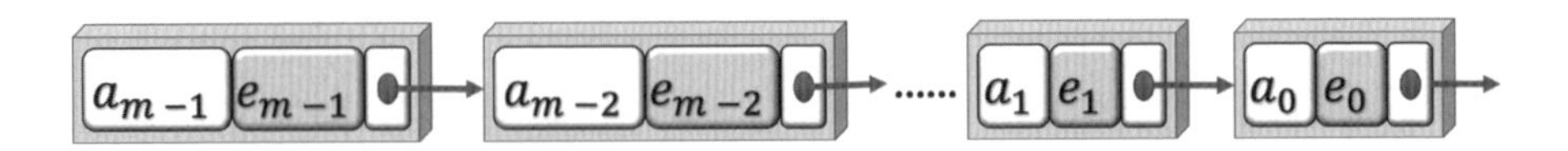

例如：

```
A = 3X² + 2X + 1
```

至於使用串列來處理多項式相加的問題，原理很簡單，先來看看兩個多項式的相加：

```
#範例「polynomial.py」
A = 3X² + 2X + 1
B = X² + 3
```

採逐一比較項次，指數相同者相加，指數大者照抄，直到兩個多項式每一項都比較完畢。我們可以利用以圖4-9來說明。

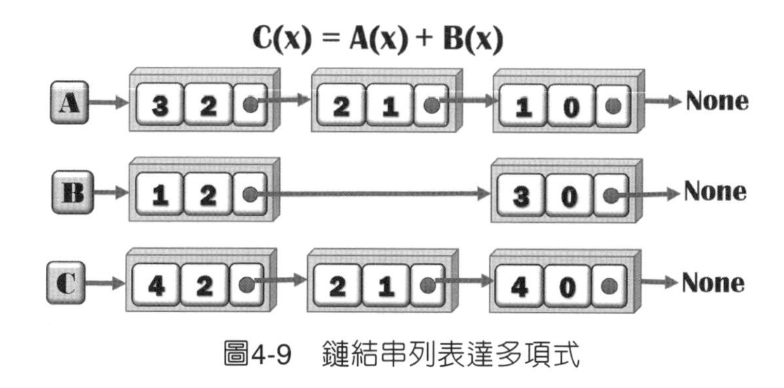

圖4-9　鏈結串列表達多項式

基本上，對於兩個多項式相加，採往右逐一往比較項次，比較冪大小，當指數冪大者，則將此節點加到C(X)，指數冪相同者相加，若結果非零也將此節點加到C(X)，直到兩個多項式的每一項都比較完畢爲止。

4.5.2 稀疏矩陣與環狀鏈結串列

我們之前曾經介紹過使用陣列結構來表示稀疏矩陣，不過當非零項目大量更動時，需要對陣列中的元素做大規模的移動，這不但費時而且麻煩。其實環狀鏈結串列也可以用來表現稀疏矩陣，而且簡單方便許多。它的資料結構如下：

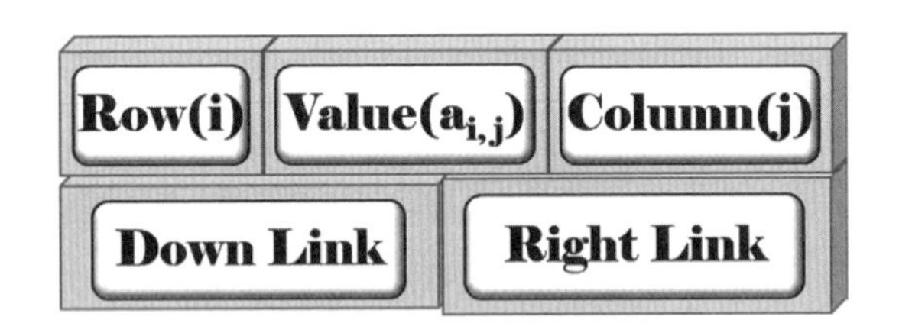

- Row：以i表示非零項元素所在列數
- Column：以j表示非零項元素所在行數
- Down：爲指向同一行中下一個非零項元素的指標
- Right：爲指向同一列中下一個非零項元素的指標
- Value：表示此非零項的值

另外在此稀疏矩陣的資料結構中，每一列與每一行必須用一個環狀串列附加一個串列首來表示，請參考圖4-10的稀疏矩陣。

$$\begin{pmatrix} 0 & 4 & 11 & 0 \\ -12 & 0 & 0 & 0 \\ 0 & -4 & 0 & 0 \\ 0 & 0 & 0 & -5 \end{pmatrix}_{4\times 4}$$

圖4-10　稀疏矩陣

將圖4-10的稀疏矩陣以環狀鏈結串列表示。

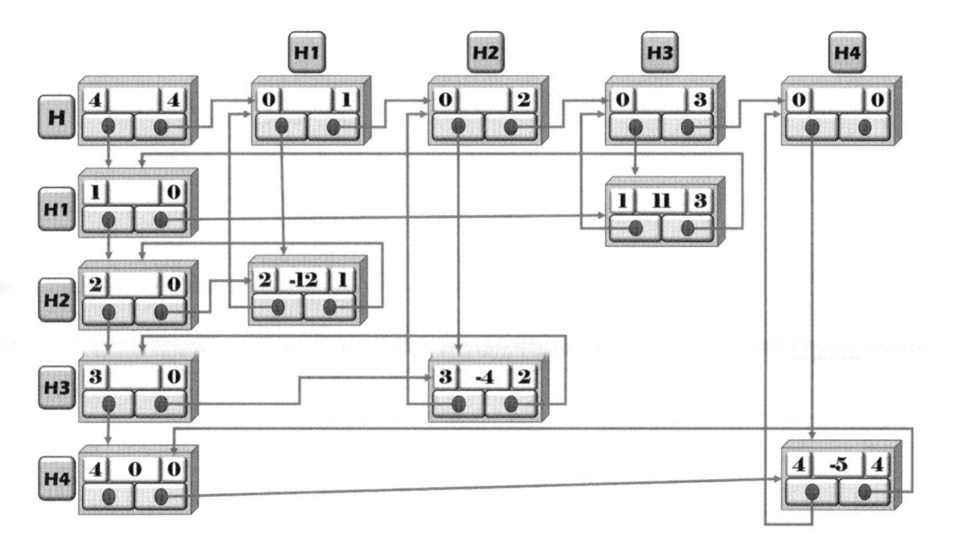

課後習作

1. 鏈結串列依據其種類，有哪三種？
2. 爲什麼單向鏈結串列要設首、尾節點的指標？
3. 在單向鏈結串列插入新的項目，請說明有哪三種方式可供選擇？
4. 試比較雙向鏈結串列與單向鏈結串列間的優缺點。
5. 利用單向鏈結串列從其前端新增節點，輸出其値並統計大小。
6. 右列名稱「Tom、Andy、Vicky、Jan」存放在雙向鏈結串列中，如何以圖形表示？請以巢狀類別程式撰寫程式碼（範例是以兩個類別撰寫），將名稱由末端加入。
7. 請說明環狀串列的優缺點。
8. 如何使用環狀串列來表示多項式？試以A=2X5+6X2+1說明之。如果使用環狀串列來執行多項式加法，有何優點？

第五章

堆疊與遞迴

★學習導引★

- 堆疊具有先進後出（LIFO）的特性
- 有了堆疊可以運算式由中序轉為前序或後序；或者把前序或後序轉為中序
- 利用遞迴演算法，將大問題拆解成小問題；建立遞迴關係式並找出終止條件

CHAPTER 5

5.1 堆疊

堆疊（Stack）是一種資料結，它也是有序串列的一種。如何形容堆疊？可以把它想像成一堆盤子或者一個單向開口的紙箱，只能從頂部放進物品，拿出物品；堆放於最頂端的物品，可以最先被取出，具有「後進先出」（Last In，First Out：LIFO）的特性。日常生活中也隨處可以看到，例如大樓電梯、貨架上的貨品等，都是類似堆疊的資料結構原理。

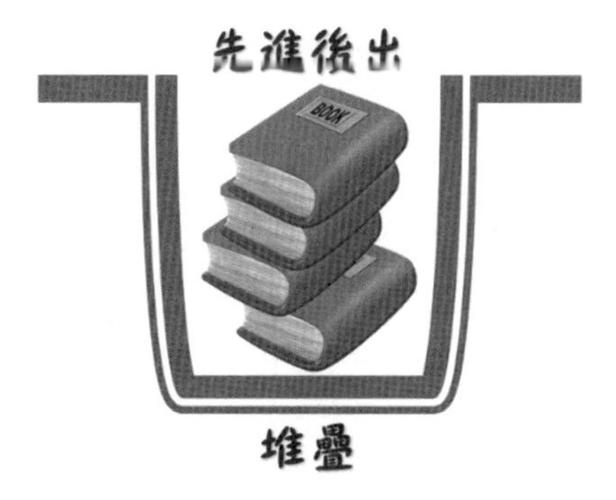

圖5-1 堆疊結構

5.1.1 認識堆疊

一個比較有趣的例子，當我們啓動IE瀏覽器，進入Python官方網站，取得官方說明文件的路線是這樣：

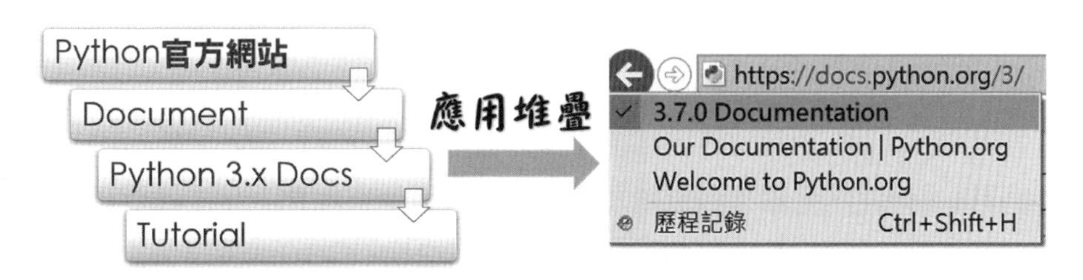

圖5-2 拜訪的網頁以堆疊結構來運作

通常瀏覽器的「上一頁」或「下一頁」按鈕會記錄拜訪過的網頁，它們就是以「堆疊」結構來處理。當瀏覽器停留在文件說明的網頁「Tutorial」時，若想要回到Python官方網站；由於它最先被點擊而停留在「上一頁」的底部，可能要連按好幾個「上一頁」按鈕才能看到它。

另外，微軟的文書編輯軟體Word，它的「復原」（Undo）和「重複」兩個按鈕所儲存的操作動作也是以「堆疊」結構來運作。所以，堆疊結構在電腦的應用上可說是相當廣泛，例如遞迴呼叫、副程式的呼叫、CPU的中斷處理（Interrupt Handling）、中序法轉換成後序法、堆疊計算機（Stack Computer）等。

對於堆疊有了初步認識之後，順道了解與它有關的名詞。堆疊允許新增和移除的一端稱爲堆疊「頂端」（Top），而閉合的一端就是堆疊「底端」（Bottom）。「空堆疊」裡通常不會有任何資料元素。從堆疊頂端加入元素稱爲「推入」（push）；反之，從堆疊頂端移除元素稱爲「彈出」（pop）。

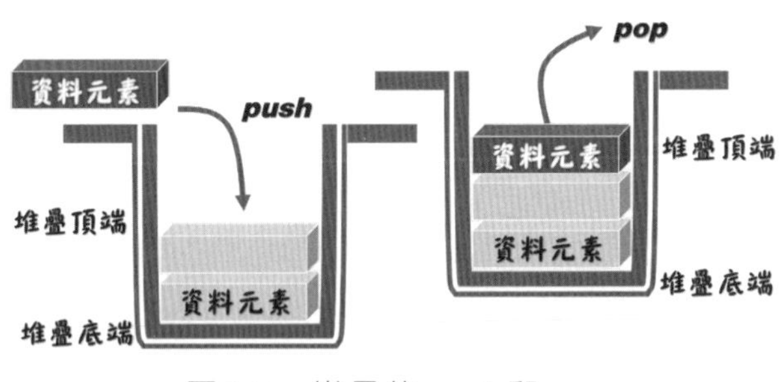

圖5-3　堆疊的push和pop

堆疊結構的相關操作，包括新增一個堆疊、將資料加入堆疊的頂、刪除資料、傳回堆疊頂端的資料及判斷堆疊是否是空堆疊；其抽象型資料結構（Abstract Data Type, ADT）如下：

只能從堆疊的頂端存取資料
資料的存取符合「後進先出」(LIFO, Last In First Out)的原則
CREATE：建立一個空堆疊
PUSH()：從頂端推入資料，並傳回新堆疊
POP()：刪除頂端資料，並傳回新堆疊
PEEK()：查看堆疊項目，回傳其值
IsEmpty()：判斷堆疊是否為空堆疊，是則傳回true，不是則傳回false

◈ 此處要留意的地方是堆疊在非空的情況下才能一同使用方法peek()和pop()；空的堆疊當然無法移除任何項目或進一步查看其頂端的項目。

如何實作堆疊？有兩種方式：第一種是透過Python的List；第二種則是利用鏈結串列，只要維持堆疊後進先出與從頂端讀取資料的兩個基本原則即可。

5.1.2 使用List實做堆疊

如何以Python的List來實做堆疊？首先，以List來存放元素時得配合堆疊結構來確認堆疊的頂、底端。雖然List物件具有存放順序，呼叫append()方法是從尾部加入元素，而pop()方法未指定位置（索引）的情形下，能移除末端元素。那麼該如何指定堆疊結構的頂端和底端？做法很簡單，直接指定List物件的尾部為堆疊的頂端，而List物件的頭部就變成堆疊的底端。

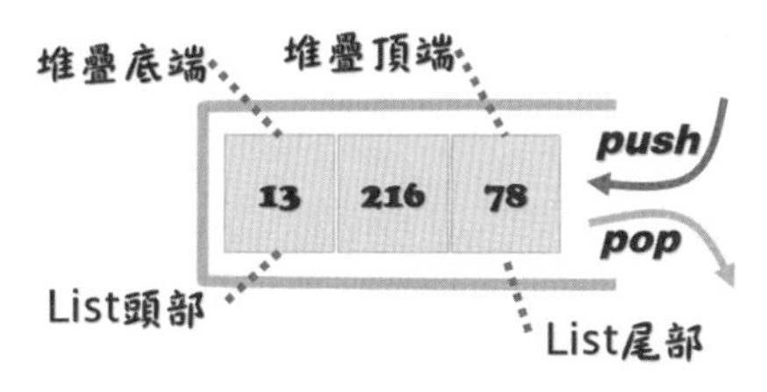

圖5-4 設List尾部為堆疊頂端

堆疊的運作如下：

程式碼	儲存	輸出
print('空的堆疊',myStack.isEmpty())	[]	空的堆疊 True
print('Push:', myStack.push(13))	[13]	Push: 13
print('Push:', myStack.push(216))	[13, 216]	Push: 216
print('Push:', myStack.push(78))	[13, 216, 78]	Push: 78
print('Push:', myStack.push(175))	[13, 216, 78, 175]	Push: 175
print('Pop:', myStack.pop())	[13, 216, 78]	Pop: 175
print('Peek:', myStack.peek())	[13, 216, 78]	Peek: 78
print('Length:', myStack.size())	[13, 216, 78]	Length: 3
print('空的堆疊', myStack.isEmpty())	[13, 216, 78]	空的堆疊 False

範例「stackAry.py」 List實做堆疊

```
01 class Stack():
02     def __init__(self):
03         self.items = []
04     def isEmpty(self):
05         if len(self.items) == 0:
06             return True
07     def size(self):      #呼叫BIF len()函式來取得堆疊長度
08         return len(self.items)
09
10     def peek(self):
11         assert not self.isEmpty(),\
12             '無法以peek()方法查看空白堆疊'
13         return self.items[-1]
```

```
14    def pop(self):
15       assert not self.isEmpty(),\
16          '無法以pop()方法查看空白堆疊'
17       return self.items.pop()
18    #將項目推入堆疊頂端-呼叫List的append()方法加到末端
19    def push(self, data):
20       self.items.append(data)
21 msg = 'Input int number(Or -1 quit)->'
22 myStack = Stack() #產生Stack物件
23 value = int(input(msg))
24 while value >= 0:
25     myStack.push(value)
26     value = int(input(msg))
27 while not myStack.isEmpty() :
28    value = myStack.pop()
29    print(format(value, '<3d'), end = '')
```

程式說明

- 第2~3行：初始化Stack物件時，以空的List物件來存放。
- 第4~6行：isEmpty()方法用來判斷堆疊是否爲空白；若爲空的堆疊，則以True來回傳。
- 第10~13行：peek()方法查看堆疊頂端項目並回傳其值，指定List物件的最後一個元素爲堆疊頂端的項目。
- 第14~17行：pop()方法彈出堆疊頂端的項目；它會進一步呼叫List物件的pop()方法移除最後一個元素。
- 第24~29行：第一個while迴圈讀取「大於等於零」的輸入值，按下「-1」結束迴圈，再以第二個while迴圈來刪除最後一個元素「-1」並輸出堆疊所存放的項目。也就是輸入「11, 12, 13, -1」會輸出「13, 12, 11」。

5.1.3 鏈結串列實作堆疊

對於Python的List而言，每次操作中呼叫的方法append()和pop()次數頻繁且具有大量元素時，可能讓List做重新分配而降低其效能。因此實做堆疊的第二個方式就是採用單向鏈結串列（Linked List）。

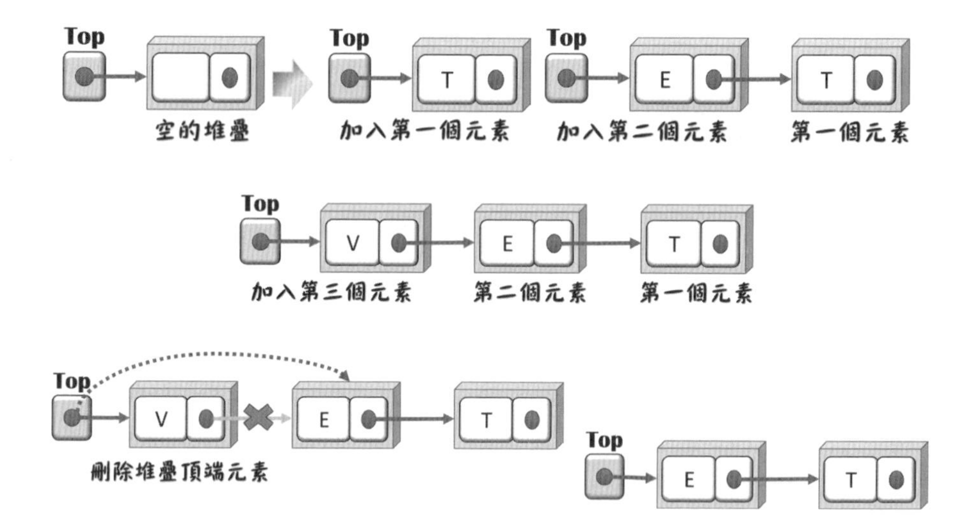

範例「stackLinked.py」以鏈結串列實作堆疊

```
01 class Stack:
02     def __init__(self):
03         self.top = None #維護Linked List頭節點
04         self.size = 0    #追踪堆疊的項目數(長度)
05     def push(self, item):
06         node = Nodes(item)
07         if self.top:
```

```
08            node.next = self.top
09            self.top = node
10         else:
11            self.top = node
12         self.size += 1
13         return item
14      def pop(self):
15         if self.top:
16            item = self.top.item
17            self.size -= 1
18            if self.top.next:   #將移除元素的下一個變成頂端元素
19               self.top = self.top.next
20            else:
21               self.top = None
22            return item
23         else:
24            return None
25      def peek(self):
26         '''回傳頂端元素'''
27         if self.top:
28            return self.top.item
29         else:
30            return None
```

```
31 name = ['Tom', 'Eric', 'Vicky', 'Peter', 'Charles']
32 st = Stack()
33 for pern in name:
34    print(st.push(pern), end = ' ')
35 print(st.pop())
36 print(st.peek())
```

建置、執行

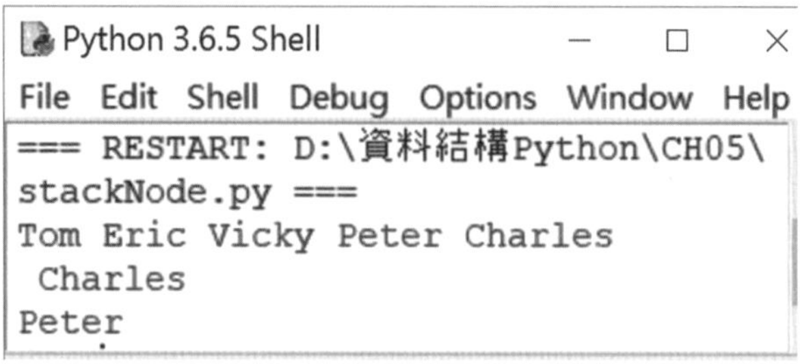

```
Python 3.6.5 Shell
File  Edit  Shell  Debug  Options  Window  Help
=== RESTART: D:\資料結構Python\CH05\
stackNode.py ===
Tom Eric Vicky Peter Charles
 Charles
Peter
```

程式說明

◈ 定義類別Stack，以單向鏈結串列來表現。

◈ 第5~13行：定義方法push()，從堆疊頂端來新增節點：if/else敘述判斷有無首節點，有首節點就把指標指向它，若無則以新節點爲首節點。

◈ 第14~24行：定義方法pop()，從堆疊頂端移除元素，同樣若有節點的話就移除它並回傳，沒有就以None回傳。

◈ 第25~30行：定義方法peek()，只回傳堆疊頂端的元素。

◈ 第31~36行：產生堆疊物件，而以List來儲存名稱，利用for迴圈再呼叫堆疊的push()方法把它們新增到鏈結串列中。

5.2 運算式和堆疊

所謂的運算子（Operator）就是指數學運算符號，例如基本的「+」、「-」、「*」、「/」四則運算符號，而運算元（Operand）則是參與運算的資料，例如1+2中的1及2，而算術運算式則是由運算元、運算子與某些間隔符號（Delimiter）所組成，在程式語言中，可能會看到如下的運算式：

```
X = A - B *(C+D) / E
```

這是我們較為常見的中序法，但是中序法有運算符號的優先權結合問題，再加上複雜的括號困擾，對於編譯器處理上較為複雜。由於電腦處理資料的方式是一筆一筆計算的，它不會像人類一樣懂得「先乘除後加減」的原理，因此我們就必須改變資料呈現的方式，以利電腦來運算。解決之道是將它換成後序法（較常用）或前序法。

我們關注的重點就是在中序、後序及前序三種之間的轉換。如果依據運算子在運算式中的位置，可區分以下三種表示法：

- 中序法（Infix）：<運算元><運算子><運算元>，如A+B。例如2+3、3*5等都是中序表示法。
- 前序法（Prefix）：<運算子><運算元><運算元>，如+AB。例如中序運算式2+3，前序運算式的表示法則為+23。
- 後序法（Postfix）：<運算元><運算元><運算子>，如AB+。例如後序運算式的表示法為23+。

5.2.1 二元樹法

如何將中序法直接轉換成容易讓電腦進行處理的前序與後序表示法呢？第一個方式就是二元樹法。

這個方法是使用樹狀結構進行走訪來求得前序及後序運算式。到目前章節為止，我們還沒為各位介紹過樹狀結構，所以二元樹法的程式寫法、及樹建立方法等詳細的說明，留待第七章樹狀結構再為您介紹。但簡單的說，二元樹法就是把中序運算式依優先權的順序，建成一棵二元樹。之後再依樹狀結構的特性進行前、中、後序的走訪，即可得到前中後序運算式。

5.2.2 括號轉換法

括號法就是先用括號把將中序式的優先次序分別出來，再進行運算子的移動，最後再把括號去除。我們將以實例幫助各位如何利用括號轉換法來求取中序式A-B*(C+D)/E的前序式和後序式。

中序式轉為前序、後序式

例一：將運算式「A – B * (C + D) / E」由中序轉爲前序（Infix→Prefix)。

Step 1. 利用運算子的優先順序（Priority），將算術式依據先後次序加上括號。

中序式 A – B * (C + D) / E
對*加括號 A – (B * (C + D)) / E
對/加括號 A – ((B * (C + D)) / E)
對-加括號 (A – ((B * (C + D)) / E))

圖5-5 中序式加上括號

Step 2. 每個運算子找到離它最近的左括號來取代。

Step 3. 去掉所有右括號。

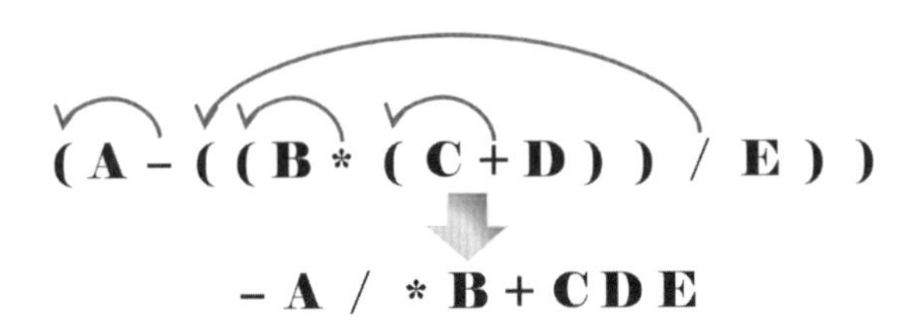

例二：運算式「A – B * (C + D) / E」：中序→後序（infix→postfix)。

Step 1. 將算術式依據先後次序完全括號起來（參考圖5-5）。

Step 2. 移動所有運算子來取代所有的右括號，以最近者爲原則。

Step 3. 去掉所有左括號。

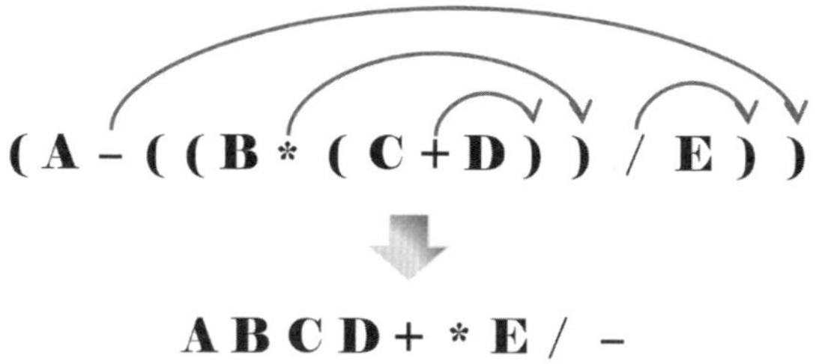

(A – ((B * (C + D)) / E))

⇩

A B C D + * E / –

前序轉成中序式

對於中序轉換成前序或後序式的作法有了體驗之後，進一步來看看如何把前序或後序轉換成中序式呢？以括號法來求得運算式（前序式與後序式）的反轉為中序式的作法，若為前序必須以「運算子 + 運算元」的方式括號，若為後序必須以「運算元 + 運算子」的方式括號，最後拿掉括號即可。

例一：運算式「+*2 3*4 5」由前序轉為中序（Prefix→Infix）。

Step 1. 首先請依照「運算子＋運算元」原則括號。

前序式 + * 2 3 * 4 5

對*加括號 + (* 2) 3 (* 4) 5

對+加括號 (+ (* 2) 3) (* 4) 5

Step 2. 移動所有運算子來取代所有的右括號，以最近者為原則。

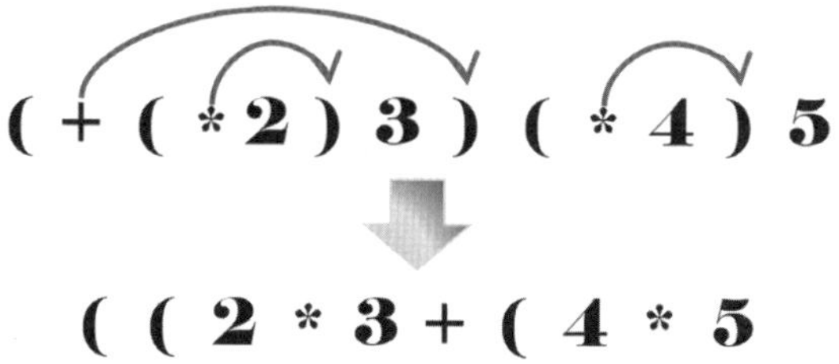

(+ (* 2) 3) (* 4) 5

⇩

((2 * 3 + (4 * 5

Step 3. 最後拿掉括號即為所求：2*3+4*5。

例二：把運算式「-++6/*293*458」由前序式轉爲中序式。

Step 1. 依照「運算子+運算元」原則括號。

前序式 - + + 6 / * 2 9 3 * 4 5 8
對*加括號 - + + 6 / (* 2) 9 3 (* 4) 5 8
對/加括號 - + + 6 (/ (* 2) 9) 3 (* 4) 5 8
對+加括號 - + (+ 6) (/ (* 2) 9) 3 (* 4) 5 8
對+加括號 - (+ (+ 6) (/ (* 2) 9) 3) (* 4) 5 8
對-加括號 (- (+ (+ 6) (/ (* 2) 9) 3) (* 4) 5) 8

Step 2. 移動所有運算子來取代所有的右括號，以最近者爲原則。

(- (+ (+ 6) (/ (* 2) 9) 3) (* 4) 5) 8

(((6 + ((2 * 9 / 3 + (4 * 5 - 8

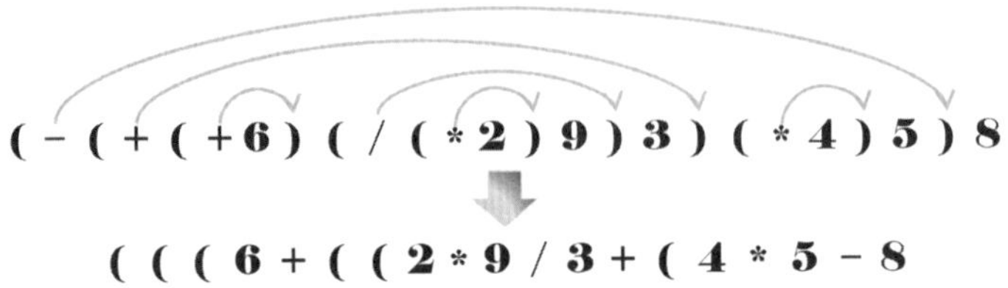

Step 3. 最後拿掉括號，得「6 + 2 * 9 / 3 + 4 * 5 - 8」。

後序轉成中序式

後序轉成中序（Postfix→Infix）則依次將每個運算子，以最近爲原則取代前方的左括號，最後再去掉所有右括號。例如：ABC /DE*+AC*-

Step 1. 依「運算元+運算子」原則括號。

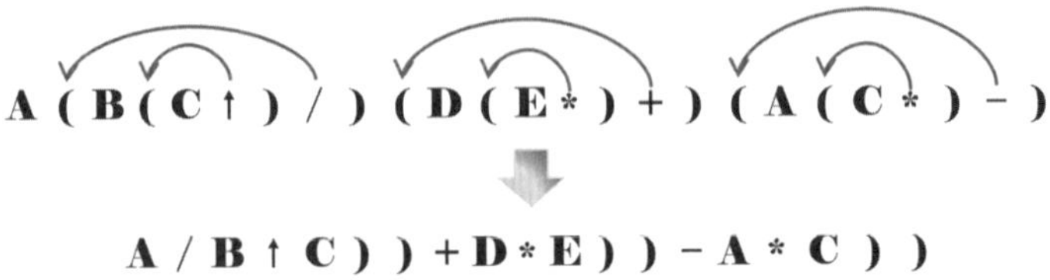

A (B (C ↑) /) (D (E *) +) (A (C *) -)

A / B ↑ C)) + D * E)) - A * C))

Step 2. 最後拿掉括號，得「A / B　C + D * E – A * C」。

5.2.3 堆疊法

利用堆疊將中序法轉換成前序，需要以「運算子堆疊」來協助，它依據兩個優先權：「堆疊內優先權」（ISP，In Stack Priority）和「輸入優先權」（ICP，In Coming Priority），以堆疊法求中序式「A-B*(C+D)/E」的前序法與後序法。

如何把中序轉爲前序？輸入優先權（ICP）的規則如下：

(1) 由右而左讀取中序式，一次讀取一個「句元」（Token）。

(2) 若爲運算元，直接輸出成後序式。

(3) 若是運算子（含左、右括號），則以ISP優先權來存放堆疊。

讀取中序式，堆疊外部的運算子如何放入堆疊內？ISP優先權依據「堆疊內存放的運算子，優先權大的壓優先順序小的」，再來細看其他的原則：

(1) 如果是「)」直接放入堆疊；它的優先權最小，任何運算子都可以壓它。

(2) 如果「(」依次輸出堆疊中的運算子，直到取出「)」爲止。

(3) 其他運算子，則與堆疊頂端的運算子作優先權比較。外部運算子優先順序大於堆疊內運算子，直接壓入（PUSH）；外部運算子優先順序小於堆疊內運算子，就得不斷地彈出內部運算子，直到內部運算子的優先順較小或變成空的堆疊，再壓入外部運算子。

(4) 如果運算式已讀取完成，而堆疊中尚有運算子時，依序由頂端輸出。

(5) 若以另一個堆疊存放前序式，將它反轉輸出。

「Infix→Prefix」有了原則之後，如何將中序式「A-B*(C+D)/E」轉成前序式？相關程序解說列示如下。

讀入字元	堆疊內容	輸出（底→）	說明
None	Empty	None	
E	Empty	E	ICP(1)運算元就直接輸出
/	/	E	ICP(3)運算子加入堆疊中
)	)/	E	ICP(3)「)」在堆疊中的先權較小
D	)/	ED	ICP(1)
+	+)/	ED	ISP(1)，運算子「+」優先權高於「)」
C	+)/	EDC	ICP(1)
(	/	EDC+	ISP(2)，彈出堆疊內運算子，直到「)」爲止
*	*/	EDC+	ISP(3)，運算子「*」的優先權和「/」相等，不必彈出
B	*/	EDC+B	ICP(2)
-	-	EDC+B*/	ISP(3)，運算子「-」的優先權小於「*」，所以彈出堆疊內的運算子
A	-	EDC+B*/A	ICP(1)
None	Empty	EDC+B*/A-	讀入完畢，將堆疊內的運算子彈出再把前序式反轉輸出-A*B/+CDE

中序轉成後序

如何把中序轉爲後序，輸入優先權（ICP）的規則如下：

(1) 由左而右讀取中序式，一個讀取一個「句元」（Token），它可能是運算子或運算元。

(2) 若爲運算元直接輸出成後序式。

(3) 若是運算子，則以ISP優先權來存放堆疊。

ISP優先權依據「堆疊內存放的運算子，優先權大的壓優先順序小的」，再來細看其他的原則：

(1) 左括號「(」直接壓入（PUSH），要記住的是它的優先順序最小，任何運算子都可以壓它。

(2) 右括號「)」就依次輸出堆疊中的運算子，直到取出左括號「(」為止。

(3) 其他運算子，則與堆疊頂端的運算子作優先權比較。外部運算子優先順序大於堆疊內運算子，直接壓入（PUSH）；外部運算子優先順序小於堆疊內運算子，就得不斷地彈出（POP）內部運算子，直到內部運算子的優先順較小或變成空的堆疊，再壓入外部運算子。

(4) 如果運算式已讀取完成，而堆疊中尚有運算子時，依序由頂端輸出。

我們把中序式「A-B*(C+D)/E」轉成後序（Infix→Postfix），從左至右讀入字元的相關解說如下：

讀入字元	堆疊內容	輸出	說明
None	Empty	None	
A	Empty	A	ICP(2)運算元直接輸出
-	-	A	ICP(3)運算子壓入（PUSH）堆疊中
B	-	AB	ICP(2)
*	*-	AB	ISP(3)，運算子「*」優於「-」壓入堆疊中
(	(*-	AB	ISP(1)規則，直接把「(」壓入堆疊內
C	(*-	ABC	ICP(2)
+	+(*-	ABC	ISP(3)，「(」在堆疊內的優先權最小

讀入字元	堆疊內容	輸出	說明
D	+(*-	ABCD	ICP(2)
)	*-	ABCD+	ISP(2)，彈出堆疊內運算子，直到「)」爲止
/	/-	ABCD+*	ISP(3)，運算子「/」優先權小於「*」，彈出「*」，壓入「/」運算子
E	/-	ABCD+*E	ICP(2)
None	Empty	ABCD+*E/-	讀入完畢，將堆疊內的運算子依序彈出

範例「stackExpress.py」中序轉後序

```
01 class InfixToPostfix(Stack):
02     def __init__(self, express):
03         Stack.__init__(self)
04         self.result = []
05         self.prece = {}
06         self.prece['*'] = 3    #數字大者優先順序愈高
07         self.prece['/'] = 3
08         self.prece['+'] = 2
09         self.prece['-'] = 2
10         self.prece['('] = 1
11         self.newExpress = express.split()
12 
13     def convert(self):
14         for token in self.newExpress:
15             print(token, end = ' ')
```

```
16          if token.isalpha():
17             self.result.append(token)
18          elif token == '(':
19             self.push(token)
20          elif token == ')':
21             while not self.peek() == '(':
22                k = self.pop()
23                self.result.append(k)
24             self.pop()
25          else:
26             while len(self.stackOpr) > 0 \
27                   and self.prece[self.peek()] \
28                   >= self.prece[token]:
29                other = self.pop()
30                self.result.append[other]
31             self.push(token)
```

```
41 opr = InfixToPostfix('a - ( ( b * ( c + d ) ) / e )')
42 opr.convert()
43 opr.show()   #輸出後序式a b c d + * e / -
```


程式說明

◈ 類別InfixToPostfix繼承了Stack類別，利用它來進行中序轉後序的動作。以if/elif/else敘述來處理三種情形。情形一：字串的isalpha()方法判斷是否符合unicode所定義，符合規定的字元加入堆疊；情形二：遇到右括號先壓入堆疊中；情形三：若是左括號以pop()方法彈出堆疊並放入List中。

◈ 第2~11行：初始化類別時，依據Python運算子的優先順序，設定運算子的優先等級，數字大者優先順序愈高；呼叫split()分割運算式。

- ◈ 第13~31行：定義轉換運算式的方法convert()，依據token原則（英文字母A~Z，數字0~9）以for迴圈讀取運算式。
- ◈ 第26~30行：while迴圈配合原則讀取堆疊的運算子，最後放入List中。
- ◈ 第41~43行：要注意的地方是輸入的運算式無論是括號、字元和運算子都要間隔空白字元，避免執行過程出錯。

情形一：運算式「opr = InfixToPostfix('A - B * (C + D) / E')」中，括號沒有用對時。

```
Python 3.6.5 Shell
File  Edit  Shell  Debug  Options  Window  Help
= RESTART: D:\資料結構Python\CH05\stackExpress.py =
Traceback (most recent call last):
  File "D:\資料結構Python\CH05\stackExpress.py", line 7
6, in <module>
    opr.convert()
  File "D:\資料結構Python\CH05\stackExpress.py", line 6
2, in convert
    self.result.append[other]
TypeError: 'builtin_function_or_method' object is not
subscriptable
```

情形二：運算式「opr = InfixToPostfix('A - ((B * (C + D)) / E')」缺少空白字元做間隔，顯示KeyError，字元B的前兩個右括號未做間隔。

```
Python 3.6.5 Shell
File  Edit  Shell  Debug  Options  Window  Help
= RESTART: D:\資料結構Python\CH05\stackExpress.py =
Traceback (most recent call last):
  File "D:\資料結構Python\CH05\stackExpress.py", lin
e 76, in <module>
    opr.convert()
  File "D:\資料結構Python\CH05\stackExpress.py", lin
e 60, in convert
    >= self.prece[token]:
KeyError: '((B'
```

前序、後序轉中序式

前序、後序轉換爲中序的反向運算做法和前面小節所陳述的堆疊法完全不同，以堆疊法來求得運算式（前序式與後序式），反轉爲中序式的作法必須遵照下列規則：

	前序轉中序	後序轉中序
中序式結合方式	<運算元2>運算子<運算元1>	<運算元1>運算子<運算元2>
讀取資料	由右到左	由左到右
資料是運算元	放入堆疊	放入堆疊
資料是運算子	取出兩個字元，依中序式結合方式，將結果放入堆疊中	取出兩個字元，依中序式結合方式，將結果放入堆疊中

轉換過程中，前序和後序的中序式結合方式不太一樣：

➢ 前序式是<運算元2><運算子><運算元1>，如圖5-6所示。

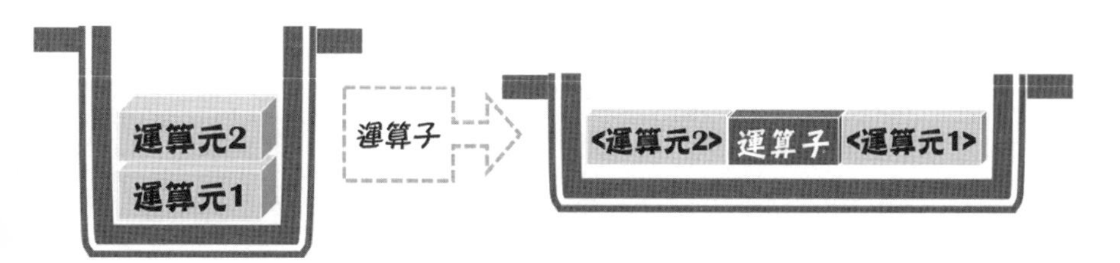

圖5-6　前序轉中序

➢ 後序式<運算元1><運算子><運算元2>，如圖5-7所示。

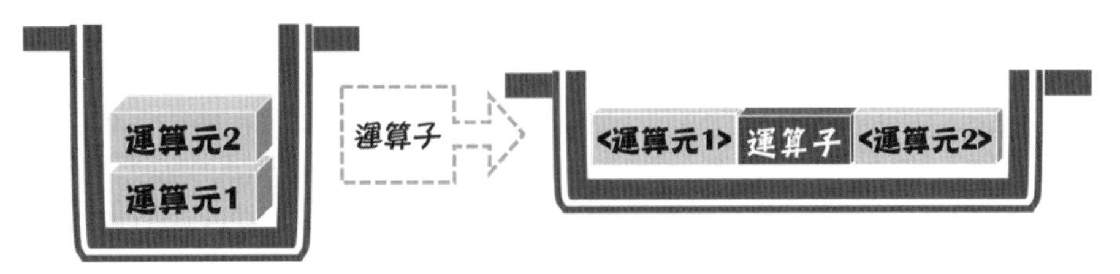

圖5-7　後序轉中序

「Prefix→Infix」如何轉換？現在就利用以上的作法，詳細爲各位說明前序式「+-*/ABCD//EF+GH」轉換爲中序的過程。

Step 1. 首先，從右至左讀取運算元G和H，直接放入堆疊；接下來是運算子「+」，先取出兩個運算元G、H，依中序式結合「<OP2>運算子<OP1>」變成「G + H」再放入堆疊內。

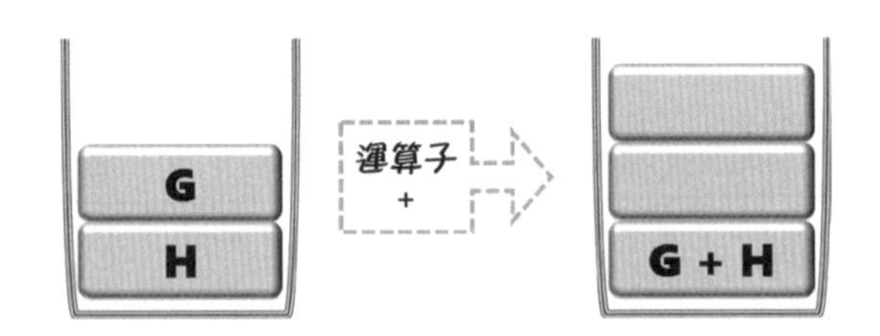

Step 2. 接著，從右至左讀取字元E和F，由於是運算元先放入堆疊；接下來是運算子「/」，先取出兩個運算元E、F，依中序式結合「<OP2>運算子<OP1>」變成「E / F」再放入堆疊內；再讀取運算子「/」，取出兩個運算式，依中序式結合變成「(E / F) / (G + H)」放入堆疊內。

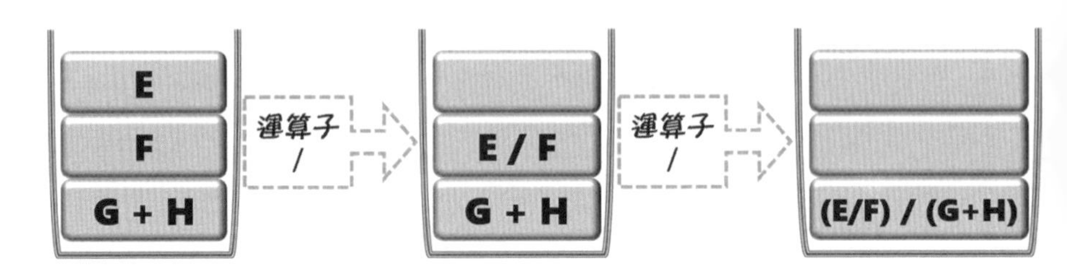

Step 3. 接著，從右至左讀取字元D、C、B、A，放入堆疊。讀取運算子「/」，先取出兩個運算元A、B，依中序式結合變成「A / B」再放入堆疊內；再讀取運算子「*」，取出兩個運算元，依中序式結合變成「(A / B) * C」放入堆疊內。

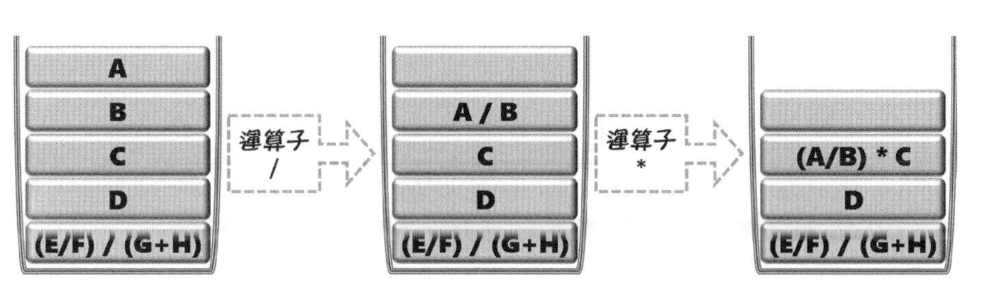

Step 4. 接著，讀取運算子「-」，取出兩個運算元，依中序式結合變成「((A / B) * C) - D」然後放入堆疊內；再讀取運算子「*」，取出兩個運算元，依中序式結合變成「(((A / B) * C) - D) + (E / F) / (G + H)」放入堆疊；最後，整理括號得「A / B * C – D + E / F / (G + H)」

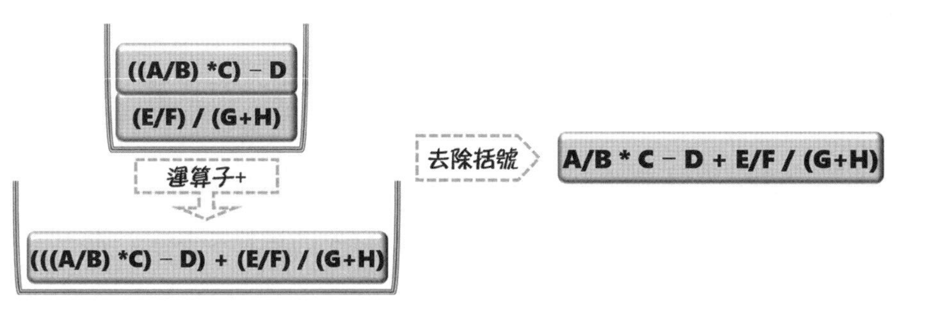

後序→中序（Postfix→Infix）：將後序式「AB + C * DE – FG +*-」轉換為中序式的過程如下：

Step 1. 首先，從左至右讀取運算元A和B，直接放入堆疊；接下來是運算子「+」，先取出兩個運算元A、B，依中序式結合「<OP1>運算子<OP2>」變成「A + B」再放入堆疊內。

Step 2. 讀取運算元C，直接放入堆疊；接下來是運算子「*」，先取出兩個運算元，依中序式結合變成「(A + B) * C」再放入堆疊內；再讀取運算元D、E，直接放入堆疊。

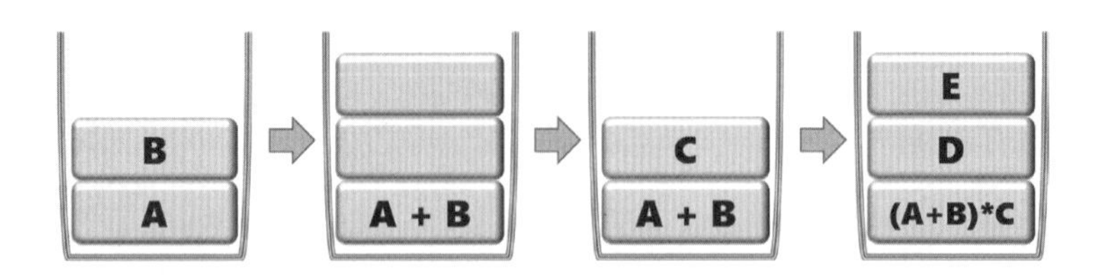

Step 3. 讀取運算子「-」，先取出兩個運算元D、E，依中序式結合變成「D - E」再放入堆疊內；再讀取運算元F、G，直接放入堆疊，讀取運算子「+」，先取出兩個運算元F、G，依中序式結合變成「F + G」再放入堆疊內。

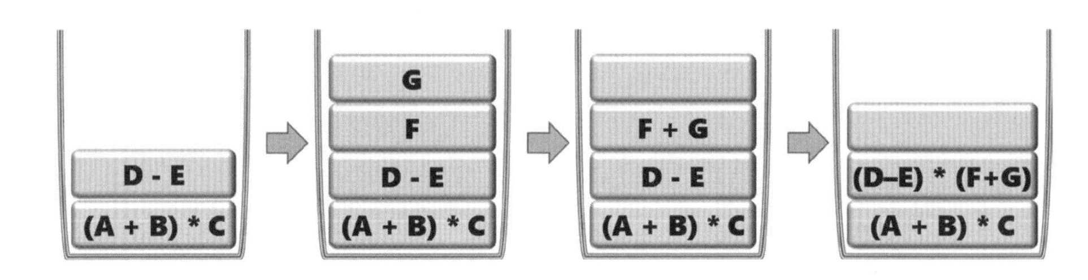

Step 4. 最後，讀取運算子「-」，先取出兩個運算元，依中序式結合變成「((A + B) * C) –((D - E) * (F + G))」，整理括號得「A / B * C – (D + E) * (F + G)」。

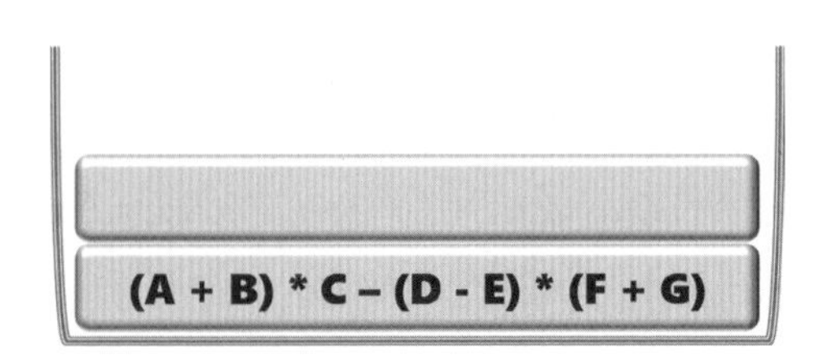

5.3 遞迴

「遞迴」（Recursion）在程式設計上是相當好用而且特殊的演算法，當然也是堆疊的一種應用。當然並非任何一種程式語言都可以提供遞迴的功能，這是因爲利用遞迴來撰寫程式時，程式會遞迴呼叫多少次，只有在執行時才能得知。所以其繫結時間（Binding Time）也須延遲至執行時才能決定。如C、C++、Pascal、Algol、Lisp、Prolog都是具備有遞迴的功能的程式語言。

5.3.1 暫存堆疊的功用

雖然遞迴式可以增進結構化程式設計的可讀性。不過針對執行時間的考量而言，還是以所謂的for或while迴路（Iteration：又稱疊代法）更能節省執行時間。這是因爲當每一次遞迴的過程在進入自身所定義的函數中，對於函數內的局部變數和參數多會重新配置。而且呼叫它的過程中，只有最近的一組才可被引用。由函數返回上一次呼叫的地方時，最近配置的那一組變數所占的記憶區被釋放（Release），而且最新的拷貝重新恢復作用。

更清楚的說，由於遞迴式並未事先定義可執行次數，程式語言就使用了暫存堆疊來解決這個問題。暫存堆疊是由系統來控制，對使用者而言是不可見的（Invisible）。當每次進入一個遞迴函數時，該函數中相關變數的新配置拷貝就以所謂活動記錄表（Activation Record）的形態置於暫存堆疊的頂端。任何對於區域變數（Local Variable）或參數的引用都必須經由目前暫存堆疊的頂端。一旦函數返回時，堆疊頂端配置的拷貝被釋放。而前一次配置的拷貝則成爲目前暫存堆疊的頂端，以供下一次引用局部變數值使用。由以上的說明，我們可以簡單歸納出使用堆疊的優缺點。

優點：

➢ 增加程式整體的可讀性，並且簡短易讀。

➢能夠解答較複雜的問題與邏輯。

缺點：

➢需要花費較多的執行時間。

➢由於利用暫存堆疊（Stack）及函數的呼叫與返回等因素，因此會增加系統記憶體的負荷。

5.3.2 遞迴的定義

定義遞迴之前，先來看看底下的小程式！

```
#參考範例「DemoFunc.py」
def showNum(n):
  if n > 0 :
    print(n)
    showNum(n-1)
showNum(4)
```

◈ 定義一個函式showNum()。呼叫函式時會進入函式主體，先判斷n的值是否大於0，條件成立情形下才會輸出n的值。然後，再一次呼叫函式showNum()進行條件判斷，周而復始；直到輸出1之後，再一次呼叫函式，由於「0 > 0」條件不成立，停止函式的執行。

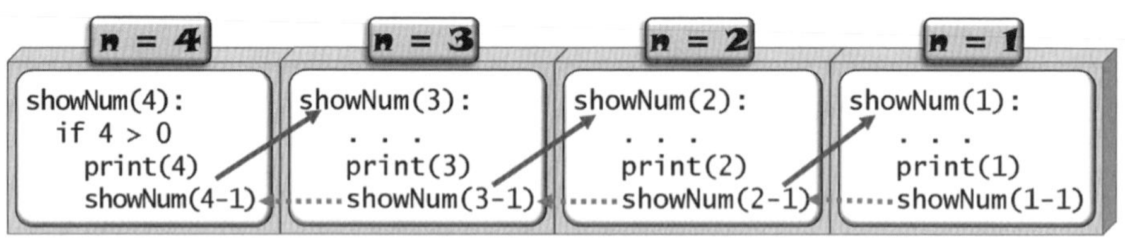

圖5-8　呼叫本身的函式

函式showNum()其實就是一個簡單的遞迴函式。因此，可以把「遞迴」視爲解決問題的方法，把大問題分解成多個子問題，再把子問題再分解爲更小問題，直到問題小到可以被解決爲止；所以，想要定義「遞迴」有三個更明確的基本原則：

➢ 要有一個基本案例（Base case）。
➢ 能夠改變它的狀態，狀態的改變是由基本案例來驗收。
➢ 能夠呼叫自己本身。

假如一個函數或副程式，是由自身所定義或呼叫的，就稱爲「遞迴」（Recursion），它至少要定義兩項條件：

➢ 遞迴關係式：找出問題的共同關係，一個可以反覆執行或呼叫的過程。
➢ 基本案例：一個能跳出執行過程的出口來結束遞迴。

那麼遞迴如何解決問題？首先，我們先來看一個經典案例「連續數值加總」！要把數值由「1 + 2 + 3 + ⋯ + N」求取結果，第一種常用方法就是「重複法」，以for迴圈配合range()讀取後相加，程式碼如下：

```
#參考範例「totalNum.py」
total = 0
for num in range(1, 11):
    total += num
    print(total, end = ' ')
```

變數total如何把相加的數值儲存？用最笨的方法，把數值一個再相另一個，直到完成其動作；例如「1+2 = 3」，「(1+2) + 3 = 6」，觀察它的運算過程。

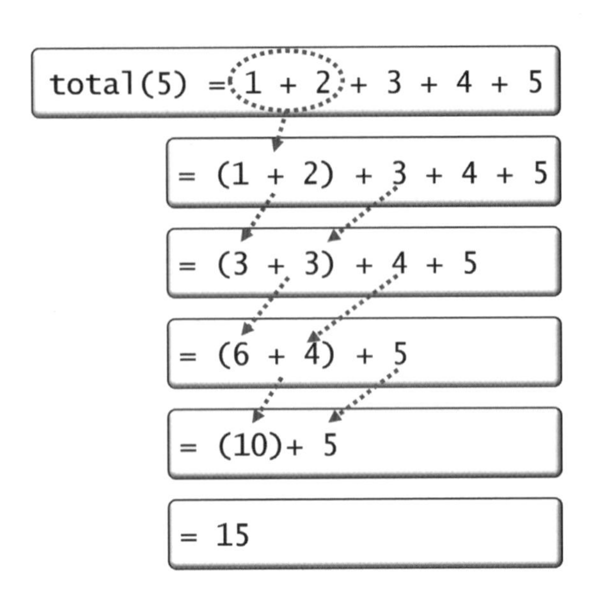

加總第二個方法就是使用公式：

```
#參考範例「totalNum2.py」
def total_for_num(N1, N2):
    total = 0
    total = (N1 + N2) * 10 // 2
    return total
print(total_for_num(1, 10))
```

第三個方法就是以遞迴來處理，依據遞迴的定義：先找出遞迴關係式「total(n) = total(n – 1)」，再設定遞迴終止條件「total(n) = 1」，簡例如下：

```
#參考範例「totalRecu.py」計算連續數值的加總
def total_for_num(n):
   if n == 1:
      total = 1    #終止遞迴
   else:
      total = total_for_num(n - 1) + n    #遞迴關係式
   return total
print(total_for_num(10))
```

◈ 就以參數爲「5」來了解函式total(5)遞迴運作。當「total(5)」可以把它分解爲「total(4) + 5」，直到分解爲「total(1 - 1) + 1」，表示達到遞迴終止條件，那麼「total(1)」的結果就是「1」，「total(2) = 3」向上回傳而得到「total(5) = 15」。

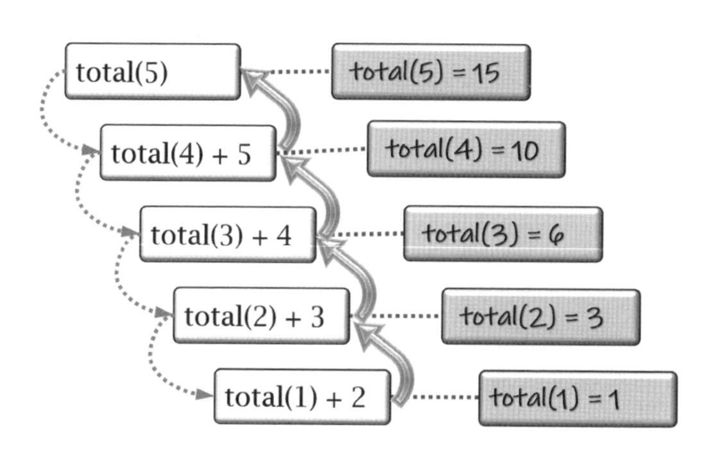

以遞迴處理階乘

再來看另一個數學上很有名的階乘函數，以「n!」表示，其中的「n」爲正整數：

```
當n = 0時，n! = 1
當n ≧ 1時，n!是從1到n的正整數相乘積
```

階乘函數的數學表示式：

$$n! = \begin{cases} 1 \\ n \times (n-1) \times \cdots \times 2 \times 1 \end{cases}$$

階乘函數的遞迴表示式：

$$fact(n) = n! = \begin{cases} 1 & if\ n = 0 \\ n \times (n-1) \times \cdots \times 2 \times 1 & if\ n \geq 1 \end{cases}$$

◈ n = 0是遞迴演算法的基本案例。

◈ n ≧ 1，fact(n)函式呼叫自己本身。

例一：就以Python程式來撰寫一個階乘遞迴程式。

```
#參考範例「factorial.py」
def factorial(n):
    print('階乘函式 fact(n) 已經呼叫 {} 階乘'.format(n))
    if n == 1:
        return 1      #基本案例，終止遞迴
    else:    #如果階乘是2(含)以上，呼叫自己的函式
        result = n * factorial(n-1)
        print('{:<2}階乘呼叫前一次的結果{:2} *'.format(n, n))
        print(' factorial({})'.format(n-1))
```

```
        return result
print('階乘計算結果：',factorial(5))
```

◈「return 1」：遞迴的第二個條件「基本案例」，讓遞迴跳出執行的缺口。

◈ 呼叫自己的函式「n * factorial(n-1)」：遞迴的第一個條件「遞迴關係式」，它會反覆執行。

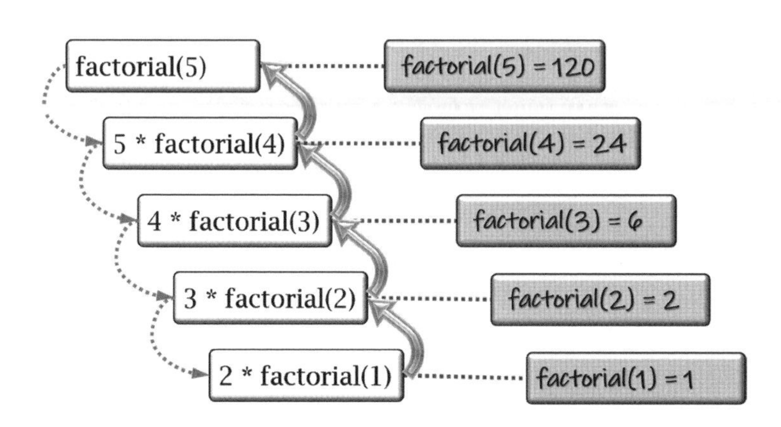

由於演算法中「n×factorial(n-1)」就是一個反覆的過程，而n等於1時，就是遞迴式的「出口」。

補給站

其實N!的遞迴式也稱爲「尾歸遞迴」（Tail Recursion）。

■ 所謂「尾歸遞迴」就是程式的最後一個指令爲遞迴呼叫，因爲每次呼叫後，再回到前一次呼叫的第一行指令（就是return指令）；所以不需要再進行任何計算工作，因此也不必保存原來的環境資訊（如參數儲存、控制權轉移）。

■ 尾歸遞迴的一個重要特性，就是很容易利用疊代法來改寫，經過編譯後的執行效率可以與利用迴圈功能的疊代法相同。

GCD與遞迴

例二：不知道各位還記得最大公因數（GCD）否？數學上可以使用輾轉相除法（Euclidean演算法）計算；在電腦程式的處理上，同樣可以使用遞迴來達到目的。

- 遞迴關係式：在餘數不為0時，則原來的除數為新函數的被除數，而原函數的餘數為新函式除數。
- 基本案例：在餘數為0時，表示除數即為答案，函數則結束。

```
#參考範例「gcd.py」
def gcd(n1, n2):
    #如果n1<n2就置換
    if (n1 < n2):
        n1, n2 = n2, n1
    #如果n1除n2的餘數為0，n2就是最大公倍數
    if n1 % n2 == 0:
        return n2     #基本案例，終止遞迴
    else:
        return gcd(n2, n1%n2)    #遞迴關係式
print('GCD is',gcd(36, 42))
```

費伯那（Fibonacci）

例三：看一個很有名氣的費伯那（Fibonacci）數列，首先看看費伯那序列的基本定義：

$$F_n = \begin{cases} F_0 = 0, & \text{if n = 0} \\ F_2 = 1, & \text{if n = 1} \\ F_n = F_{n-1}, + F_{n-2}, & \text{if n} \geqq 2 \end{cases}$$

用口語化來說，就是一序列的第零項是0、第一項是1，其它每一個序列中項目的值是由其本身前面兩項的值相加所得。對於費伯那遞迴式，如果我們想求取第4個費伯那數Fib(4)，它的遞迴過程以圖形表示如下，從路徑圖中可以得知遞迴呼叫9次，而執行加法運算4次。

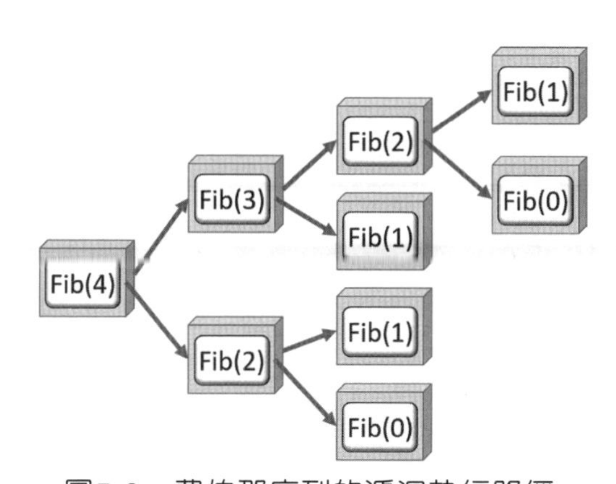

圖5-9 費伯那序列的遞迴執行路徑

```
#參考範例「fibo.py」
def fibo(n):
    if n == 0:
        return 0    #基本案例，終止遞迴
    elif n == 1:
        return 1    #基本案例，終止遞迴
    else:
        return fibo(n - 1) + fibo(n - 2)    #遞迴關係式
num = 1
for k in range(12):
    print(fibo(num), end = ' ')
    num += 1
```

◈ 定義函式fibo()，傳入參數n；以「n = 0」和「n = 1」做爲終止遞迴的條件。

5.3.3 河內塔問題

法國數學家Lucas在1883年介紹了一個十分經典的河內塔（Tower of Hanoi）智力遊戲，是遞迴應用的最傳神表現。內容是說在古印度神廟，廟中有三根木樁，天神希望和尚們把某些數量大小不同的圓盤，由第一個木樁的圓盤全部移動到第三個木樁。不過在搬動時還必須遵守下列規則：

- 直徑較小的圓盤永遠置於直徑較大的套環上。
- 圓盤可任意地由任何一個木樁移到其他的木樁上。
- 每一次僅能移動一個圓盤。

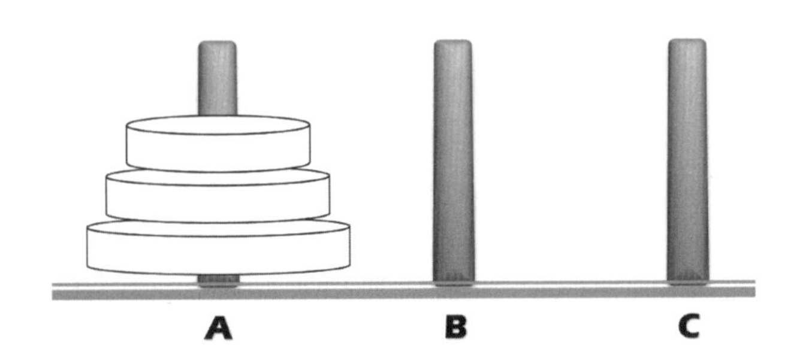

問題分析：

- 因爲愈大的盤子要放在愈下面，所以要先把最大的盤子移到目的地。
- 以遞迴作法把問題分解成數個小問題，每個問題的目的是把還沒移到目的地的盤子中，最大的盤子移向目的地。

參根柱子可視爲：出發點、輔助移動、目的地。

當A柱只有一個圓盤時，直接把圓盤把A柱→B柱→C柱
當A柱有兩個圓盤時，①圓盤1從A柱→B柱、②圓盤2從A柱→C柱、③圓盤1再從B柱→C柱

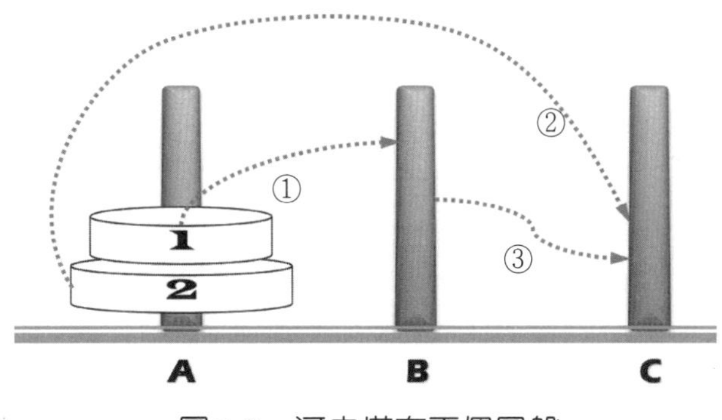

圖5-9　河內塔有兩個圓盤

A柱有三個圓盤時：

①圓盤1從A柱→C柱、②圓盤2從A柱→B柱、③圓盤1再從C柱→B柱、 ④圓盤3從A柱→C柱

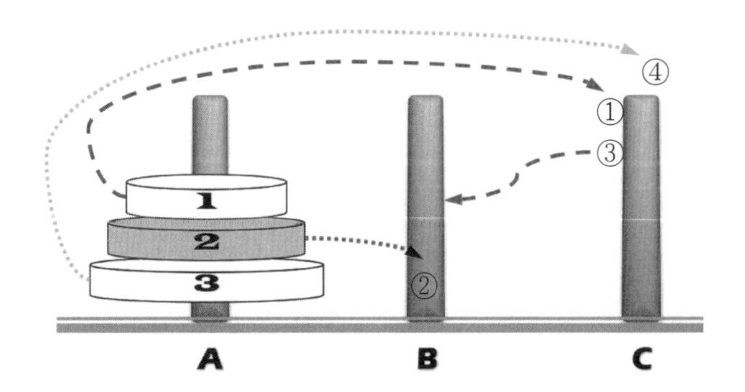

⑤圓盤1從B柱→A柱、⑥圓盤2從C柱→C柱、⑦圓盤1從A柱→C柱

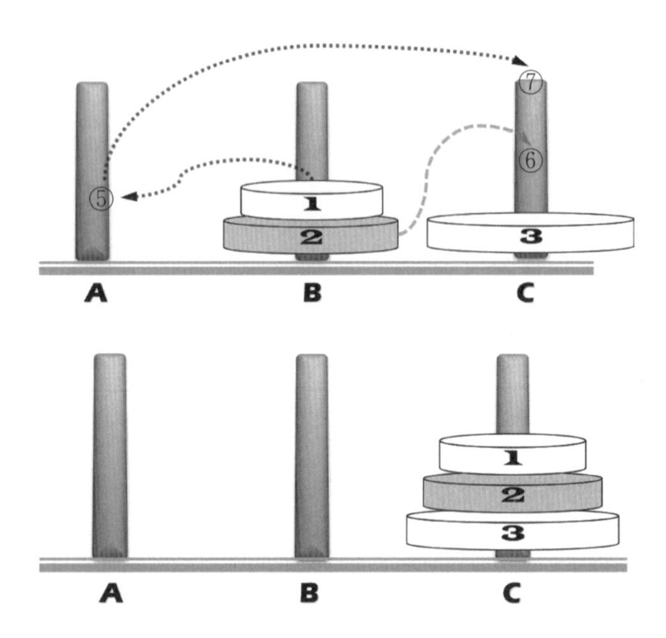

依據上述的圓盤移動的規則，當有n個圓盤時，利用遞迴演算法可以歸納出如下的操作：

➢ 將n-1個圓盤，從木柱A移動到木柱B。

➢ 將第n個最大盤子，從木柱A移動到木柱C。

➢ 將n-1個盤子，從木柱B移動到木柱C。

範例「hanoi.py」 河內塔

```
01 def hanoi(num, start = 'A柱', relay = 'B柱',
02         target = 'C柱'):
03     if num > 0:
04         hanoi(num-1, start, target, relay)
05         print('移動圓盤{}，從{}-->{}'.format(
06                 num, start, target))
07         hanoi(num-1, relay, start, target)
08 print(hanoi(3))
```

建置、執行

```
Python 3.7.1 Shell
File Edit Shell Debug Options Window Help
= RESTART: D:\資料結構\DS for Python\
CH05\hanoi.py =
移動圓盤1，從 A柱 --> B柱
移動圓盤2，從 A柱 --> C柱
移動圓盤1，從 B柱 --> C柱
移動圓盤3，從 A柱 --> B柱
移動圓盤1，從 C柱 --> A柱
移動圓盤2，從 C柱 --> B柱
移動圓盤1，從 A柱 --> B柱
移動圓盤4，從 A柱 --> C柱
移動圓盤1，從 B柱 --> C柱
移動圓盤2，從 B柱 --> A柱
移動圓盤1，從 C柱 --> A柱
移動圓盤3，從 B柱 --> C柱
移動圓盤1，從 A柱 --> B柱
移動圓盤2，從 A柱 --> C柱
移動圓盤1，從 B柱 --> C柱
```

程式說明

- ◈ 定義函式hanoi()，傳入4個參數，其中的參數2~4採用位置預設值，以字串表示使用的柱字A、B、C。
- ◈ 第4行：先將「num - 1」個圓盤從A柱開始向B柱移動。
- ◈ 第7行：將「num - 1」個圓盤從B柱移向C柱。

課後習作

一、填充題

1. 堆疊具有＿＿＿＿＿的特性，從堆疊頂端加入元素稱爲＿＿＿＿＿；反之，從堆疊頂端移除元素稱爲＿＿＿＿＿。
2. 將運算式「A-B*(C+D)/E」以前序式＿＿＿＿＿及後序式＿＿＿＿＿表示。
3. 將運算式以括號法轉換時，前序轉爲中序式的依據原則＿＿＿＿＿；後序轉爲中序式的依據原則＿＿＿＿＿。
4. 將運算式採堆疊法時，中序法轉換成前序，需要以「運算子堆疊」來協助，它依據哪兩個優先權？＿＿＿＿＿和＿＿＿＿＿。
5. 將運算式採堆疊法時，中序法轉換成前序，須＿＿＿＿＿讀取中序式，堆疊內，運算子＿＿＿＿＿優先權最小；中序法轉換成後序，須＿＿＿＿＿讀取中序式，堆疊內，運算子＿＿＿＿＿優先權最小。
6. 一個遞迴式A定義如下：請問A(1, 2)與A(2, 1)的值爲何？＿＿＿＿＿

$$A(m, n) = \begin{cases} n+1 & if\ m = 0 \\ A(m-1, 1) & if\ n = 0 \\ A(m-1, A(m, n-1)) & \end{cases}$$

二、實作與問答

1. 請列舉堆疊在電腦上的5項應用。
2. 請以ADT的觀點列出堆疊的5項操作。
3. 利用堆疊的特性，撰寫一個能反轉字串的程式。

4. 請將下列中序算術式利用「括號轉換法」轉為前序與後序表示式。

```
(A+B)* D + E / (F+A*D) + C
```

5. 請將下列算術式利用「括號轉換法」轉為中序式表示式

前序轉中序：-A*/+BC-DEF
後序轉中序：AB*CD+E/-

6. 請以堆疊法求運算式「A/B + (C+D)* E-A * C」的前序式和後序式。
7. 試述「尾歸遞迴」（Tail Recursion）的意義。
8. 請以遞迴方式將List的元素反轉。

data = [2, 5, 12, 8, 6, 7, 9]
反轉後 [9, 7, 6, 8, 12, 5, 2]

9. 請以遞迴方式撰寫一個冪次方，例如「5 ^ 3」就是「5 * 5 * 5」。

第六章

排隊的智慧——佇列

★學習導引★

- 利用Python的List和鏈結串列來實作佇列
- 佇列有「先進先出」的規範，操作時得從前門移除元素，後門允許加入元素
- 透過堆積認識優先佇列的特性

6.1 認識佇列

佇列（Queue）和堆疊一樣，都屬於有序串列，也提供抽象型資料型態（ADT），它的所有加入、刪除動作發生在不同的兩端，並且符合「First In, First Out」（先進先出）的特性。佇列的觀念就好比去好市多大賣場排隊結帳，先到的人當然優先結帳，付完錢後後就從前端離去，而隊伍的後端又陸續有新的顧客加入排隊。

不過有時先進先出固然是好的，有時為了加快處理，能以現金結帳的顧客優先處理，這就是含有權值的「優先佇列」。還有哪些佇列？一起來認識它們。

6.1.1 佇列概念

佇列在電腦中的應用與堆疊不同，大多屬於硬體處理流程的控制。佇列具有先進先出的特性，經常被電腦的作業系統用來安排電腦執行工作（Job）的優先順序。尤其是多人使用（Multiuser）之多工（Multitask）電腦必須安排每一位使用者都有相等的電腦使用權。由於佇列是一種抽象型資料結構（Abstract Data Type, ADT），它必須有下列兩種特性：

- 具有先進先出（FIFO）的特性。
- 擁有兩種基本動作加入與刪除，而且使用front與rear兩個指標來分別指向佇列的前端與尾端。

佇列結構的相關操作，透過抽象型資料結構（Abstract Data Type, ADT）表示如下：

```
資料的存取符合「先進先出」(FIFO, First In First Out)的原則
佇列的前端(Front)移除資料
佇列的後端(Rear)加入資料
```

```
CREATE：建立一個空堆疊
ENQUEUE()：將資料從佇列的後端加入，並傳回所加入資料
DEQUEUE()：把資料從佇列前端刪除
FRONT()：查看佇列前端項目，回傳其值
REAR()：查看佇列後端項目，回傳其值
```

6.1.2 以陣列實作佇列

與堆疊的實作一樣，各位也同樣可以使用陣列或串列來建立一個佇列。不過堆疊只需一個Top指標指向堆疊頂，而佇列則必須使用Front和Rear兩個指標分別指向前端和尾端，如圖6-1所示。

圖6-1　佇列有前、後端

佇列中的項目如何操作？新增的元素如何存放？利用圖6-2做簡單說明。

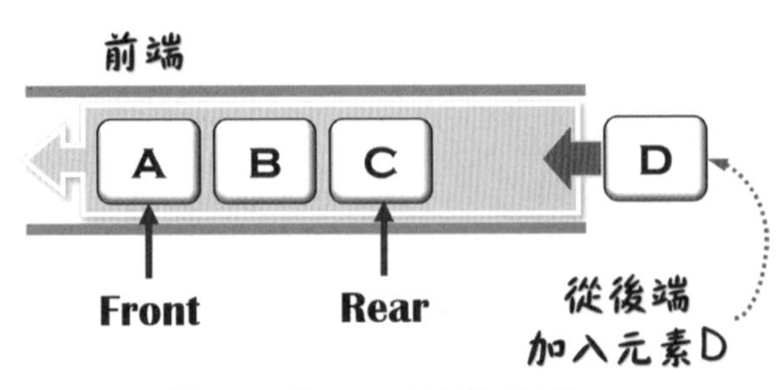

圖6-2　以List來實作佇列

佇列的雙重指標front、rear

通常front指標會指向第一個元素，而rear指標則指向最後一個元素。新增元素時rear指標會隨著新增元素來變更位置，以圖6-3來說，rear指標原本指向元素C（最後一個元素）；加入元素D之後，它會改變位置，重新指向元素D。所以rear指標是隨元素的新增來改變指標的指向。

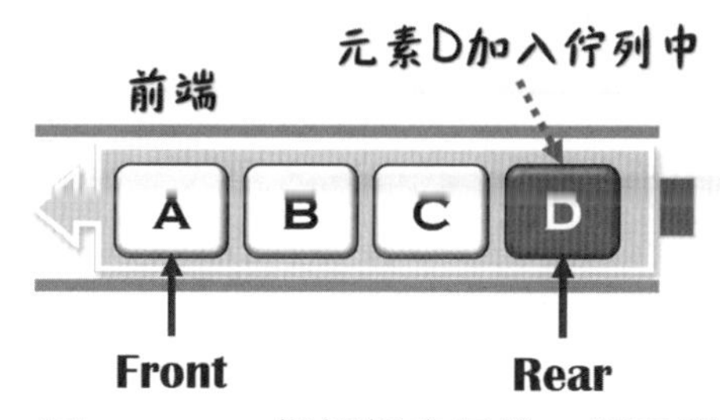

圖6-3　rear指標指向最後一個元素

指標front都是指向第一個元素。從佇列前端刪除第一個元素A時，但隨著元素的刪除而調整指向，指標front原本指向A而改變位置指向B。所以，指標front恰好與rear指標相反，它會隨著前端元素的移除向後方移動。因此，當元素被刪除時，只是把front指標移動並非元素改變位置。

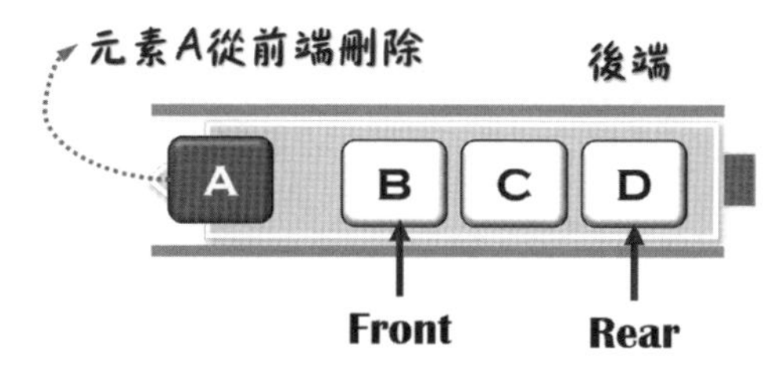

圖6-4　front指標指向佇列的第一個元素

撰寫程式碼時，可以定義兩個方法front()、rear()來分別取得第一個、最後一個元素。簡例如下：

```
#參考範例「queueAry.py」
def front(self):
        print('前端', self.items[0])
def rear(self):
    print('末端', self.items[-1])
```

◈ 方法rear()中，索引[-1]能取得原來List物件的最後一個元素，也就順帶提供佇列後端儲存的元素。

範例「queueAry.py」

```
01 class Queue: #以List 實做Queue
02     def __init__(self):
03         self.items = []
04     def dequeue(self): #佇列前端刪除項目
05         if len(self.items) == 0:
06             raise ValueError('佇列是空的')
07         else:
08             value = self.items.pop(0)
09             print('\n刪除佇列項目', value)
10     def enqueue(self, data): #佇列後端加入項目
11         self.items.append(data)
12     #省略部分程式碼
```

程式解說

◈ 以List實作佇列，初始化時以空的List存放佇列項目。

◈ 第4~9行：定義方法dequeue()來刪除佇列的項目，它呼叫了Python的List物件的pop()方法來移除佇列的第一個項目。

◈ 第10~11行：定義方法enqueue()將項目新增到佇列中，它呼叫了Python的List物件的append()方法來從後端加入新的項目。

補給站

要注意的地方是pop()方法要給「零」的參數，它才會刪除佇列的第一個項目，未給參數會直接刪除。

- pop()：不給參數的話，直接刪除佇列的最後一個項目，不符合佇列FIFO的原則。

想想看，當前端的元素愈刪愈多時，留下的空間能回收利用嗎？

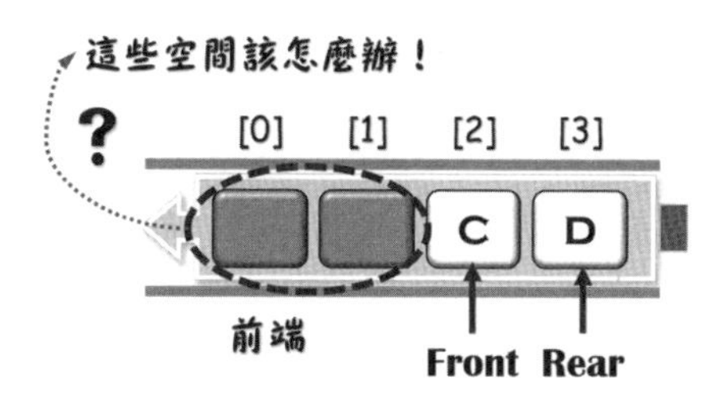

6.1.3 使用鏈結串列實作佇列

實作佇列的第二種方式就是透過鏈結串列，先從單向鏈結串列來進行。當佇列由後端新增節點，可以把它想像成單向鏈結串列，藉由尾節點，直接把新加入的項目變成最後一個節點，再更新Rear指標。

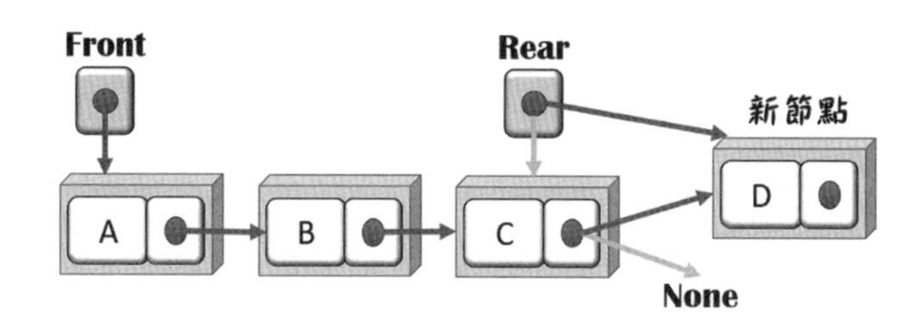

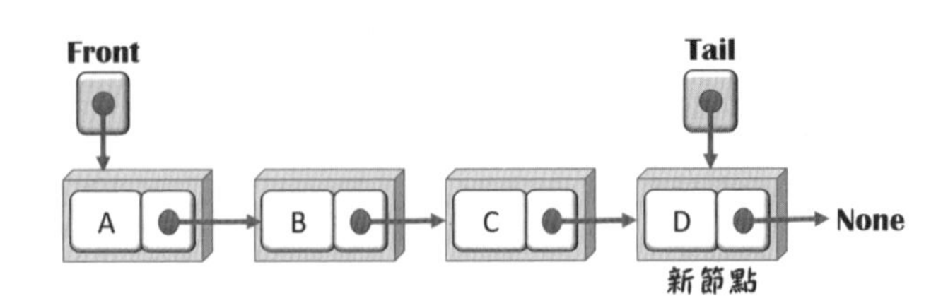

刪除佇列的項目是從前端移除，如同在鏈結串列中移除首節點，然後把指標指向下一個節點。

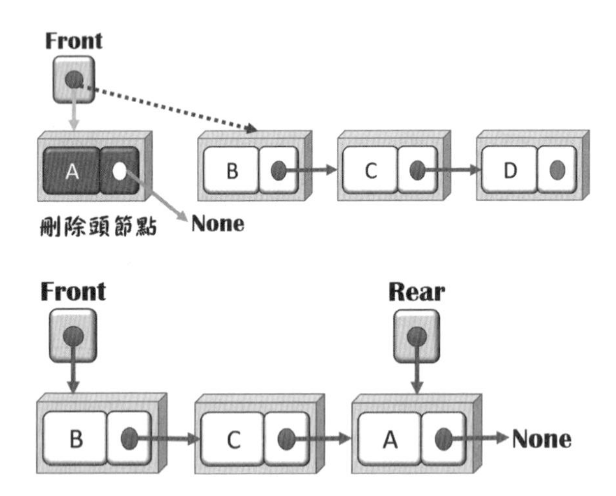

範例「queueLinked.py」

```
01 class Node:  #鏈結串列的節點     #以鏈結串列實作佇列
02     def __init__(self, item):
03         self.item = item
04         self.next = None
05
06 class Queue:                    #建立Queue類別
```

```
07    def __init__(self):    #設首、尾節點爲None
08       self.qhead = None
09       self.qtail = None
10    def enqueue(self, item):
11       newNode = Node(item)    #不是空佇列才新增節點
12       if self.isEmpty():
13          self.qhead = newNode
14       else:
15          self.qtail.next = newNode    #佇列尾端指標指向新節點
16       self.qtail = newNode             #從佇列後端新增節點
17    def dequeue(self):
18       if self.qhead is not None:
19          current = self.qhead          #目前指標指向首節點
20          self.qhead = current.next    #首節點指標指向下一個節點
21       print('刪除項目', current.item)
22    def fornt(self):                     #取得佇列前端的項目
23       if self.qhead is None:
24          print('佇列是空的')
25       else:
26          print('前端', self.qhead.item)
27    def rear(self):                      #取得佇列後端的項目
28       current = self.qhead
29       while current:
30          if current.next is None:
31             print('後端', current.item)
32          current = current.next
33    def show(self):
```

```
34        current = self.qhead
35        print('佇列：', end = '')
36        while current:
37           print(current.item, end = ' ')
38           if current.next is None:
39              break
40           current = current.next
41        print()
```

執行結果

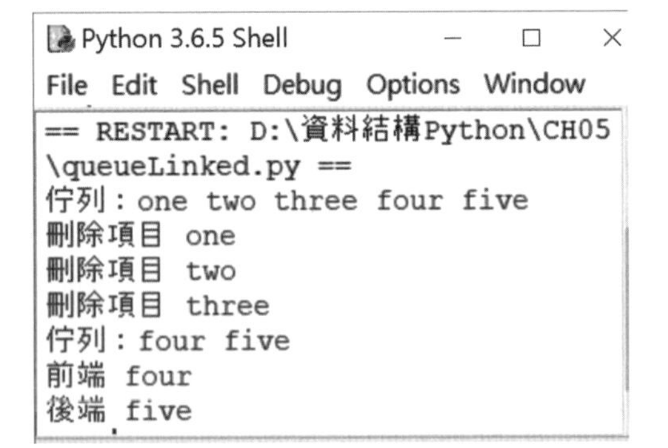

程式解說

◈ 第1~4行：定義單向鏈結串列節點。

◈ 定義類別Queue並設定操作佇列的基本方法。

◈ 第10~16行：定義方法enqueue()，從佇列後端加入新節點，設佇列尾端指標指向新節點，從佇列後端新增節點。

◈ 第17~21行：定義方法dequeue()，從佇列前端刪除節點：當佇列有首節點的情形下，目前指標指向首節點，刪除節點前，首節點指標指向下一個節點。

◈ 第22~32行：定義兩個方法；`front()`來取得第一個節點，`rear()`方法則是回傳最後一個節點。

6.2 其他常見佇列

佇列在電腦上的應用非常廣泛，舉凡CPU的排程，列表機的列印，I/O緩衝區；另一個大家較為熟知就是Windows作業中的用來播放音樂和影片的Media Player，它允設使用者建立播放清單就是佇列結構的技巧。

6.2.1 環狀佇列

若以Python List物件實作佇列，由於佇列後進首出的特色，當前端移出元素之後，指標front和rear都是往同一個方向遞增。如果rear指標到達一維陣列的邊界MAXQUEUE-1，就算佇列尚有一些空間，也需要位移佇列元素，才有空間存入其它佇列元素。

為了改善Python List實作佇列的問題，就有了「環狀佇列」（Circular Queue）的作法。事實上，環狀佇列同樣使用了一維陣列來實作的有限元素數佇列，可以將陣列視為一個環狀結構，讓它的後端和前端接在一起；佇列的索引指標周而復始的在陣列中環狀的移動，解決佇列空間無法再使用的問題。

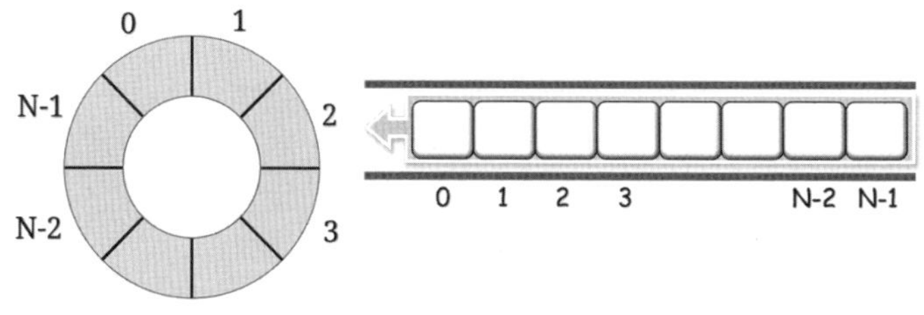

圖6-5　環狀佇列

環狀佇列有幾個主要特徵：

- 環狀佇列使用「陣列」來實作，能存放N個元素，對記憶體做更有效之應用。
- 環狀佇列不須搬移資料，它有「Q[0 : N-1]」的位置可以利用。
- 環狀佇列資料被刪除後，所留下的位置可以再利用，而「Q[N-1]」的下一個元素是「零」。

計算空間

使用環狀佇列若想知道指標front、rear目前指向的位置，在新增、刪除項目的變化要利用運算子「%」，以下列公式來取得餘數：

```
front = (front + 1) % maxSize
```

```
rear = (rear + 1) % maxSize
```

◈ maxSize：利用List物件配合len()函式來取得

可以依據front、rear的值找出它們在環狀佇列的哪一個位置。當佇列的元素被刪除時，front會依順時針方向前移動一個位置。

Step 1. 新增4個元素，執行兩次刪除動作，則「front = (1+1) % 4 = 2」，所以front會移向索引[2]，目前儲存的元素是「18」。

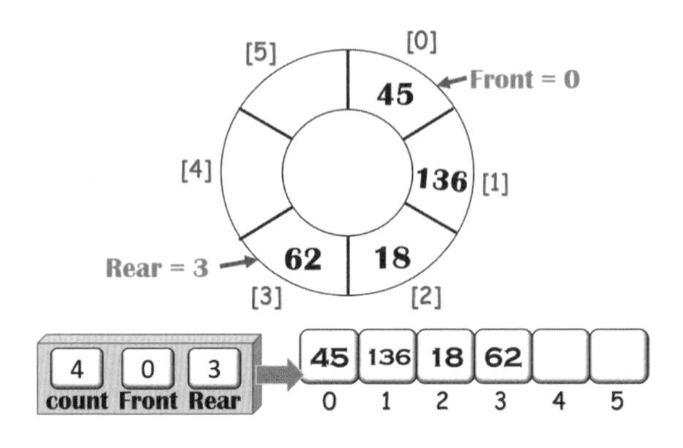

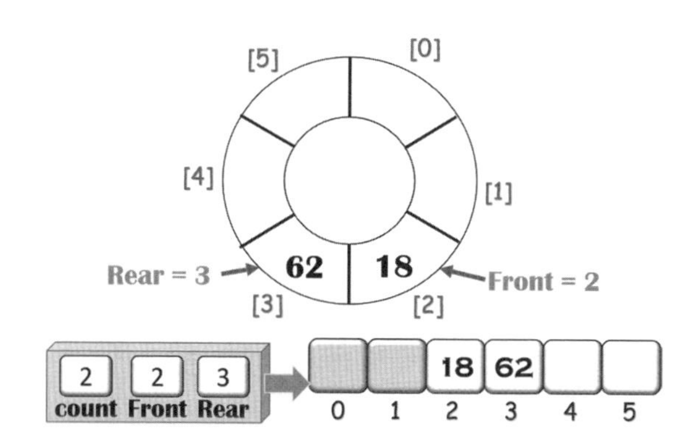

Step 2. 連續新增4個元素之後，指標rear為「1」，下一個位置就是「rear = (1 + 1) % 6 = 2」會與front指標指向同一個位置；所以，如果再新增一個元素會顯示「佇列已滿」訊息，然後指標rear會從「0」開始，

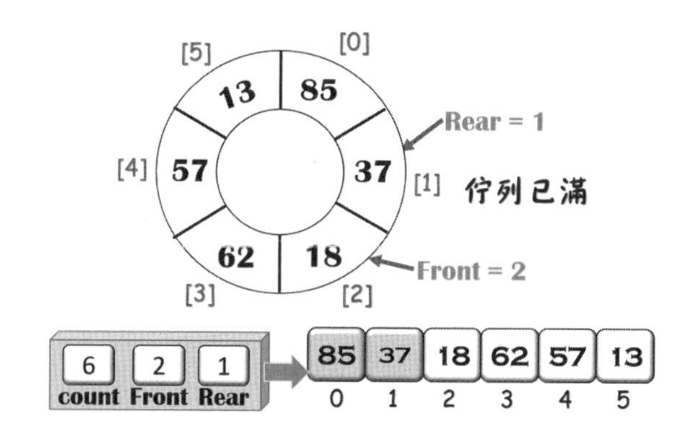

Step 3. 連續刪除5個元素，會看到指標front、rear會指向同一個位置，而front指標的下一個位置是「front = (1 + 1) % 6 = 2」；如果再把「37」刪除，front指標會移向2，指標rear會停留在1，此時已經是空的佇列；再做一次刪除會顯示「佇列已空的訊息」。

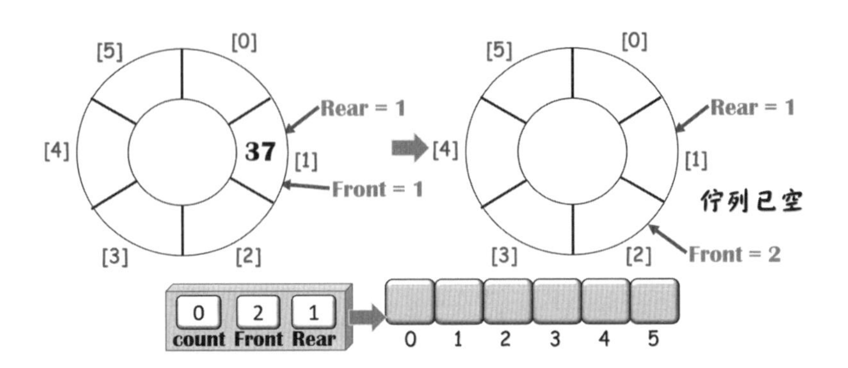

範例「queueCircular.py」

```
01 class circularQueue:
02     def __init__(self, maxSize):
03         self.data = [None] * maxSize
04         self.count = 0 #儲存於佇列的元素個數
05         self.front = 0 #取得佇列的第一個元素
06         self.rear = maxSize - 1
07     def dequeue(self):    #刪除元素
08         if self.isEmpty() == False:
09             answer = self.data[self.front]
10             self.data[self.front] = None
11             self.front = (self.front + 1) % len(self.data)
12             self.count -= 1
13             self.show()
14             return answer
15         else:
16             print('空白佇列無法刪除')
17     def enqueue(self, item):
```

```
18        if self.isFull() != True:
19            #計算rear的位置
20            self.rear = (self.rear + 1) % len(self.data)
21            self.data[self.rear] = item #將新元素指向下一個位置
22            self.count += 1
23            print('{:4}'.format(item), end = '')
24            self.show()
25        else:
26            print('佇列已滿無法新增')
```

執行結果

```
Python 3.6.5 Shell
File Edit Shell Debug Options Window Help
= RESTART: D:\資料結構Python\CH05\queue
Circular.py =
新增元素：
  45 Front: 0, Rear: 0
 136 Front: 0, Rear: 1
  18 Front: 0, Rear: 2
  62 Front: 0, Rear: 3
  57 Front: 0, Rear: 4
  13 Front: 0, Rear: 5
佇列已滿無法新增
```

```
新增元素：
  45 Front: 0, Rear: 0
 136 Front: 0, Rear: 1
  18 Front: 0, Rear: 2
  62 Front: 0, Rear: 3
Front: 1, Rear: 3
Front: 2, Rear: 3
Front: 3, Rear: 3
Front: 4, Rear: 3
空白佇列無法刪除
```

程式解說

◈ 定義一個環狀佇列來實作新增，刪除元素時，了解front、rear它們的變化情形。

◈ 第7~16行：定義刪除元素的方法dequeue()，並讓front指標隨著元素的刪除向順時針方向移動。

◈ 第17~26行：定義新增元素的方法enqueue()，並讓rear指標隨著元素的增加向順時針方向移動。

補給站

環狀佇列是以一維陣列Q（0 To N-1）來表示，它只是邏輯的處理而非實際的環狀。

- 指標Front永遠指向佇列前端元素的前一個位置
- 指標Rear則指向佇列尾端的元素

操作上，環狀佇列還剩餘一個空間可以使用，但是這是爲了判斷以下的情形而預留的，不可使用；因此最多只能使用N-1個空間，而浪費一個空間。不過，這裡利用List物件的特性，讓指標rear緊跟指標front之後，可讓空間充足利用

爲了區分佇列是空的或是滿的狀態，利用變數count來統計元素個數，再加上兩個方法：isFull()判斷佇列已滿；isEmpty()查看佇列是否是空的？佇列滿的狀態，指標Rear就會歸零，從新開始。

6.2.2 雙佇列

「雙佇列」（Deques）是「Double-ends Queues」的縮寫，通俗的說法是佇列有兩個開口，我們可以指定佇列一端來進行資料的刪除和加入。由於佇列有前端（Front）及後端（Rear），皆都允許存入或取出，如圖6-6所示。

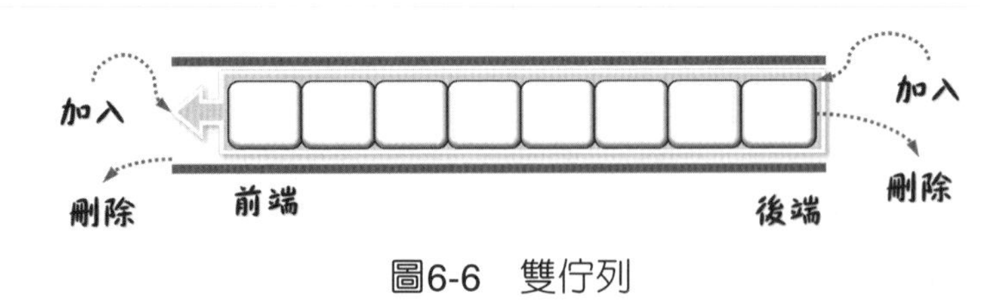

圖6-6 雙佇列

Python的Deque物件

Python的模組亦提供雙佇列，先來認識它所提供的相關方法。

Deque方法	說明
deque()	deque建構函式，用來產生deque物件
append	把元素新增到deque物件的右側
appendleft()	把元素新增到deque物件的左側
insert(i, x)	依索引來插入元素
pop()	從雙佇列右側移除第一個元素並回傳所刪項目的值
popleft()	從雙佇列右側移除元素並回傳所刪項目的值
remove()	移除雙佇列第一次出現的值
reverse()	在原地反轉deque的元素
rotate(n)	向右旋轉deque物件。若n = 1會把右側的元素放到雙佇列最左側；n是負值就向左旋轉

先認識雙佇列的建構函式deque()之語法：

```
deque([iterable [, maxlen]])
```

◈ 參數maxlen用來設定雙佇列最大值，代表它能存入的元素。

如果資料原來的是這麼存放的，從索引0~4存放了5個元素。

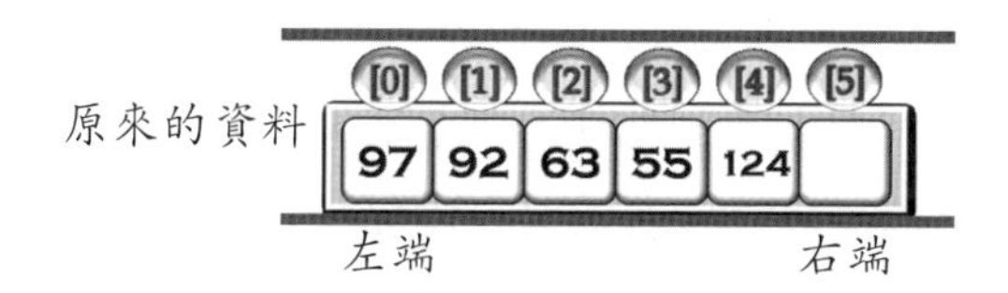

這些資料想要放入Python的雙佇列，先以deque()建構函式做設定。

```
data = deque([97, 92, 63, 55, 123], 4)
```

◈ 雖然列示了5個元素，由於參數「maxlen = 4」來限定其長度，表示只能存放4個元素。

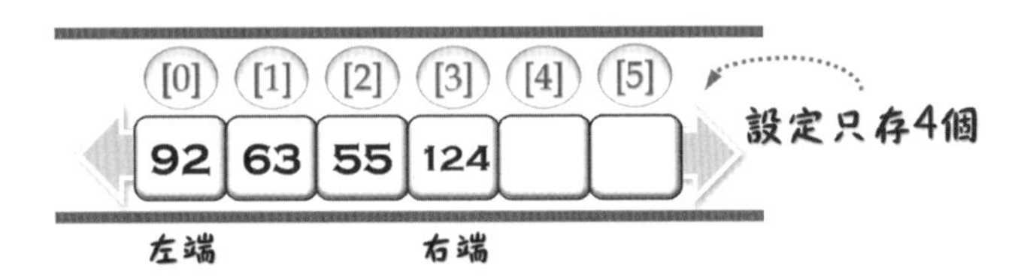

例一：呼叫方法pop()會移除最右邊的元素「124」。

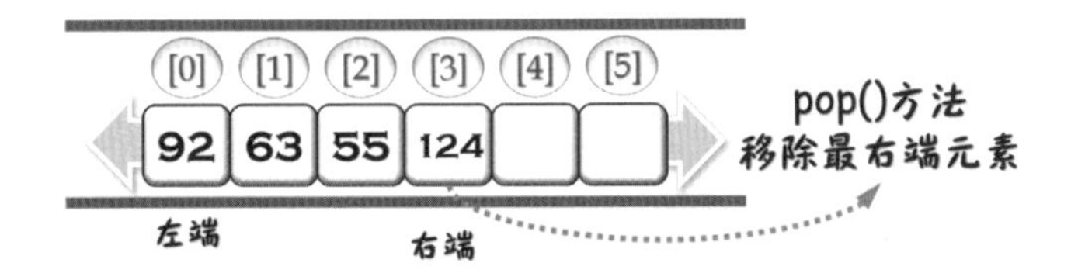

例二：呼叫方法append()是從最右端加入兩個元素：One、Two；方法append()才會從左側新增項目。

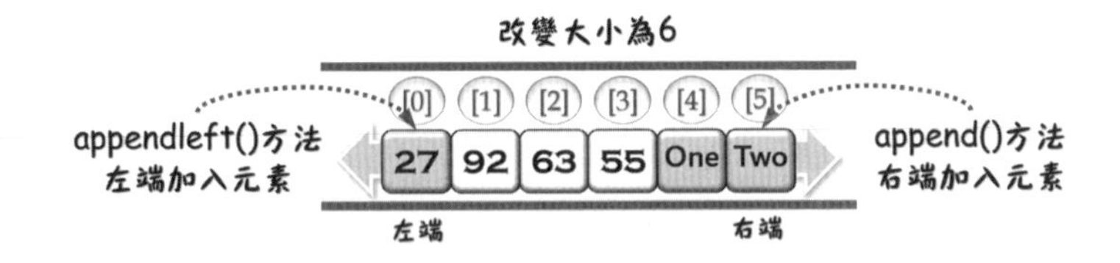

例三：方法rotate()的參數爲正整數時，把最右側元素「Two」旋轉到最左側，所以右旋轉之後，Two的位置是索引[0]。

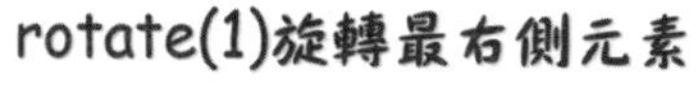

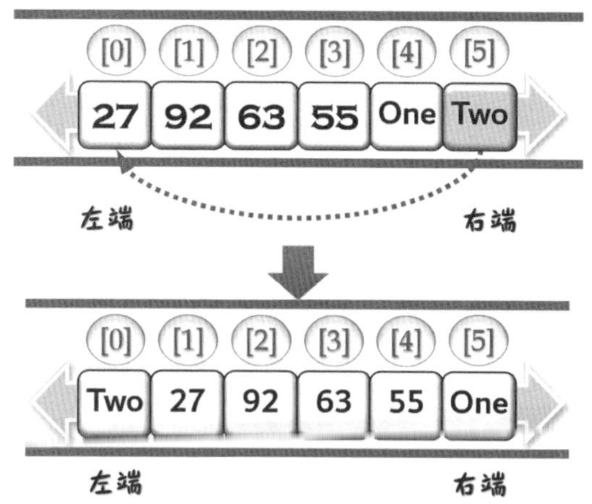

例四：方法rotate()的參數爲負數「-2」的話是把左側兩個元素旋轉到最右邊。所以元素Two、27左旋轉之後，索引又變成「4」和「5」。

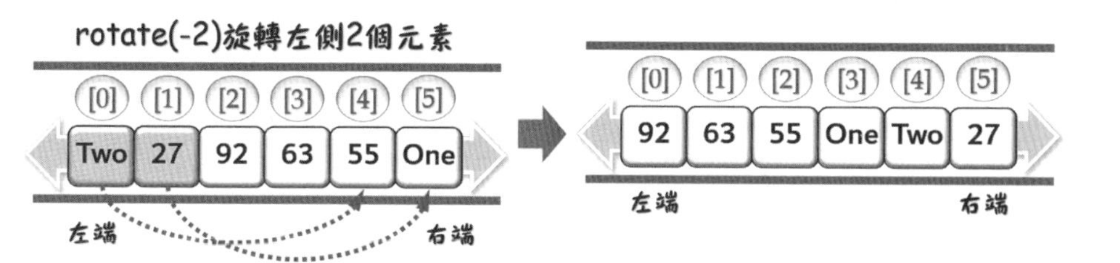

例五：呼叫方法remove()刪除指定元素「95」，再呼叫方法reverse()反轉整個佇列的元素。

reverse()反轉整個雙佇列元素

[0] [1] [2] [3] [4] [5]

A Two One 55 63

左端 右端

最後以簡單例子來了解雙佇列的運作。

```
#參考範例「Py_deque.py」
from collections import deque    #匯入雙佇列模組
data = deque([97, 92, 63, 55, 124], 4)
print('移除最右端', data.pop())
print('Index:', data.index(55))
```

◈ 使用deque必須匯入其模組。

雙佇列與雙指標

那麼雙佇列如何新增資料？一般會有兩對指標：其中的F1用來指向左邊佇列的頭，R1用來指向左邊佇列的尾；另一邊則以F2指向右邊佇列的頭，R2用來指向右邊佇列的尾。其中的R1、R2會隨資料的新增來移動。

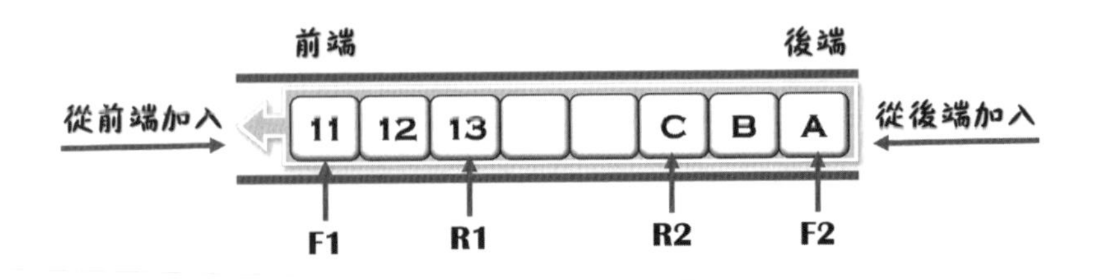

當雙佇列的資料被刪除時，則F1、F2的指標會移動位置。

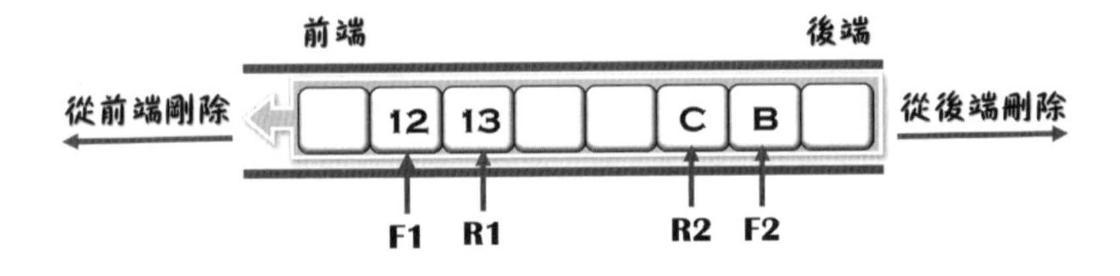

如何以雙向鏈結串列實作佇列？由於佇列要有前，後端指標，所以初始化時就得列出它們。

```
#參考範例「dequeDoublyLinked.py」
class DoublyLinked:
    def __init__(self):
        self.front = Node(None, None, None)
        self.rear = Node(None, None, None)
        self.front.Rnext = self.rear
        self.rear.Lnext = self.rear
        self.size = 0
```

◈ 前端front的右指標（Rnext）指向後端rear；rear的左指標（Lnext）則是指向後端front。

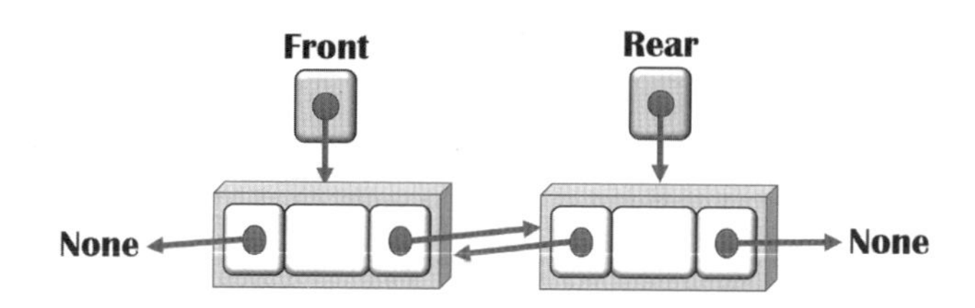

Step 1. 從第一個節點處新增3個資料後，指標front指向節點86，而指標rear指向節點78。

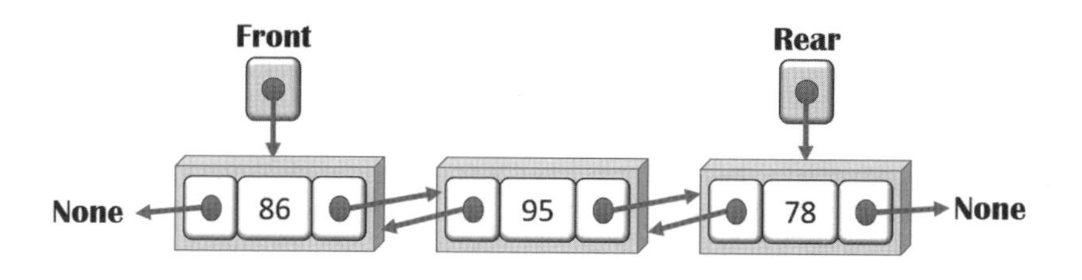

Step 2. 從最後一個節點處新增2個資料，指標front並未改，而指標rear指向新加入節點A。

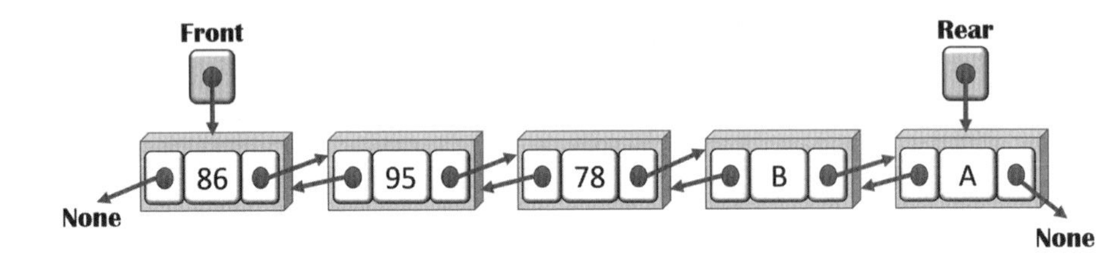

Step 3. 當第一個節點被刪除時，指標front會指向下一個節點「95」，而rear指標則維持不變。

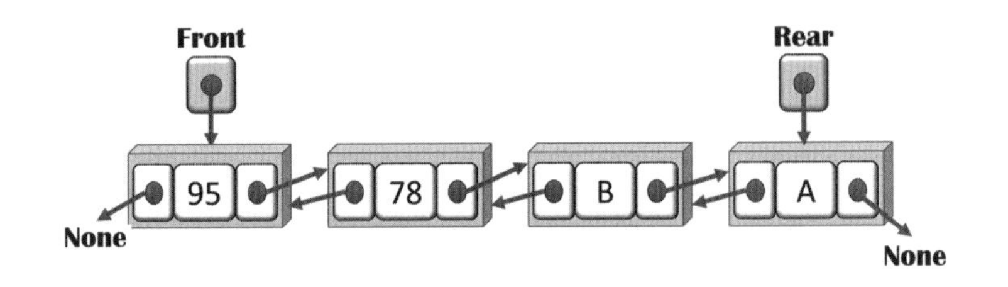

Step 4. 當最後一個節點被刪除時，指標rear會指向前一個節點B，而指標front則維持不變。

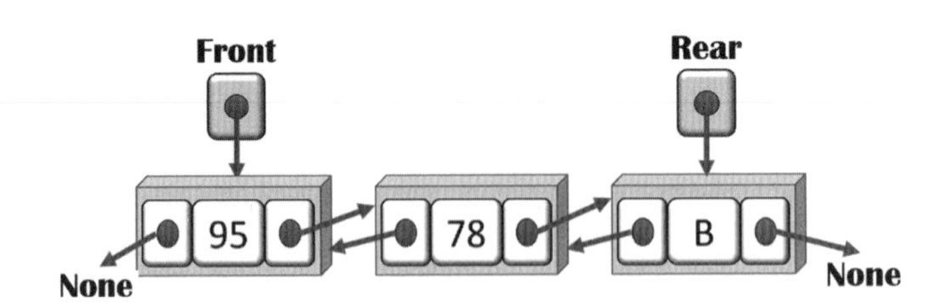

範例「dequeDoublyLinked.py」

```
01  class DoublyLinked:
02   #省略部分程式碼
03   def insertBetween(self, item, precede, follow):
04      newest = DqNode(item, precede, follow)
05      precede.Rnext = newest    #前一個節點的右指標指向新節點
06      follow.Lnext = newest    #下一個節點的左指標指向新節點
07      self.size += 1
08      print(newest.elem, end = ' ')
09      return newest
10
11   def remove(self, node):
12      precede = node.Lnext
13      follow = node.Rnext
14      precede.Rnext = follow    #①
15      follow.Lnext = precede    #②
16      self.size -= 1
17      elem = node.elem    # 取得刪除的元素
18      node.Lnext = node.Rnext = node.elem = None    #③
19      return elem
20
21  class dequeDLinked(DoublyLinked):
22   def getfirst(self):
23      print('First:', self.front.Rnext.elem, end = '')
24   def getlast(self):
25      print(', Last:', self.rear.Lnext.elem)
```

```
26    def appendFirst(self, item):    #新增項目會加到首節點之後
27       self.insertBetween(item, self.front,
28          self.front.Rnext)
29       return item
30    def appendLast(self, item):    #新增項目會加到尾節點之前
31       self.insertBetween(item, self.rear.Lnext,
32          self.rear)
33       return item
34    def deleteFirst(self): #刪除第一個節點
35       return self.remove(self.front.Rnext)
36    def deleteLast(self):   #刪除最後一個節點
37       return self.remove(self.rear.Lnext)
```

程式解說

- 第1~19行：定義類別DoublyLinked，利用它來設定鏈結串列的基本操作。
- 第3~9行：定義方法insertBetween()要加入新節點之前，要找到它的兩個鄰居（左邊的precede，右邊的follow），它等同雙向鏈結的插入新節點。所以，前一個節點（precede）的右指標指向新節點，下一個節點（follow）的左指標指向新節點。
- 第11~19行：定義方法remove()，先將節點的指標變更再做刪除；去除指標的作法：①前一個節點的右指標指向欲刪節點的下一個節點，②下一個節點的左指標指向欲刪節點的前一個節點，③欲刪除節點的左、右指標和值都歸成None。
- 定義類別dequeLinked，它繼承了類別DoublyLinked，所以擁有雙向鏈結串列的基本操作，本身則實作了佇列的操作方法，進行元素的新增和刪除。

◈ 第21~37行：定義類別dequeDLinked，它繼承了類別DoublyLinked。方法getFirst()、getLast()分別取得第一個、最後節點的值。

◈ 第26~29行：定義appendFirst()，新增項目會加到首節點之後，它會呼叫父類別的insertBetween()方法並傳遞首節點的位置，讓它的右指標能指向新加入的節點。

◈ 第30~33行：定義appendLast()，新增項目會加到尾節點之前；同樣地，它會呼叫父類別的insertBetween()方法並傳遞尾節點的位置，並傳遞尾節點的左指標，讓它新加入的節點變成它的前一個節點。

◈ 第34~37行：分別定義兩個方法deleteFirst()、deleteLast()分別刪除第一個、最後一個節點；它會呼叫父類別的remove()方法來完成刪除動作。

6.2.3 優先佇列

什麼是優先佇列？一般而言，佇列具有「先進先出」的傳統美德，而「優先佇列」（Priority Queue）表示在排隊之後還要依據它的優先權，這在電腦的操作環境中，譬如：I/O設備向作業系統發出請求時，會依據其優先順序大的做先行處理。同一間辦公室可能會共用一台列表機，當部門經理的文件也加入列印的佇列中，如果有設好優先權，那麼「經理」的文件就有可能提早完成列印。

優先佇列另外一個常見的例子就是飛機上的供餐順序，它會從頭等艙開始，然後是商務艙，最後才是經濟艙。所以，醫院的急診室其實也是優先佇列的表現。

Python的heapq模組

堆積是一種有趣的資料結構，Python的官方網站稱它為「Heap Queue Algorithm」正說明它可以作為優先佇列的儲存結構，一起來認識它所提供的方法。

heap函式	說明
heapq.heappush(heap, item)	從堆積佇列頂端壓入項目
heapq.heappop(heap)	從堆積佇列頂端彈出最小項目
heapq.heappushpop(heap, item)	從堆積佇列頂端壓入項目再彈出最小者
heapq.heapify(x)	將List物件轉爲堆積
heapq.nlargest(n, iterable[, key])	從可迭代物件中指定n值，找出最大者
heapq.nsmallest(n, iterable[, key])	從可迭代物件中指定n值，找出最小者

範例「Py_heapq_func.py」

```
01 import heapq
02 def heapqPush():
03     color = [] #空的List
04     heapq.heappush(color, (11, 'Red'))
05     heapq.heappush(color, (7, 'Green'))
06     heapq.heappush(color, (8, 'Blue'))
07     print('項目最小者：', heapq.heappop(color))
08
09 def heapqLarge():
10     student = []
11     heapq.heappush(student, (95, 'Tom'))
12     heapq.heappush(student, (78, 'Eric'))
13     heapq.heappush(student, (67, 'five'))
14     heapq.heappush(student, (84, 'Peter'))
```

```
15     heapq.heappush(student, (67, 'Monica'))
16     print('分數最高者：', heapq.nlargest(1, student))
17     print('分數最低者：', heapq.nsmallest(1, student))
18
19 def heapqSmall():
20     word = []
21     heapq.heappush(word, (1, 'Large'))
22     heapq.heappush(word, (2, 'Middle'))
23     print('變更前：', word)
24     print('替換：', heapq.heapreplace(word, (1, 'Big')))
25     print('變更後：', word)
```

執行結果

```
Python 3.6.5 Shell
File Edit Shell Debug Options Window Help
= RESTART: D:\資料結構Python\CH06\Py_h
eapq_fuc.py =
項目最小者： (7, 'Green')
分數最高者： [(95, 'Tom')]
分數最低者： [(67, 'Monica')]
變更前： [(1, 'Large'), (2, 'Middle')]
替換： (1, 'Large')
變更後： [(1, 'Big'), (2, 'Middle')]
```

程式解說

◈ 第1行：必須匯入heapq模組。

◈ 第2~7行：定義方法heapqPush()：先建立一個空的List物件，呼叫heappush()方法將color的元素壓入，再以heappop()方法彈出優先佇列最小者。

◈ 第9~17行：定義方法heapqLarge()；先建立一個空的List物件student，然後呼叫方法heapqpush()來壓入元素。

◈ 第16行：呼叫函式nlargest()找出最大項目者。此處把第一個參數「n = 1」的件用等同從student物件中找出最高分者。

◈ 第17行：函式nsmallest()同樣設「n = 1」，但它會回傳分數最低者。

◈ 第19~25行：函式heapreplace()就是利用權值來找出欲替換的對象，所以原本字串「Large」就被「Big」字串取代。

Lis實作優先佇列

範例「queuePriority.py」

```
01  class PQcolor:
02   def __init__(self, elem, prior):
03      self.elem = elem
04      self.prior = prior
05
06  class PriorityQueue :   # 產生不受限的空白優先佇列
07   # 省略部分程式碼
08   def enqueue(self, elem, prior): # 新增元素
09      entry = PQcolor(elem, prior)
10      self.Ary.append(entry)
11      return self.Ary
12   def dequeue(self):  #移除項目
13      id =0 #做優先權(權重)比較
14      if self.isEmpty() == False:
15         highest = self.Ary[id].prior   #找出優先佇列最高者
16         for id in range(len(self)) :
17            if self.Ary[id].prior < highest:  #小於最高優先權
18               highest = self.Ary[id].prior
19         entry = self.Ary.pop(highest)#移除最高優先權並回傳
20         print('最大優先權', entry.elem)
21         return entry.elem
22      else:
23         print('空白佇列無法刪除')
```

執行結果

```
\Python\DS for Python範例\CH06
\queuePriority.py
最大優先權 Green
```

程式解說

- 第1~4行：定義類別PQcolor，設定兩個欄位elem和prior；表示欲加入的優先佇列物件，每個項目都得配上權值。
- 第6~23行：定義PriorityQueue類別，利用它來實作不受限的空白優先佇列。
- 第8~11行：定義方法enqueue()，呼叫List物件的方法append()來新增項目。
- 第12~23行：定義方法dequeue()，先取得優先佇列最高者，再以for 圈讀取找出是否有小於所設定的優先佇列最高者，然後呼叫List物件的方法pop()來移除項目。

6.3 實作佇列——音樂播放器

利用佇列的技術來模仿一個音樂播放器，一般來說無論是播放音樂或影片的播放器，讀取這些資料時皆會放入佇列中，就是我們較爲熟悉的播放清單。它的運作模式我們把它單純化，欲播放曲目以enqueue()方法加入，待音樂播放完畢就以dequeue()方法從佇列中移除。

範例「queueApp.py」

```
01 from random import randint
02 import time
```

```
03
04 class Node:
05     '''定義雙向鏈結串列'''
06     def __init__(self, data = None, Rnext = None,
07             Lnext = None):
08         self.data = data
09         self.Rnext = Rnext
10         self.Lnext = Lnext
11
12 class Queue:
13     '''以雙向鏈結實作佇列'''
14     def __init__(self):
15         self.front = None
16         self.rear = None
17         self.count = 0
18     def enqueue(self, data):
19         '''新增項目'''
20         newNode = Node(data, None, None)
21         #有首節點的情形下，從後端加入新節點
22         if self.front is None:
23             self.front = newNode
24             self.rear = self.front
25         else:
26             #新節點的左指標指向尾節點
27             newNode.Lnext = self.rear
28             #尾節點的右指標指向新節點
29             self.rear.Rnext = newNode
```

```
30              #新節點變成最後一個節點
31              self.rear = newNode
32          self.count += 1
33      def dequeue(self):
34          '''刪除項目 '''
35          current = self.front
36          #如果count爲1，表示沒有項目
37          if self.count == 1:
38              self.count -= 1
39              self.front = None
40              self.rear = None
41              #有曲目正在播放，front指標指向正播放曲目的下一首
42          elif self.count > 1:
43              self.front = self.front.Rnext
44              self.front.Lnext = None
45              self.count -= 1
46          return current
47
48  play = Queue()#建立佇列物件
49  start = time.time() #開始時間
50  #加入或移除播放曲目
51  for one in range(100000):
52      play.enqueue(one)
53  for one in range(100000):
54      play.dequeue()
55  print('{} 秒'.format(time.time() - start))
56
```

```
57 class MediaPlayer(Queue):    # 子類別
58     '''播放器，繼承了Queue類別'''
59     def __init__(self):
60       #以super()呼叫父類別
61        super(MediaPlayer, self).__init__()
62     def addSong(self, song):#呼叫佇列的enqueue()方法新增曲目
63        self.enqueue(song)
64     def show(self): #播放曲目就呼叫dequeue()方法刪除曲目
65        while self.count > 0:
66           cur_song = self.dequeue()
67           num =  randint(1, 10)
68           print('正在播放 {:>20} {:2} sec'.format(
69                 cur_song.data.title, num))
70           time.sleep(cur_song.data.sec)
```

執行結果

```
Python 3.6.5 Shell
File  Edit  Shell  Debug  Options  Window  Help
=== RESTART: D:\資料結構Python\CH05\
queueApp.py ===
0.20287561416625977 秒
正在播放      Dona Nobis Pacem  7 sec
正在播放               Familia  8 sec
正在播放 My One and Only Love  2 sec
正在播放     The Wexford Carol 10 sec
正在播放             Concordia  4 sec
正在播放               Kuai Le  3 sec
正在播放    My Favorite Things  4 sec
```

程式解說

- 第4~10行：定義雙向鏈結串列初始化時先產生左、右兩個指標。
- 第18~32行：方法enqueue()在有首節點的情形下，從後端加入新節點；將新節點的左指標指向尾節點，尾節點的右指標指向新節點；最後，加入新節點變成最後一個節點。
- 第33~46行：方法dequeue()會先查看是否有曲目正在播放，有的話front指標指向正播放曲目的下一首，然後移除播放後的曲目。
- 第57~70行：建立Queue的子類別MediaPlayer來產生播放器，addSong()方法，會把欲播放的曲目呼叫佇列的enqueue()方法放入佇列中等待播放；show()方法則是把播放中的曲目，呼叫dequeue()方法，待播放完畢就從佇列中刪除。

課後習作

1 .請列舉電腦中採用佇列結構3個有關的項目。

2. Python的List能實作佇列，方法enqueue()能從後端加入元素，除了append()方法，想想看List物件哪一個方法也能新增元素，參考範例「queueAry.py」進行改寫並加入兩個方法：第一個方法判斷佇列是否爲空的？方法二能顯示佇列大小。

3. 請說明佇列中指標front、rear的作用。

4. 實作「佇列」時須考慮哪些基本操作（Operation)？至少列出5項。

5. 利用Python提供的heapq模組來實作一個優先佇列。

6. 現有一個環狀佇列大小爲0~7，目前「front = 3、rear = 5」，佇列內容爲（A、B、C)，請寫出下列結果：

   (1) dequeue()，front=？、rear=？、取出值=？

   (2) enqueue(D)，enqueue(E）之後，front=？、rear=？

   (3) enqueue(F)，front=？ 、rear=？

   (4) dequeue()，front=？、rear=？、取出值=？

   (5) enqueue(G)、enqueue(H）之後，front=？、rear=？

第七章 樹狀結構

★學習導引★

認識樹狀結構和其相關名詞

開始二元樹的旅程，也認識了規格特殊的二元樹

以中序、前序和後序來巡行二元樹

介紹二元搜尋樹，亦利用它來做搜尋

什麼是平衡樹？它與平衡係數有什麼關係？

7.1 何謂樹？

日常生活中樹狀結構是一種應用相當廣泛的非線性結構。舉凡從企業內的組織架構、家族內的族譜係，再到電腦領域中的作業系統與資料庫管理系統都是樹狀結構的衍生運用。

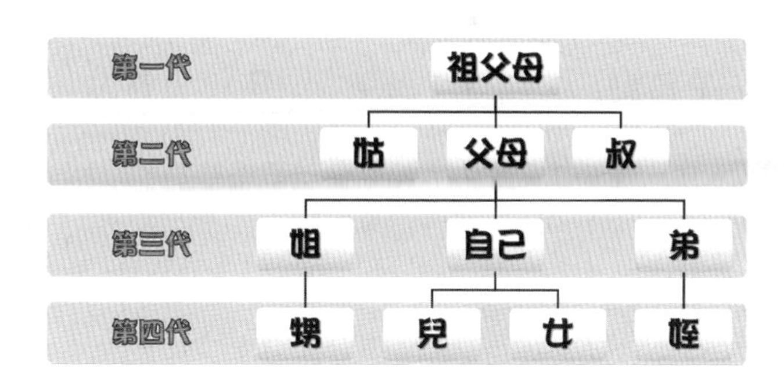

圖7-1　非線性結構

以圖7-1而言，是一個簡易的家族族譜，從祖父母的第一代開始看起，父母是第二代，自己爲第三代；我們可以發現它雖然是一個具有階層架構，但是無法像線性結構般有前後的對應關係，所以要處理這樣的資料，樹狀結構就能派上場啦！

7.1.1 「樹」的定義

一棵樹會有樹根、樹枝和樹葉；可以把樹狀結構（Tree Structure）想像成一棵倒形的樹（Tree）。此外，它還可分成不同種類，像二元樹（Binary tree）、B-Tree等，在很多領域中都被廣泛的應用。基本上，「樹」（Tree）由一個或一個以上的節點（Node）配合「關係線」（Edge）組成，如圖7-2所示。節點由A到H，用來儲存資料。其中的節點A是樹根，稱爲「根節點」（Root），在根節點之下是B和C兩個父節點

（Parent），它們各自擁有0到n個「子節點」（Children），或稱為樹的「分支」（Branch）。

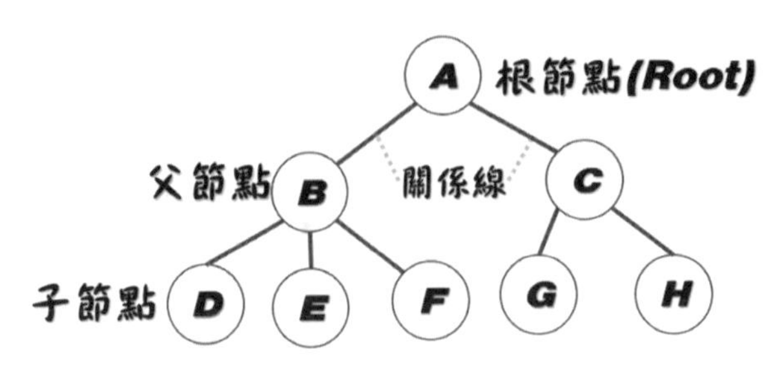

圖7-2　樹狀結構只有一個根節點

樹狀結構是由一個或多個節點組合而成的有限集合，它必須要滿足以下兩點：

- 樹不可以為空，至少有一個特殊的節點稱「樹根」或稱「根節點」（Root）。
- 根節點之下的節點為n≧0個互斥的子集合…，每一個子集合本身也是一棵樹。

樹狀結構中，除了父、子節點之外，尚有「兄弟」（Siblings）節點，觀察圖7-3做更多的認識。

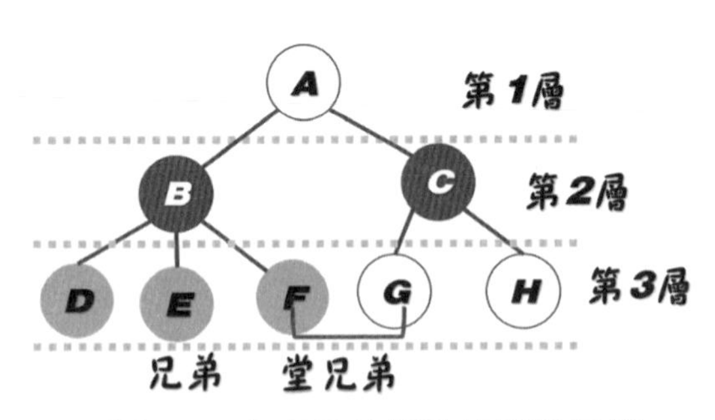

圖7-3　含有兄弟節點的樹狀結構

除了根節點A之外，沿著關係線來到第二層樹枝，其中的D、E和F是節點B的「子節點」，G、H是節點C的子節點。所以節點B是D、E、F的「父節點」，節點C是G和H的父節點；節點D、E、F擁有同一個父節，它們彼此之間互稱爲「兄弟節點」；同樣地，節點G和H，節點B跟C也是兄弟節點。此外，節點F和G則是「堂兄弟」。

樹狀結構具有明確的層級關係，將圖7-3倒過來之後，它長得就像一棵樹；同樣地把它和圖7-1對照，其階層關係就一目了然。所以樹狀結構具有「階層」（Level），根節點是第一層，父節點是第二層，子節點位在第三層。

7.1.2 樹的相關名詞

探討樹狀結構更多屬性之前，配合圖7-3的說明，我們先認識它的一些術語。

- 節點（Node）：用來存放資料，節點A～H皆是。
- 根節點（Root）：位於最上面的節點A，一般來說，一棵樹只會有一個根節點。
- 父節點（Parent）：某節點含有子節點，節點B和C分別有子節點D、E、F和G、H，所以是它們各自的父節點。
- 子節點（Children）：某節點連接到父節點。例如：父節點B的子節點有D、E、F。
- 兄弟節點（Siblings）：同一個父節點的所有子節點互稱兄弟。例如：B、C爲兄弟，D、E、F也爲兄弟。
- 分支度（Degree）：每一個節點擁有的子節點數，節點B的分支度爲3，而節點C的分支度爲2。
- 階層（level）：樹中節點的層級數量，一代爲一個階層。樹根A的階層是「1」，而子節點就是階層「3」。
- 樹高（Height）：也稱樹深（depth）：指樹的最大階層數，參考圖7-3

它的樹高爲「3」。

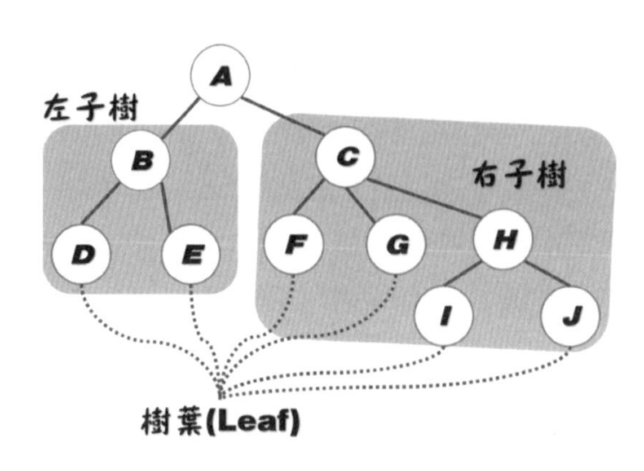

圖7-4 樹與樹葉

樹狀結構中，會將節點分爲兩大類，有子樹的節點和沒有子樹的節點。有子樹的節點稱爲「內部節點」（Internal node），沒有子樹的節點稱爲「外部節點」（External node），或者由下列的名詞做通盤認識。

- 樹葉（Leaf）節點：沒有子樹的節點，或稱做「終端節點」（Terminal Nodes），它的分支度爲零，如圖7-4中節點D、E、F、G、I、J。
- 非終端節點（Nonterminal Nodes）：有子樹的節點，如A、B、C、H等。
- 祖先（Ancestor）：所謂祖先是指從樹根到該節點路徑上所有包含的節點。例如： J節點的祖先爲A、C、H節點，E節點的祖先爲A、B節點。
- 子孫（Descendant）：爲該節點的子樹中所包含任一節點。例如：節點C的子孫爲F、G、H、I、J等。
- 子樹（Sub-tree）：本身是樹，其節點能形成後代，以圖7-4來說，節點A以下有兩棵子樹，左子樹以節點B開始，右子樹由節點C開始。
- 樹林：是由n個互斥樹所組合成的，移去樹根即爲樹林，例如圖7-4移除了節點A，則包含兩棵樹，即樹根爲B、C的樹林。

動動腦

《**Q1**》下圖中，哪一種才是樹（Tree）？

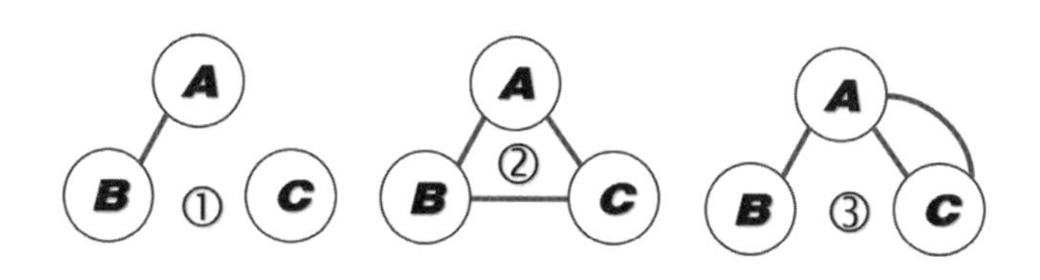

《**Ans**》①、②、③皆不符合樹的定義。圖①不相連，節點A和B沒有使用關係線來相連。②重邊，關係線不能再一次連接節點B和C。③節點A和C形成迴路，不符合樹的定義。

《**Q2**》依據圖7-4，節點B、C、G、H的分支度爲少？其終端節點數有多少個？

《**Ans**》B節點分支度爲「2」、C節點爲「3」、G節點爲「0」、H節點爲「2」；終端節點數「6」個。

7.1.3 樹的儲存方式

如何表達一棵樹？鏈結串列（Linked List）存放樹的節點，並使用鏈結來表達樹的有向邊。由於每個節點分支度不一樣，儲存的欄位長度也是變動的情形下，須採用固定長度來達到儲存所有節點。因此，會依據此棵樹某一節點所擁有的最多子節點數來做決定，其資料結構如圖7-5所示。

圖7-5　以鏈結串列儲存一般樹

參考圖7-6，假設有一棵樹的分支度爲k，總共有n個節點，那麼它需要：

```
需要的LINK欄位n*k = 6*3 = 18個
有用的LINK欄位n-1 = 6-1 = 5個
浪費的LINK欄位n*k-(n-1) = 18 - 5 = 13個
```

如此看來，估計約有三分之二的鏈結空間都是空的，爲了改善記憶體空間浪費的缺點，將樹化爲二元樹（Binary Tree）有其必要性。

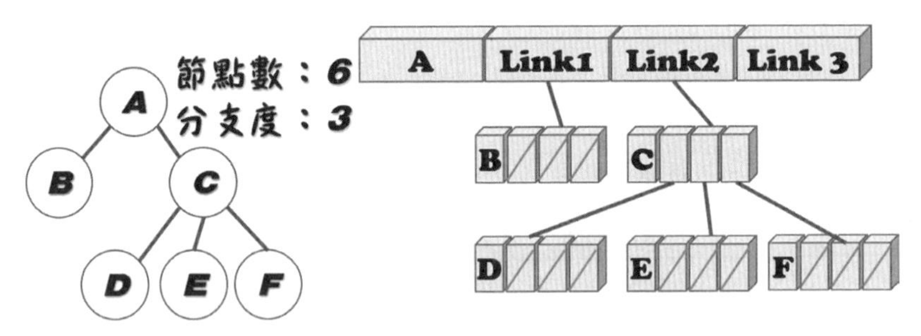

圖7-6　以鏈結串列儲存樹形成空間浪費

7.2 二元樹

樹依據分支度的不同可以有多種形式，而資料結構中使用最廣泛的樹狀結構就是「二元樹」（Binary Tree）。所謂的二元樹是指樹中的每個「節點」（Nodes）最多只能擁有2個子節點，即分支度小於或等於2。二元樹的定義如下：

二元樹的節點個數是一個有限集合，或是沒有節點的空集合
二元樹的節點可以分成兩個沒有交集的子樹，稱爲「左子樹」(Left Subtree)和「右子樹」(Right Subtree)
每個節點左子樹的讀序優於右子樹的順序

7.2.1 認識二元樹

二元樹（又稱Knuth樹），它由一個樹根及左右兩個子樹所組成，因爲左、右有次序之分，也稱爲「有序樹」（Ordered Tree）。簡單的說，二元樹最多只能有左、右兩個子節點，就是分支度小於或等於2，其資料結構可參考圖7-7。

左鏈結欄	資料欄	右鏈結欄

圖7-7　二元樹的資料結構

繼續觀察圖7-7，「左鏈結欄」及「右鏈結欄」會分別指向左邊子樹和右邊子樹的指標，而「資料欄」這個欄位乃是存放該節點（Node）的基本資料。以上述宣告而言，此節點所存放的資料型態爲整數。至於二元樹和一般樹有何不同？歸納如下：

- 樹不可爲空集合，但是二元樹可以。
- 樹的分支度爲d≧0，但二元樹的節點分友度爲「0 ≦ d ≦2」。
- 樹的子樹間沒有次序關係，二元樹則有。

藉由圖7-8來實地了解一棵實際的二元樹。由根節點A開始，它包含了以B、C爲父節點的兩棵互斥的左子樹與右子樹。其中的左子樹和右子樹都有順序，不能任意顚倒。

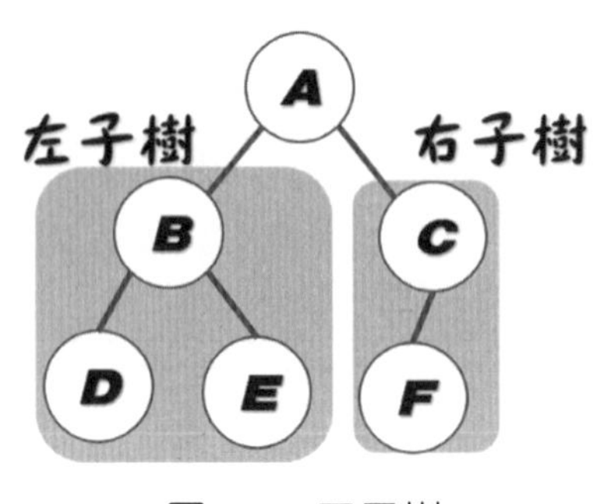

圖7-8　二元樹

一般來說，參考圖7-9下列五種形式皆是二元樹。

- 空二元樹。
- T2只有一個根節點。
- T3的根節點只有左子樹。
- T4的根節點只有右子樹。
- T5的根節點含有左、右子樹。

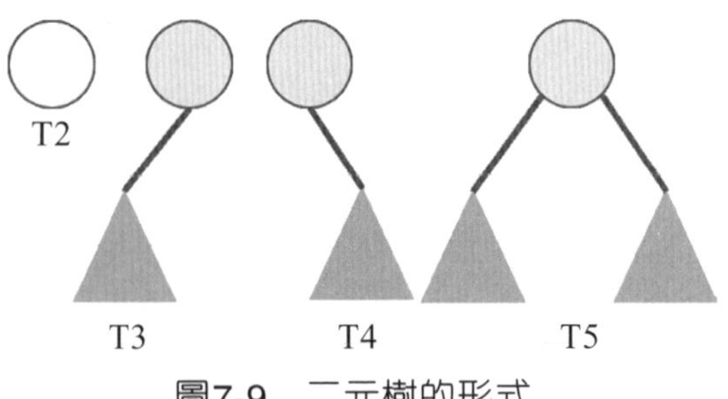

圖7-9　二元樹的形式

7.2.2 特殊二元樹

通常二元樹與階層、分支度和節點數皆習習相關；假設二元樹的第K階層中，最大節點數爲「2^{k-1}，k >= 1」；利用數學歸納法證明，步驟如下：

Step 1. 當階層「i = 1」時，「$2^{1-1} = 2^0 = 1$」，只有樹根一個節點。

Step 2. 假設階層為i，「i = j」，且「$0 \le j < k$」時，節點數最多為2^{j-1}。

Step 3. 因此得到「i = k – 1」，節點數為「2k – 2」。

Step 4. 由於二元樹中每一節點的分支度d為「$0 \le d \le 2$」；所以，階度k的節點數為$2 * 2^{k-2} = 2^{k-1}$個。

以一個簡例來解析階層和節點數的關係：當「k = 1」表示第1層只有一個節點A；而「k = 2」則第2層有兩個節點B和C，依此類推。

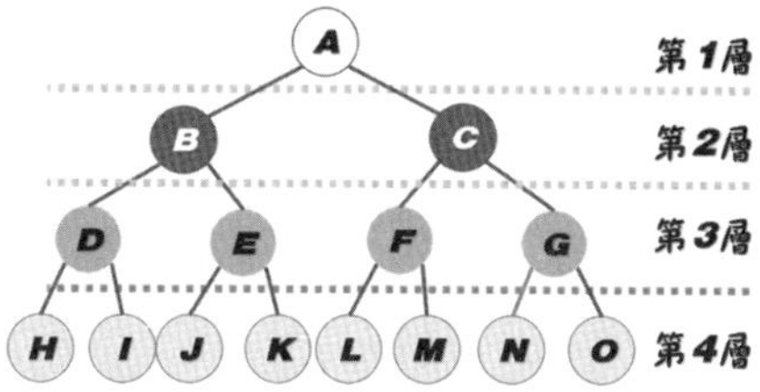

二元樹	第k階層	2^{k-1}
A 第1層	k = 1	$2^{k-1} = 2^0 = 1$
B C 第2層	k = 2	$2^{2-1} = 2^1 = 2$
D E F G 第3層	k = 3	$2^{3-1} = 2^2 = 4$
H I J K L M N O 第4層	k = 4	$2^{4-1} = 2^3 = 8$

假設二元樹的高度為h，最大節點數為「$2^h - 1$，h >= 1」，解析步驟如下：

Step 1. 當樹高h為1時，只有一個節點A。

Step 2. 樹高為「2」則最大節數則是A、B和C共3個，依此類推。

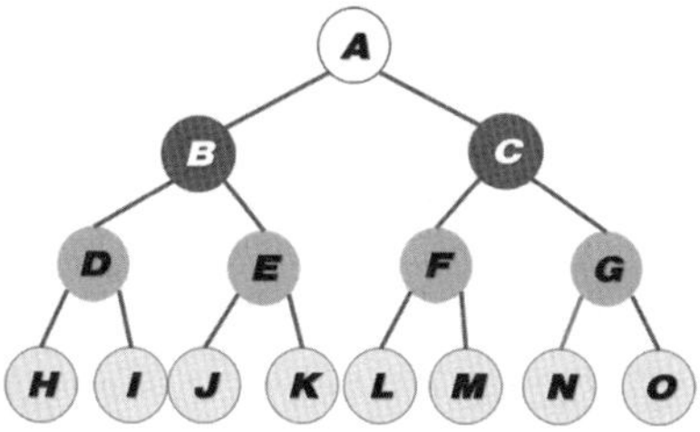

二元樹	高度h	2^k-1
A	h = 1	$2^1 - 1 = 1$
B C	h = 2	$2^2 - 1 = 3$
D E F G	h = 3	$2^3 - 1 = 7$
H I J K L M N O	h = 4	$2^4 - 1 = 15$

完滿二元樹

完滿二元樹（Full Binary Tree）是指分支節點都含有左、右子樹，而其樹葉節點都在位於相同階層中；其定義如下：

有一棵階層爲k的二元樹，$k \geq 0$的情形下，有2^k-1個節點

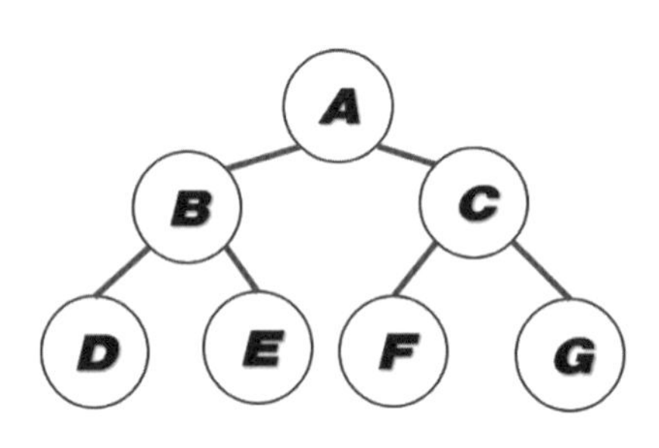

圖7-10　完滿二元樹

由圖7-10得知，其樹高爲「3」，此棵樹會有「$2^h - 1$」，節點數爲「$2^3 - 1 = 7$」。

完全二元樹

完全二元樹（Complete Binary Tree）是指除了最後一個階層外，其他各階層節點完全被塡滿，且最後一層節點全部靠左，其定義如下：

一棵二元樹的高度爲h，節點數爲n
所含節點數介於「$2^{h-1} < n < 2^h-1$」個
其節點編號順序和完滿二元樹一樣：從左到右，由上到下，一個接一個

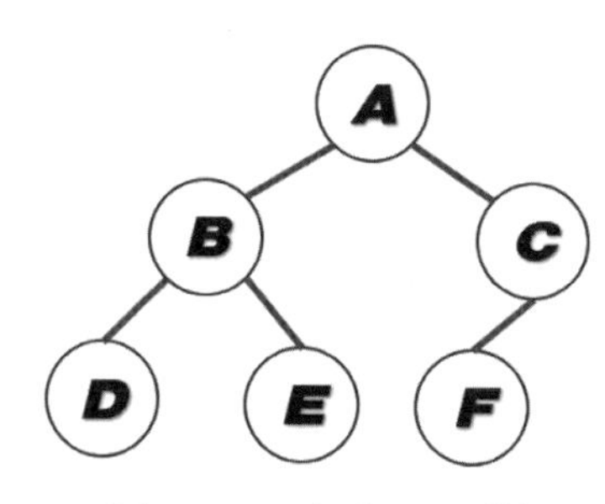

圖7-11　完全二元樹

將圖7-10的完滿二元樹和圖7-11對照，其節點A~F要完全相符，所以當二元樹的樹高為「3」，其節點數為「$2^2 - 1 < n < 2^3 - 1$」，也就是節點數至少為「6」。

嚴格二元樹

嚴格二元樹（Strictly Binary Tree）是指二元樹中的每一個非終端節點均有非空的左右子樹，如圖7-12所示：

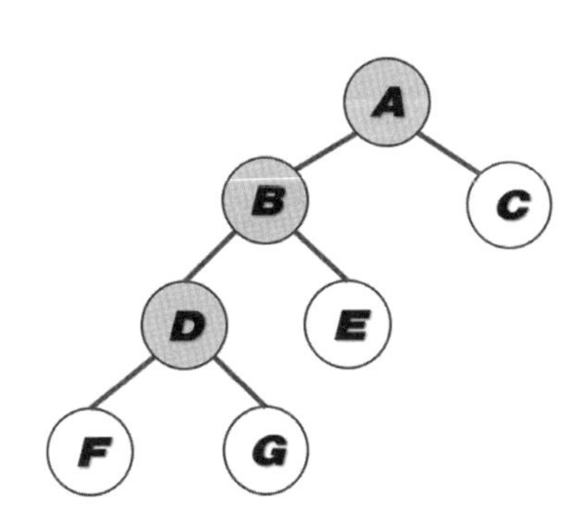

圖7-12　嚴格二元樹

由上述不同型式的二元樹得知：

完整二元樹並不一定是完滿二元樹；
但是，完滿二元樹則必定是完整二元樹

經由「嚴格二元樹」、「完滿二元樹」及「完全二元樹」的三種定義，可以歸納它們的關係如下：

「完滿二元樹」≧「完全二元樹」≧「嚴格二元樹」

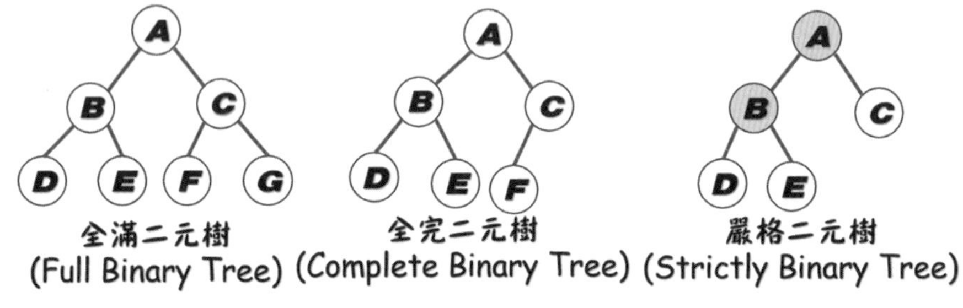

圖7-13　二元樹

歪斜樹

當一棵二元樹沒有右節點或左節點時，稱爲歪斜樹（Skewed Tree），可分成兩種：

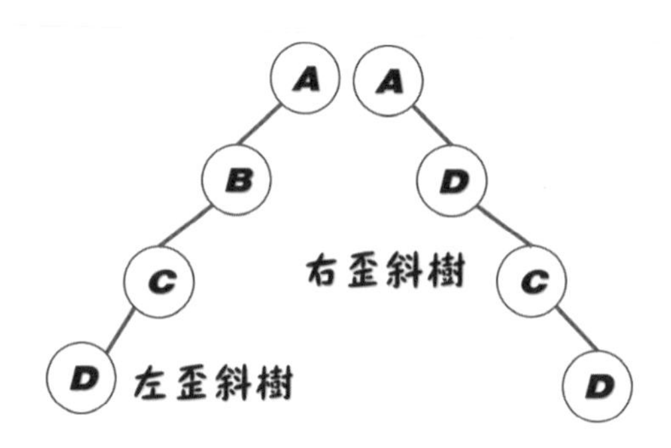

圖7-14　左歪斜和右歪斜樹

➤ 左歪斜（Left-skewed）二元樹位於圖7-14左側，它沒有右子樹。
➤ 右歪斜（Right-skewed）二元樹位於圖7-14右側，它沒有左子樹。

7.2.3 儲存二元樹

前文提及要處理樹狀結構，大多使用鏈結串列來處理，變更鏈結串列的指標即可。此外，陣列也能使用連續的記憶體空間來表達二元樹。那麼它們各有哪些利弊，一起來探討之。

一維陣列表示法

如果要使用一維陣列來儲存二元樹，首先將二元樹想像成一個完滿二元樹，而且第k個階層具有2^{k-1}個節點，並且依序存放在一維陣列中。首先來看看使用一維陣列建立二元樹的表示方法及索引值的配置。

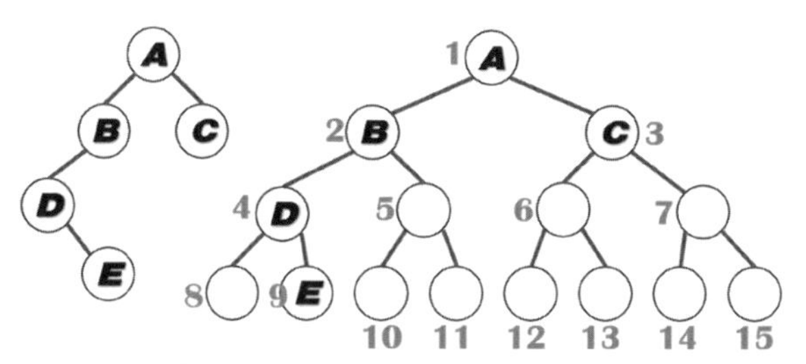

圖7-15　以完滿二元樹處理

Z圖7-15共有四個階層，依據其節點編號，如果以Python的List來表示一個完滿二元樹，第一種方式是把它們透過List以一維陣列表示，如圖7-16所示。

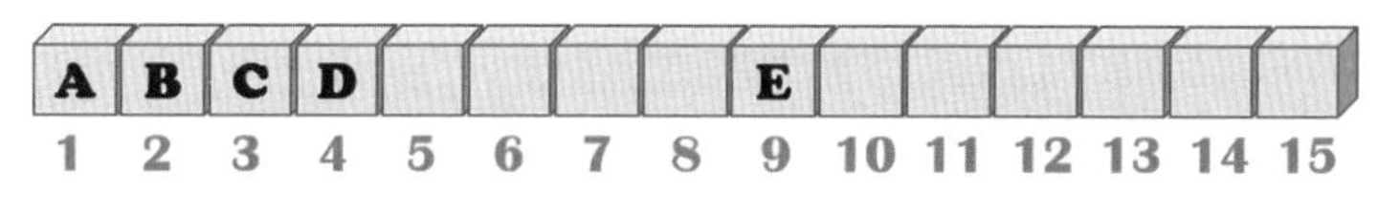

圖7-16　樹狀結構以Python的List表示

第二種方式就是利用多維陣列的作法，將圖7-15左側的二元樹轉化為Python的多維List；採用[根節點, [左子樹], [右子樹]]的作法，每個節點就是一維List，節點中無資料者就補上None。程式碼敘述如下：

```
btree = ['A', ['B'], ['D', [None], ['E']], [None]],
        ['C', [None], [None]]]
```

如果此二元樹愈接近完滿二元樹，愈節省空間，如果是歪斜樹（Skewed Binary Tree）則最浪費空間。另外，樹的中間節點做插入與刪除時，可能要大量移動來反應節點的變動。

將圖7-17的二元樹利用Python的List實作多維陣列。

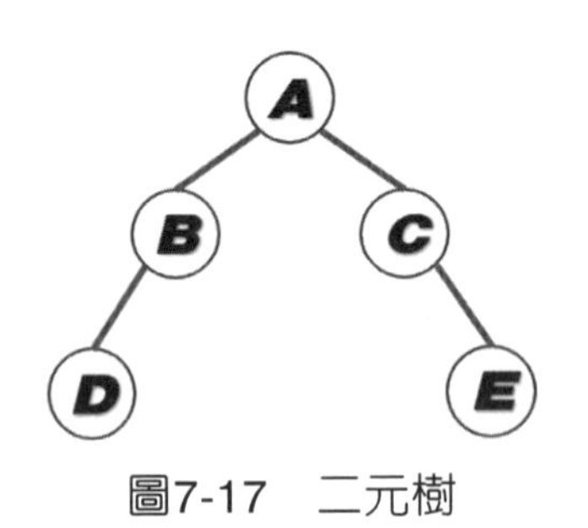

圖7-17　二元樹

範例「BT_List.py」 以多維List來產生二元樹

```
01 def bitTree(rt):
02     return [rt, [None], [None]]
03 def setRoot(rt, value):
04     rt[0] = value #設定根節點的值
05 def getRoot(rt):
06     return rt[0] #回傳根節點的值
```

```
07 def leftChild(rt):
08     return rt[1] #回傳左子樹的值
09 def rightChild(rt):
10     return rt[2] #回傳右子樹的值
11
12 def insertLeft(rt, item):
13     tmp = rt.pop(1)
14     #判斷tmp的長度是否大於1
15     if len(tmp) > 1:   #依據指定位置插入項目
16         rt.insert(1, [item, tmp, [None]])
17     else:
18         rt.insert(1, [item, [None], [None]])
19     return rt
20 //省略部分程式碼
```

```
21 bt = bitTree('A')
22 insertLeft(bt, 'D')
23 insertLeft(bt, 'B')
24 insertRight(bt, 'F')
25 insertRight(bt, 'C')
26 left = leftChild(bt)
27 right = rightChild(bt)
28 tree = getRoot(bt)
29 print(bt)
```


程式說明

◈ 第1~2行：先定義第一個方法bitTree()，傳入根節點的值，並把左、右子樹設為None。

◈ 第12~19行：定義方法insertLeft()來插入左子樹的節點，此處呼叫List物件的方法insert()，依據指定位置來取得傳入的參數值。

◈ 第21~29行：先呼叫方法bitTree()來傳入根節點的值，再呼叫方法insertLeft()、insertRight()取得節點值，再以方法leftChild()、rightChild()產生左、右子樹。

◈ 第29行：輸出['A', ['B', ['D', [None], [None]], [None]], ['C', ['F', [None], [None]], [None]]]。

鏈結串列表示法

所謂二元樹的串列表示法，就是利用鏈結串列來儲存二元樹，使用鏈結串列來表示二元樹的好處是對於節點的增加與刪除相當容易，缺點是很難找到父節點，除非在每一節點多增加一個父欄位。如圖7-18所示：

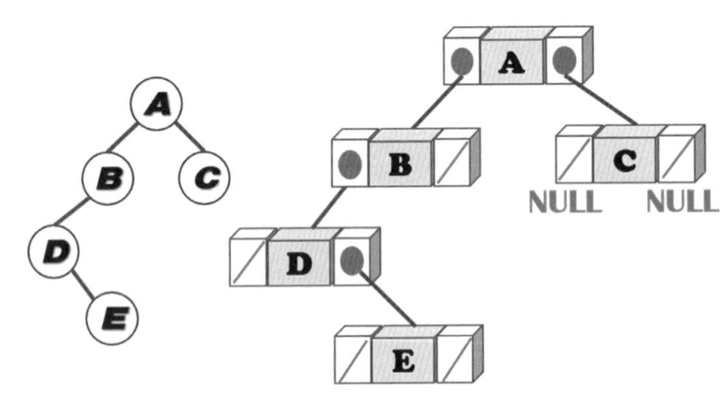

圖7-18　樹狀結構以鏈結串列表示

範例「BT_Linked.py」 以鏈結串列實作二元樹

```
01 class bitTree():
02     def __init__(self, root):
03         self.left = None #left Node
04         self.right = None # right Node
```

```
05          self.root = root
06      def leftChild(self):
07          return self.left #回傳left node data
08      def rightChild(self):
09          return self.right #回傳right node data
10      def setRoot(self, data):
11          self.root = data #設定根節點新值
12      def getRoot(self):
13          return self.root #回傳根節點的值
14      def insertLeft(self, data):
15          #如果左子樹爲空樹，取得二元樹的新值
16          if self.left == None:
17              self.left = bitTree(data)
18          else:
19              bt = bitTree(data)
20              bt.left = self.left #將新節點的值設爲自己的左節點
21              self.left = bt
22      //省略部分程式碼
```

```
31 def show(bt):
32      if(bt != None):
33          show(bt.leftChild()) #遞迴呼叫
34          print(bt.getRoot(), end = ' ')
35          show(bt.rightChild())
36 bt = bitTree('A') #產生二元樹物件
37 bt.insertLeft('D')
38 bt.insertLeft('B')
```

```
39 bt.insertRight('E')
40 bt.insertRight('C')
41 show(bt) #輸出節點D B A C E
```

程式說明

- 第2~5行：初始化二元樹物件bt，先設左、右欲鏈結的指標為None，取得根節點的值。
- 第6~9行：定義方法leftChild()、rightChild()來回傳左、右節點的值。
- 第14~21行：從左子樹插入節點，左子樹不是空節點的情形下，將新節點插入的值存放於左子樹。

7.3 走訪二元樹

走訪二元樹（Binary Tree Traversal）最簡單的說法就是「從根節點出發，依照某種順序拜訪樹中所有節點，每個節點只拜訪一次」；走訪後，將樹中的資料轉化為線性關係。其實二元樹的走訪，並非像線性資料結構般單純，就以下一個簡單的二元樹節點而言，每個節點都可區分為左右兩個分支：所以，有ABC、ACB、BAC、BCA、CAB、CBA等6種走訪方法。

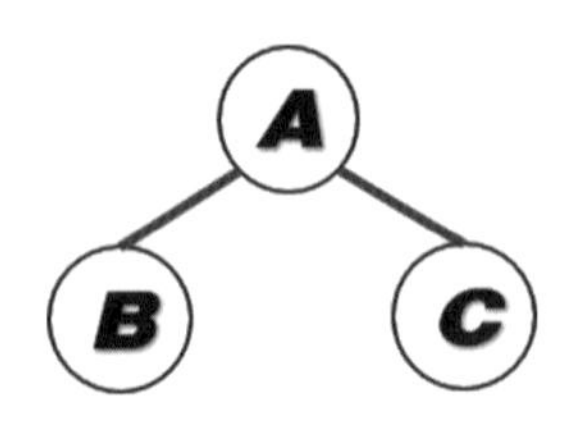

如果是依照二元樹特性，一律由左向右，那會只剩下三種走訪方式，分別是BAC、ABC、BCA三種。把這三種方式的命名與規則列示如下：

前序走訪(ABC)：樹根→左子樹→右子樹
中序走訪(BAC)：左子樹→樹根→右子樹
後序走訪(BCA)：左子樹→右子樹→樹根

對於這三種走訪方式，各位讀者只需要記得樹根的位置就不會前中後序給搞混。也就是說，將整棵二元樹的資料讀取與走訪過程爲一種遞迴之過程。

7.3.1 中序走訪

中序走訪順序：「左子樹→樹根→右子樹」。

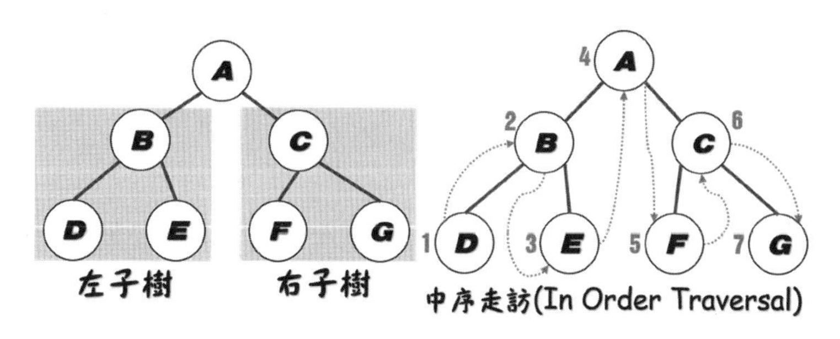

圖7-19　二元樹的中序走訪

就是沿著樹的左子樹一直往下，直到無法前進後退回父節點，再往右子樹一直往下。如果右子樹也走完了就退回上層的左節點，再重覆左、中、右的順序走訪。其走訪的節點可參考圖7-19，中序走訪節點順序爲「DBEAFCG」。二元樹的中序走訪，其相關程式碼如下：

```
#參考範例「Traversal.py」
def inOrder(root):
    if root:
        inOrder(root.left)
        print(root.item, end = '-> ')
        inOrder(root.right)
```

```
root = Node('A')
root.left = Node('B')
root.right = Node('C')
root.left.left = Node('D')
root.left.right = Node('E')
root.right.left = Node('F')
root.right.riegh = Node('G')
inOrder(root) #中序走訪會依據圖7-19的方式
```

◈ 定義方法inOrder()，以根節點root爲參數；判斷是否有根節點？如果根節點，依照中序走訪的方式從左子樹開始，再走訪右子樹。

7.3.2 前序走訪

前序走訪的順序爲：「樹根→左子樹→右子樹」。

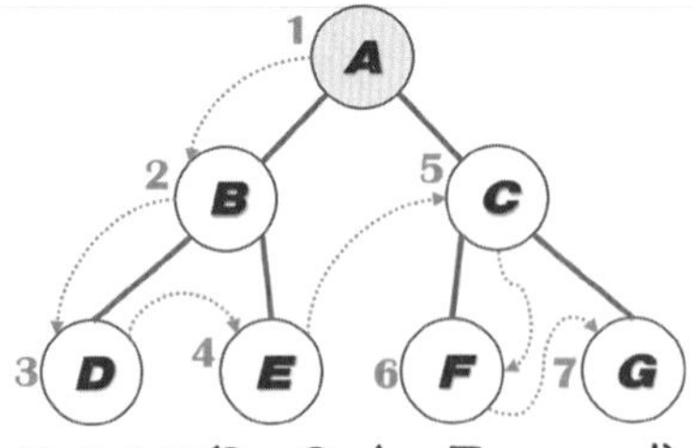

圖7-20　二元樹的前序走訪

前序走訪就是從根節點開始處理，根節點處理完往左子樹走，直到無法前進再處理右子樹；其走訪的節點可參考圖7-20，前序走訪節點順序爲「ABDECFG」。二元樹的前序走訪，其相關程式碼如下：

```
#參考範例「Traversal.py」
def preOrder(root):
    if root:
        print(root.item, end = '-> ')
        preOrder(root.left)
        preOrder(root.right)
preOrder(root)      #前序走訪會依據圖7-20方式
```

◈ 定義方法preOrder()，以根節點root爲參數；判斷是否有根節點？如果根節點，依照前序走訪的方式從左子樹開始，再走訪右子樹。

7.3.3 後序走訪

後序走訪的順序爲：「左子樹→右子樹→樹根」。

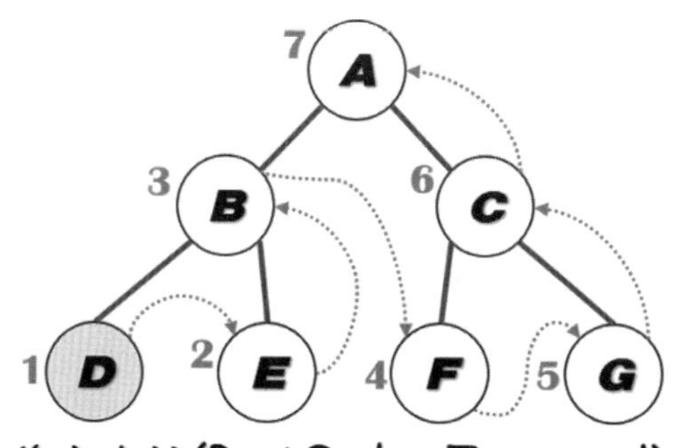

圖7-21　二元樹的後序走訪

後序走訪和前序走訪的方法相反，它是把左子樹的節點和右子樹的節點都處理完了才處理樹根。其走訪的節點可參考圖7-21，後序走訪節點順序為「DEBFGCA」。二元樹的後序走訪，其相關程式碼如下：

```
#參考範例「Traversal.py」
def postOrder(root):
    if root:
        postOrder(root.left)
        postOrder(root.right)
        print(root.item, end = '-> ')
```

7.3.4 二元運算樹

對於一般的數學算術式而言，各位也可以轉換成二元運算樹的方式，轉換規則如下：

- 考慮運算子的優先權與結合性，再適當的加以括號。
- 由內層的括號逐次向外，且運算子當樹根，左邊運算元當左子樹，右邊運算元當右子樹。

例如：將下述運算式轉換為二元運算樹，它的作法很簡單，首先請將此運算式加上括號，再依照以上的兩點規則逐次展開。

```
A / B * C + D * E - A * C  → ((A/B*C) + ((D*E)) - (A*C)))
```

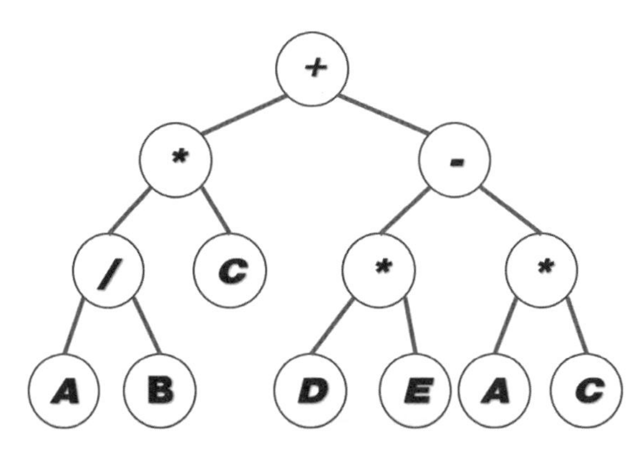

圖7-22　二元運算樹

中序表示法(Infix)：(A/B*C)+((D*E))-(A*C))
前序表示法(Prefix)：-*/ABC-*DE*AC
後序表示法(Postfix)：AB/C*DE*AC*-+

將原有的中序轉成後序時，它的好處是：

- 表示法轉換時不需要處理運算子的先後順序問題。
- 利用「堆疊」做計算即可。

如何以後序表示法來處理？

Step 1. 由字串開始讀取，「ABC+…」。

Step 2. 遇到運算元就放入堆疊中，遇到運算子就做計算。

Step 3. 重複前兩項步驟，直到字串讀取完畢。

假設 A = 16, B = 4, C = 2, D = 8, E = 10
中序表示法：(16/4*2)+((8*10))-(16*2))
後序表示法：16 4 / 2 * 8 10 * 16 2 * - +

CHAPTER 7

使用後序表示法的步驟如下：

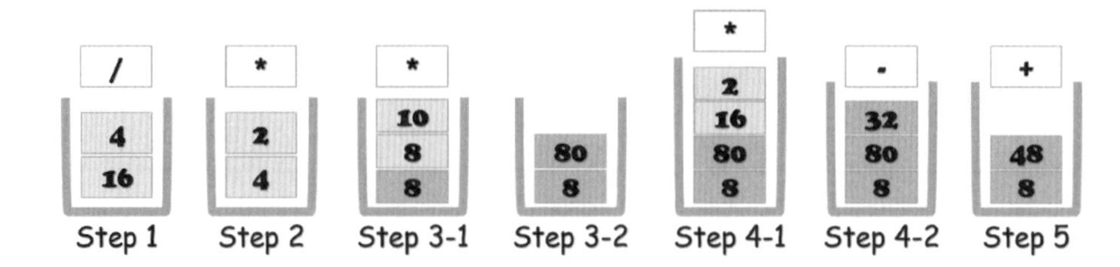

Step 1. 將數值16和4放入堆疊中，遇到運算子「/」就將兩個運算元以pop方式彈出來做運算，再將結果「4」存回堆疊中。

Step 2. 遇到運算子「*」和運算元「2」，同樣把數值4彈出來運算再存回結果於堆疊。

Step 3. 將數值8和10放入堆疊，遇到運算子「*」就將運算元8和10做運算，其結果存回堆疊。

Step 4. 將數值16和2放入堆疊，遇到運算子「*」就將運算元16和2做運算，其結果存回堆疊，碰到運算子「-」，將數值80和32相減。

Step 5. 最後碰到運算子「+」，彈出運算元並把它們相加再存回堆疊。

動動腦！二元樹的走訪練習

本節中我們將提供多二元樹的不同範例，來讓各位進行中序、前序與後序走訪的練習。請把握以下走訪的三個原則：

- 中序走訪（BAC）：左子樹→樹根→右子樹
- 前序走訪（ABC）：樹根→左子樹→右子樹
- 後序走訪（BCA）：左子樹→右子樹→樹根

《**Q1**》請利用後序走訪將下圖二元樹的走訪結果依節點的值列示出來。

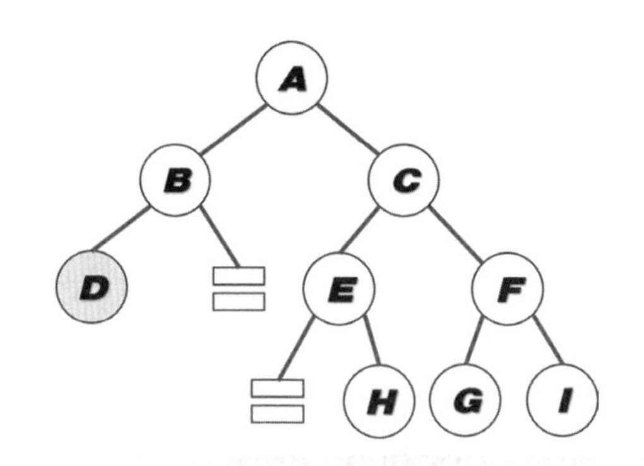

解答：把握左子樹 →右子樹 →樹根的原則，可得DBHEGIFCA。

《**Q2**》請問下列二元樹的中序、前序及後序走訪的結果爲何？

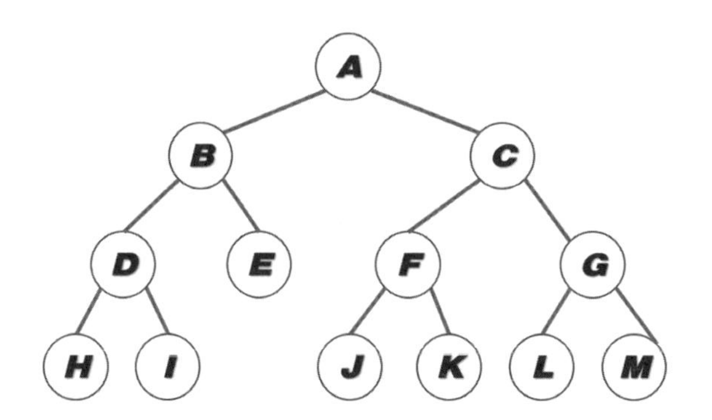

解答：前序：ABDHIECFJKGLM

中序：HDIBEAJFKCLGM

後序：HIDEBJKFLMGCA

《**Q3**》一棵樹表示成A(B(CD)E(F(G)H(I(JK)L(MNO))))，請畫出結構與後序與前序走訪的結果。

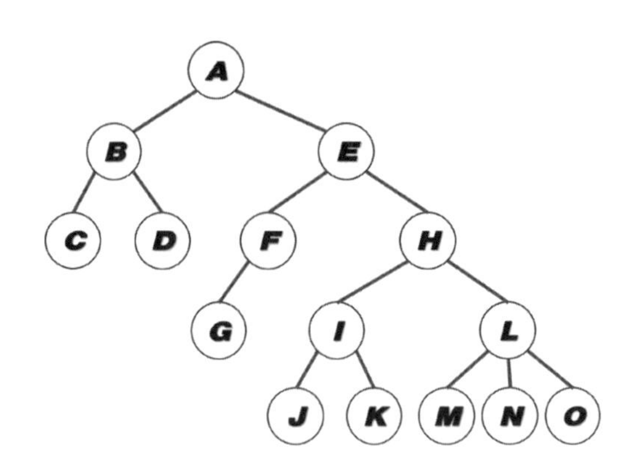

解答：後序走訪：CDBGFJKIMNOLHEA

前序走訪：ABCDEFGHIJKLMNO

《Q4》請問以下二元運算樹的中序、後序與前序表示法爲何？

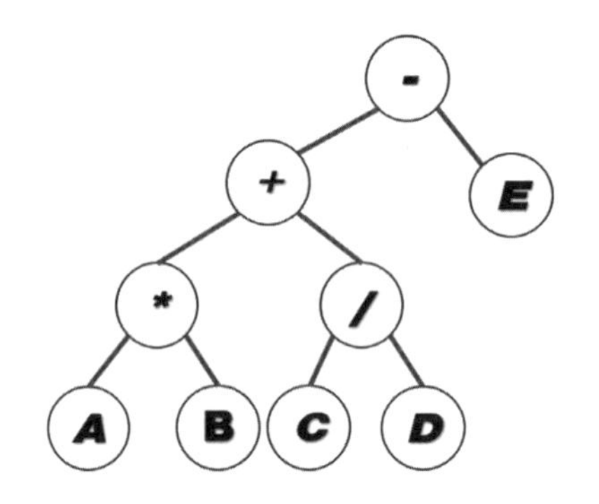

解答：前序：-+*AB/CDE

中序：A*B+C/D-E

後序：AB*CD/+E-

《Q5》寫出下列算術式的二元運算樹與後序表示法。

```
(a+b) * d + e/(f+a*d) + c
```

解答：

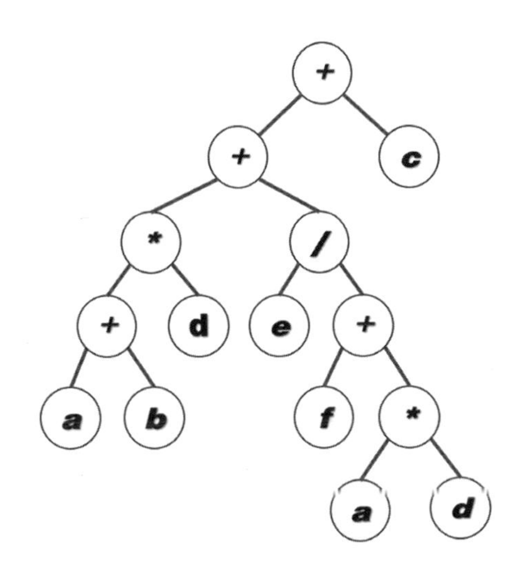

《Q6》求下圖樹林的中序、前序與後序走訪結果。

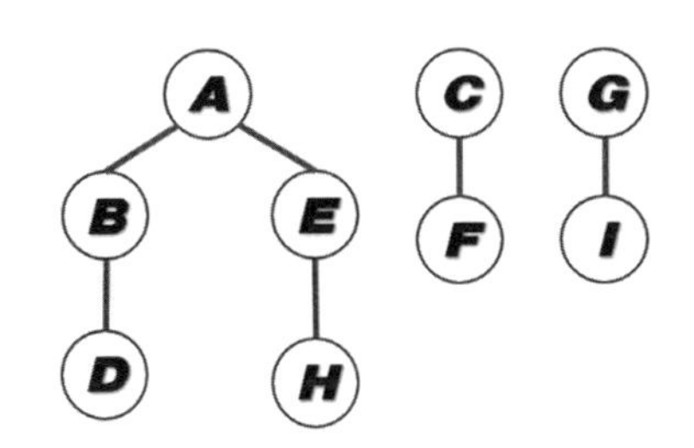

解答：中序走訪：DBHEAFCIG

前序走訪：ABDEHCFGI

後序走訪：DHEBFIGCA

7.4 二元搜尋樹

「二元搜尋樹」（Binary Search Tree，簡稱BST）本身就是二元樹，每一節點都會儲存一個值，或者稱爲「鍵值」。既然稱爲二元搜尋樹，表示它支援搜尋；如何定義二元搜尋樹，一同來學習之。

7.4.1 認識二元搜尋樹

二元搜尋樹T是一棵二元樹；可能是空集合或者一個節點包含一個值，稱爲鍵值，且滿足以下條件：

整棵二元樹中的每一個節點都擁有不同值 T的每一個節點的鍵值大於左子節點的鍵值 T的每一個節點的鍵值小於右子節點的鍵值 T的左、右子樹也是一個二元搜尋樹

以圖7-23來說，T1是一棵二元搜尋樹，而T2的節點「34」違反規則，其鍵值比節點「25」大，所以它不是BST。

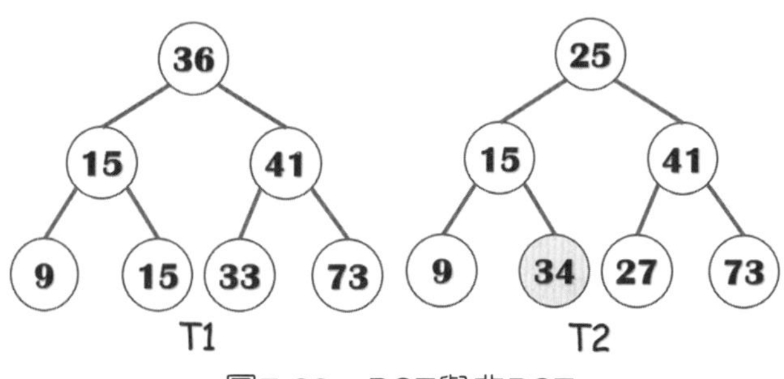

圖7-23　BST與非BST

如果我們打算將一組將資料31、28、16、40、55、66、14、38依照排序順序建立一棵二元搜尋樹。輸入的資料相同但是順序不同就會出現不同的搜尋樹。請看底下的詳細建立規則：

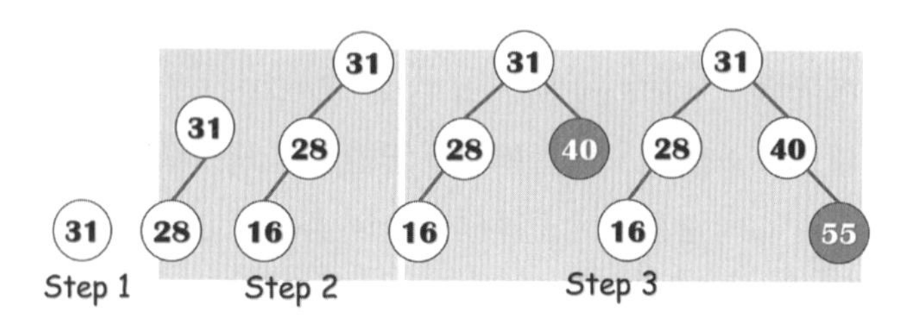

Step 1. 先設根節點31爲其鍵值。

Step 2. 數值28比根節點小，所以設爲左子節點，數值16比28小，設爲左子樹28的左子節點。

Step 3. 數值40比根節點大，就設爲右子節點；數值55比右子樹的40大，設成右子樹的右節點。

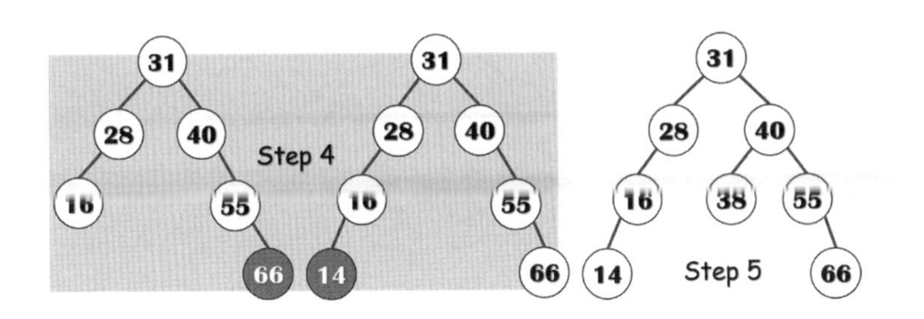

Step 4. 數值66設爲節點55的右子節點，數值14設爲節點16的左子節點。

Step 5. 最後，數值35設爲節點40的左子節點。

《**Q1**》請依照「7, 4, 1, 5, 13, 8, 11, 12, 15, 9, 2」順序，建立的二元搜尋樹。

解答：

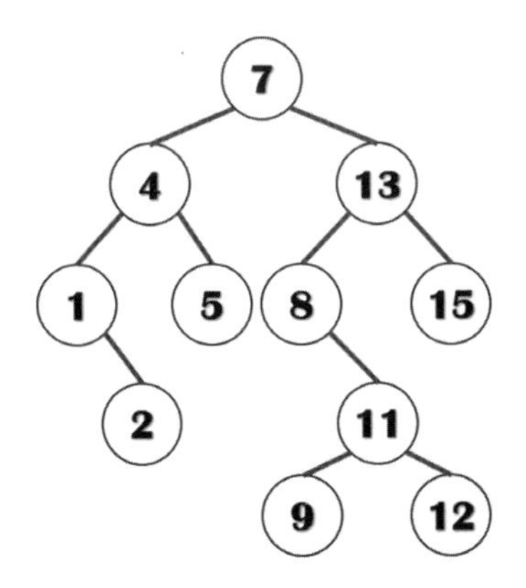

7.4.2 產生二元搜尋樹

輸入一連串的數字再把它轉換爲二元搜尋樹的作法有了初步體驗之後，透過下述範例並配合鏈結串列，以插入節點方式來建立一棵二元搜尋樹：輸入的值「60, 25, 93, 34, 18, 78」。

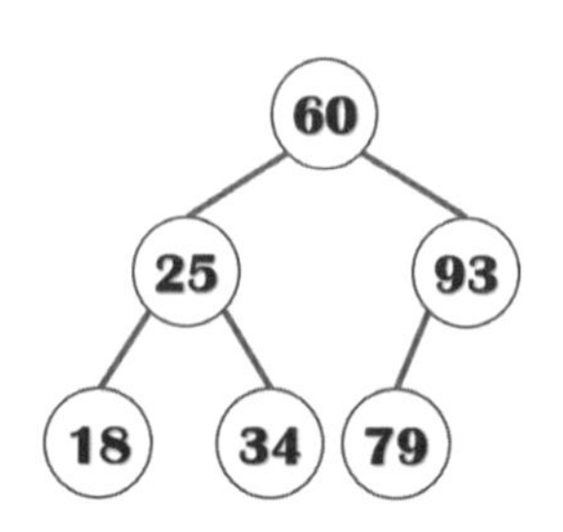

範例「SearchTree.py」 二元搜尋樹插入新節點

```
01 class bsTree: #建立二元搜尋樹的類別
02     def __init__(self): #設根節點爲None
03         self.root = None
04
05     def insert(self, value):
06         if self.root is None:
07             self.root = Node(value)
08         else:
09             self.addTo(value, self.root)
10
11     def addTo(self, value, current):
12         if value < current.value:
13             # 小於目前節點就設爲左子節點
14             if current.left is None:
```

```
15                current.left = Node(value)
16                current.left.parent = current
17            else:
18                self.addTo(value, current.left)
19        # 大於目前節點的值就設成右子節點
20        elif value > current.value:
21            if current.right is None:
22                current.right = Node(value)
23                current.right.parent = current
24            else:
25                self.addTo(value, current.right)
26        else:
27            print('樹中已有此值')
28
29    def show(self):
30        # 輸出節點 - 確認有根節點
31        if self.root is not None:
32            self.showTree(self.root)
33    def showTree(self, current):
34        #目前節點非空節點，分別輸出左、右節點的值
35        if current is not None:
36            self.showTree(current.left)
37            print(str(current.value), end = ' ')
38            self.showTree(current.right)
```

```
41 bst = bsTree() #產生二元樹物件
42 bst.insert(60) #插入新節點為根節點
43 bst.insert(25) #左子節點
```

```
44 bst.insert(93) #左子節點
45 bst.insert(34) #左子節點
46 bst.insert(18) #右子節點
47 bst.insert(79) #右子節點
48 bst.show() #輸出節點18 25 34 60 78 93
```

程式說明

- ◈ 第5~9行：定義方法insert()，插入新節點前先確認根節點是否存在；如果有根節點才會進一步呼叫addTo()方法。
- ◈ 第11~27行：定義方法addTo()，利用if/elif/else敘述將欲插入的新節點和目前節點做比較；再以遞迴方式呼叫本身所定義的方法。若小於目前節點就設爲左子節點，如果大於目前節點就設爲右子節點。
- ◈ 第29~38行：定義方法show()來輸出節點；確認根節點存在之後，再呼叫showTree()方法做實際的輸出動作。

7.4.3 二元搜尋樹的搜尋

要找出二元搜尋樹的某個鍵值十分簡單，依據下述原則走訪二元樹，就可找到打算搜尋的值。

左子樹鍵值 ≦ 父節點鍵值 ≦ 右子樹鍵值

因爲右子節點的鍵值一定大於左子節鍵值，所以只需從根節點開始做比較，就能知道其欲搜尋鍵值是位在右子樹或左子樹。例如找出範例「SearchTree.py」BST的鍵值「18」。

Step 1. 從根節點60開始做比較，18比根節點小，往左子樹方向。

Step 2. 由於比父節點25小，所以再與左子樹的左子節點做比對，鍵值相同就找到了。

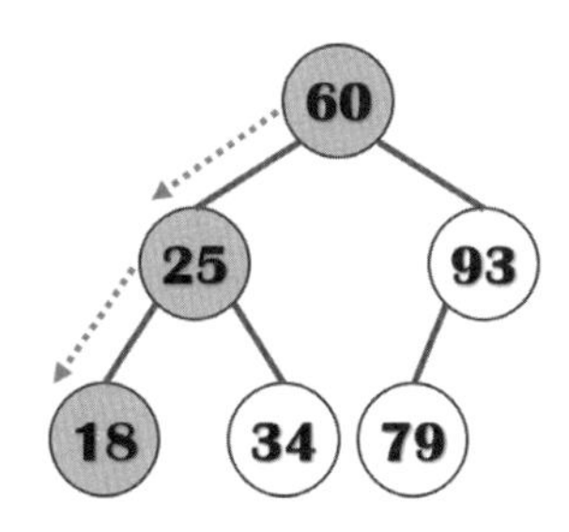

Step 3. 如果欲搜尋的值比根節點「60」要大，就往右子樹查找，直到找不到爲止。

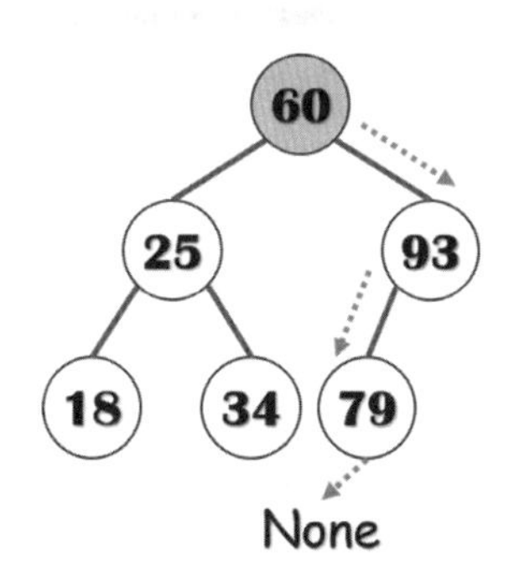

範例「SearchTree.py」（續） BST的搜尋

```
01 class bsTree:
02     # 續前一個範例的程式碼
03     def search(self, value):
04         if self.root is not None:
05         return self.searchTo(value, self.root)
06 
07     def searchTo(self, value, current):
08         if value == current.value:
09             return str('\n有節點 {}'.format(value))
10         elif value < current.value and current.left != None:
```

```
11            return self.searchTo(value, current.left)
12        elif value > current.value and current.right != None:
13            return self.searchTo(value, current.right)
14        return str('無此節點')
```

程式說明

◈ 第3~5行：定義方法search()，先確認欲搜尋的節點值已經存在，然後呼叫searchTo()方法做實際的走訪動作。

◈ 第7~14行：定義方法searchTo()，將欲搜尋的值value與走訪的節點current做比較；大於目前的節點就往右子節點方向，小於的話就走向左子節點做比較，找到的話就回傳True，沒有找到就回傳False。

7.4.4 刪除二元搜尋樹的節點

通常刪除BST的節點有三種做考量：

➢ 刪除葉節點，表示它沒有左、右節點可直接做刪除。例如圖7-24的葉節點「18」只要移除指標，就能直接刪除它。

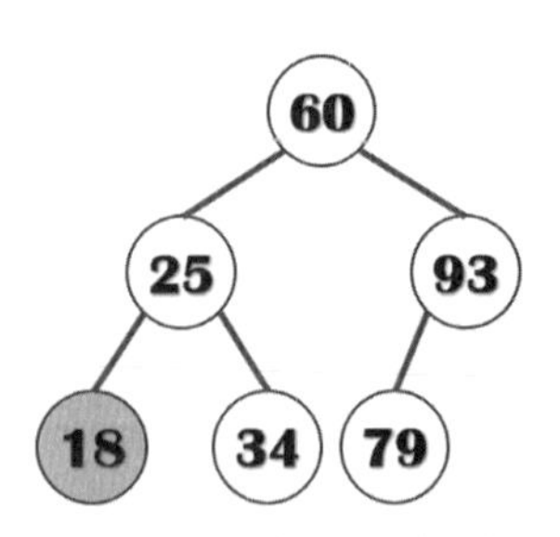

圖7-24 BST中直接刪除葉節點「18」

➢ 刪除的節點含有一個子節點：刪除此節點之後，要將後代節點取代成原有被刪除的節點。例如圖7-25的節點「93」含有一個子節點，所以當它被刪除後，其後代節點「79」比根節點的值大，所以取代了被刪除節點。

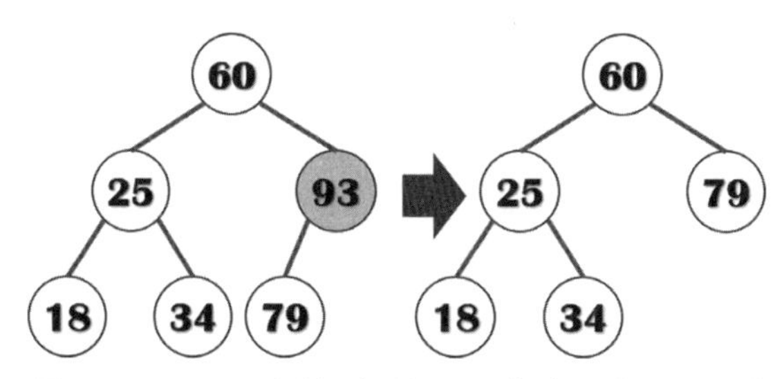

圖7-25　BST中節點「93」含有一個子節點

➢ 刪除的節點含有左、右兩個子節點會比較麻煩；它的作法：找出左子樹最大節點或右子樹最小節點，成爲「中序前繼者S」，再複製「中序前繼者」，與「若刪除節點者N」再相互交換位置，然後才刪除節點N。

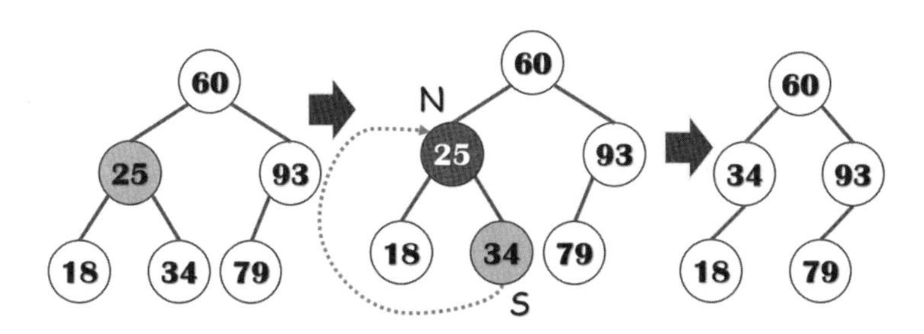

圖7-26　BST中節點「25」含有兩個子節點

範例「SearchTree.py」（續）刪除節點

```
01 class btTree:
02     # 繼續前範例程式
03     def remove(self, value):
04         return self.deleteTo(self.find(value))
05 
06     def deleteTo(self, Node):
07         def minimum(tmp):
```

```
08          current = tmp
09          while current.left != None:
10              current = current.left
11          return current
12      def childNum(tmp):
13          childNum = 0
14          if tmp.left != None: childNum += 1
15          if tmp.right != None: childNum += 1
16          return childNum
17      # 取得父節點並刪除，kid儲存子節點數
18      genitor = Node.parent
19      kid = childNum(Node)
20      if kid == 0:
21          # 自父節點移除節點的參考
22          if genitor.left == Node:
23              genitor.left = None
24          else:
25              genitor.right = None
26      clif kid == 1:
27          #左子節點不是空的情形下，取得左或右子節點
28          if Node.left != None:
29              child = Node.left
30          else:
31              child = Node.right
32          #將後代取代爲已刪除的子節點
33          if genitor.left == Node:
34              genitor.left = child
35          else:
36              genitor.right = child
```

```
37            child.parent = genitor
38        elif kid == 2:
39            successor = minimum(Node.right)
40            Node.value = successor.value
41            self.deleteTo(successor)
```

程式說明

- ◈ 第3~4行：定義remove()方法，呼叫方法deleteTo()執行實際的刪除動作，而刪除節點之前先呼叫find()來確認此節點是否存在。
- ◈ 第6~41行：定義方法deleteTo()中，再定義方法minimum()找出右子樹節點值最小，方法childNum()來回傳特殊節點的子節點數。
- ◈ 第20~25行：依據變數kid來處理欲刪除節點。情形一「kid = 0」，本身是樹葉節點，表示它無左、右無子節點，能直接刪除。
- ◈ 第26~37行：情形二「kid = 1」欲刪除節點含有一個子節點，表示它有後代節點；刪除此節點後，必須以保存的後代節點取代原有被刪除節點。
- ◈ 第38~41行：情形二「kid = 2」欲刪除節點含有左、右兩個子節點，須找出中序前繼者，這裡以變數successor來儲存，將欲刪除節點和中序前繼者先複製再互換，然後刪除此節點。

7.5 平衡樹

二元搜尋樹的缺點是無法永遠保持在最佳狀態。當輸入之資料部分已排序的情況下，極有可能產生歪斜樹，因而使樹的高度增加，導致搜尋效率降低。為了能夠儘量降低搜尋所需要的時間，讓我們在搜尋時能很快找到所要的鍵值，或者很快知道目前的樹中沒有所要的鍵值，則必須讓樹的高度越低越好。所以二元搜尋樹較不利於資料的經常變動（加入或刪除），相對地比較適合不會變動的資料，像是程式語言中的「保留字」等。

所謂平衡樹（Balanced Binary Tree）又稱之為AVL樹，它是由Adelson-Velskii和Y. M. Landis兩人所發明的，本身也是一棵二元搜尋樹，但是當資料加入或刪除時，先會檢查二元樹的高度是否「平衡」，如果不平衡就設法調整為平衡樹。適用於經常異動的動態資料，像編譯器（Compiler）裡的符號表（Symbol Table）等。

7.5.1 平衡樹的定義

由於AVL樹也是一棵二元搜尋樹。所以，要在二元平衡樹中加入或刪除節點做諸如此類的運算，其效率的好壞，往往與樹的高度有很大的關連性。因此，沒有適當的控制樹高，經過一段時間的插入與刪除等動態維護工作，會造成存取上效率的降低。

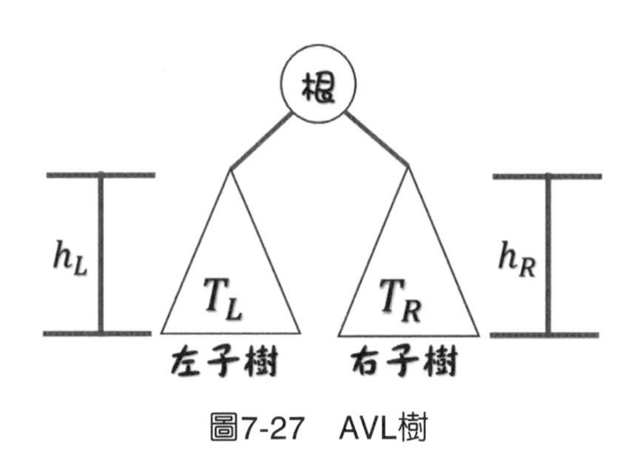

圖7-27　AVL樹

為了提高效率，AVL樹在每次插入和刪除資料後，必要時會對二元樹作一些高度的調整動作，讓二元搜尋樹的高度隨時維持平衡。以下說明平衡樹的正式定義：

T是一個非空的二元樹，左子樹T_L、右子樹T_R分別都是高度平衡樹

◈ $|h_L - h_R| \leq 1$，h_L及h_R分別為T_L與T_R的高度。

◈ AVL樹中，所有內部節點的左、右子樹的高度差，必須小於或等於1。

7.5.2 AVL的平衡系數

參考圖7-28先下結論：其中的T1爲平衡樹，而T2就不是平衡樹。說明原因之前，首先認識平衡樹中使用的專有名詞「平衡係數」（Balance Factor, BF）。要判斷一個節點的平衡係數，是指將該節點的左子樹高度減去右子樹高度，例如：

左子樹高度爲3，右子樹高度爲2，節點的平衡係數：3 - 2 = 1
左子樹高度爲3，右子樹高度爲3，節點的平衡係數：3 - 3 = 0
左子樹高度爲3，右子樹高度爲4，則這個節點的平衡係數爲3 - 4 = -1

這意味有內部節點的左右子樹的高度差，必須「≦ 1」以符合平衡樹的定義。任意節點的平衡係數只有三種情況會出現，即-1、0、1。也就是說，當如果找到樹中內部節點的平衡係數不是這三個數字，就可以推斷出該樹並非是一顆平衡樹。

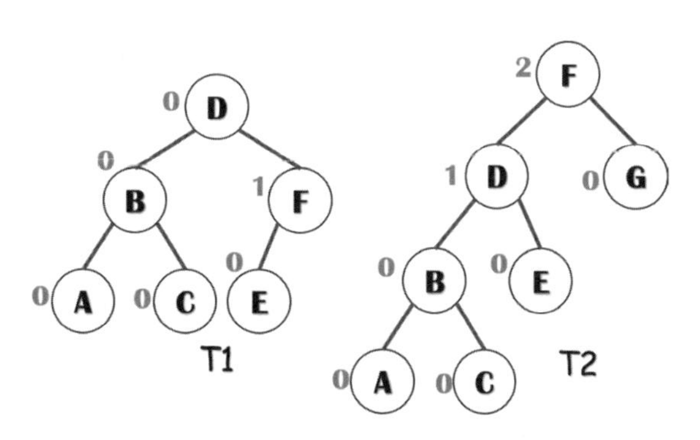

圖7-28　判斷AVL樹

位於圖7-28左側的T1，每個節點旁邊的數字爲該節點的平衡係數，如何取得？

Step 1. 由下往上，一開始節點A、C、D、E，無子節點，「BF = –1 – (–1) = 0」。

Step 2. 左子樹樹高減右子樹樹高的原則，所以節點B的平衡係數是「1 – 1 = 0」；節點F的平衡係數是「1 – 0 = 1」。

Step 3. 根節點D的平衡係數則是「2 – 2 = 0」（節點B、F的樹高爲2）。

我們得知T1所有節點的平衡係數均小於或等於1，所以T1是一棵平衡樹。那麼T2呢？就直接來看根節點F，它的平衡係數是「3 – 1 = 2」（左樹高3，右樹高1）而違反其中一個原則，其平衡係數非-1、0、1這三個數字，所以T2就不是一棵AVL樹。

7.5.3 調整為AVL樹

如何調整二元搜尋樹成爲一平衡樹？首先得先找出「不平衡點」，再依據AVL樹提供的LL型、LR型、RR型、RL型之四種，重新調整其左右子樹的長度。

- LL型：新加入節點C形成左子樹節點B的左子節點，造成關鍵節點A的平衡係數爲「2」而失去平衡。右旋調整，值小的節點C放在左子樹，節點B向上提，節點A以順時針方向旋轉，確保所有節點中左、右子樹的高度差小於或等於1。

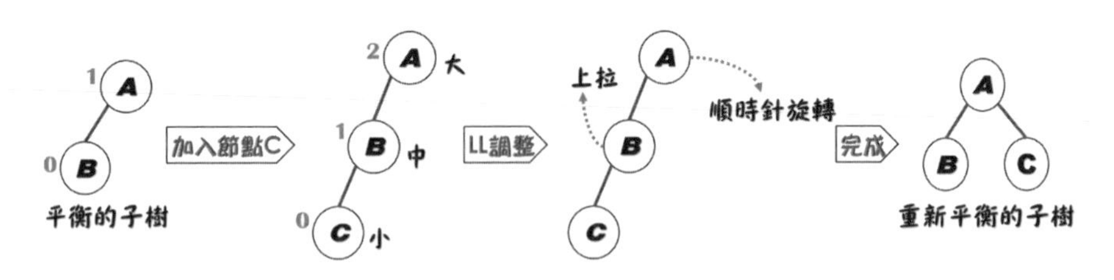

圖7-29　AVL樹LL型

- LR型：新加入節點C形成左子樹節點B的右子節點，造成關鍵節點A的平衡係數爲「2」而失去平衡。先左旋再右轉的雙旋轉調整，節點C、B

先以左旋互換位置後。再做右轉，節點C向上提成爲父節點，值小的節點B成了左子樹，值大的節點A向下右旋成右子樹。

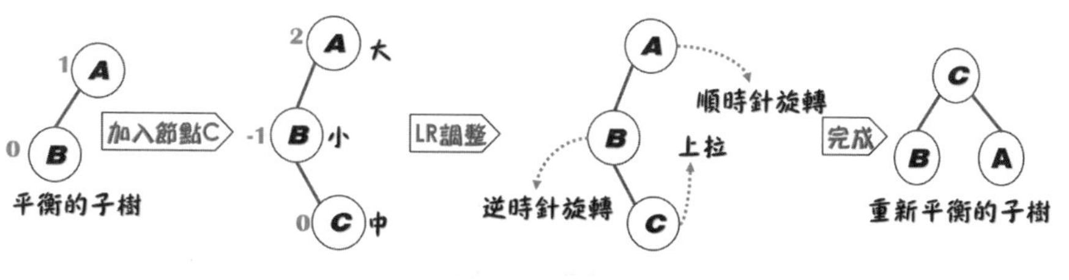

圖7-30　AVL樹LR型

➢ RR型：新加入節點C形成右子樹節點B的右子節點，造成關鍵節點A的平衡係數爲「-2」而失去平衡。左旋調整，將節點B向上提，值小的節點A逆時針方向旋轉後放在左子樹，值大的節點C放在右子樹，確保所有節點中左、右子樹的高度差小於或等於1。

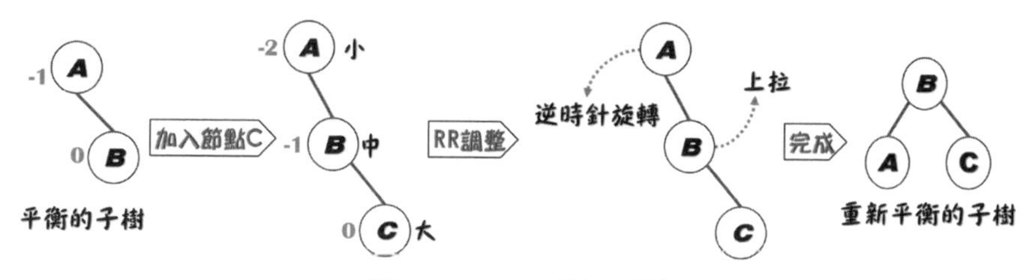

圖7-31　AVL樹RR型

➢ RL型：新加入節點C形成右子樹節點B的右子節點，造成節點A的平衡係數爲「-2」而失去平衡。調整時，節點C向上提，值小的節點A放在左子樹，值大的節點B放在右子樹，確保所有節點中左、右子樹的高度差小於或等於1。先右旋再左轉的雙旋轉調整。節點B、C先以右旋互換位置後。再做左轉。節點C向上提成爲父節點，值小的節點A向下左旋成爲左子樹，值大的節點B成右子樹。

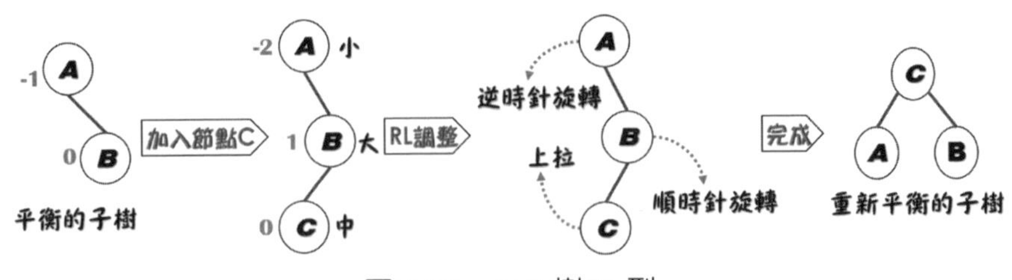

圖7-32　AVL樹RL型

例一：實作一個BST範例，加入鍵值「98」後，試繪出其圖形。

Step 1. BST圖形。

Step 2. 加入節點98，造成關鍵節點65 BF為–2，形成RR不平衡。

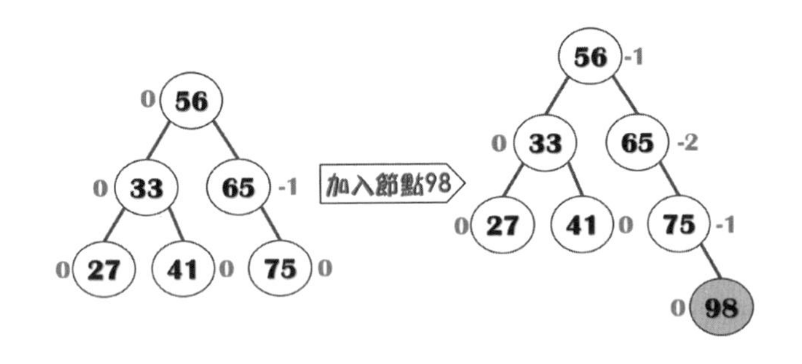

Step 3. 使用左旋調，節點75向上提成為父節點，節點65向下左旋，成為節點65的左子節點。

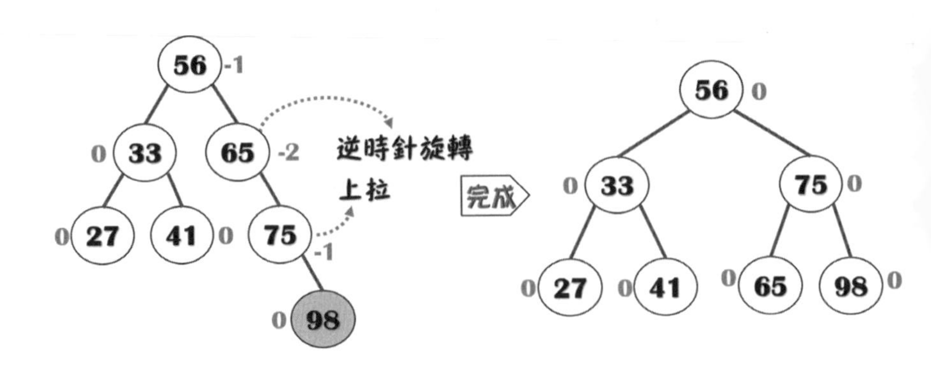

範例「avlTree.py」AVL樹

```
01class AVLTree:
02    def insert(self, data):
03       node = Node(data, 0, None, None)
04       [self.root, taller] = self.insertAVLTo(
05             self.root, node)
06    def insertAVLTo(self, base, node):
07       if base == None:
08          base = node
09          base.balance = 0
10          taller = True
11       elif node.data < base.data:
12          [base.left, taller] = self.insertAVLTo(
13                base.left, node)
14          if taller:
15             if base.balance == 0 :
16                base.balance = -1
17             elif base.balance == 1:
18                base.balance = 0
19                taller = False
20             else:
21                base = self.rightLeftRotate(base)
22                taller = False
23       else:
24          [base.right, taller] = self.insertAVLTo(
25                base.right, node)
26          if taller:
```

```
27            if base.balance == -1:
28               base.balance = 0
29               taller = False
30            elif base.balance == 0 :
31               base.balance = 1
32            else:
33               base = self.rightLeftRotate(root)
34               taller = False
35      return [base, taller]
36   def rightRotate(self, pivot): #右旋轉
37      child = pivot.right
38      pivot.right = child.left
39      child.left = pivot
40      return child
```

程式說明

- 以鏈結串列來產生AVL樹：初始化時根節點爲None。
- 第2~5行：插入新節點時，insert()方法會呼叫insertAVLTree()方法。
- 第6~35行：定義方法insertAVLTree()若根節點是空的就由根節點加入資料，若有根節點，依據二元搜尋樹的規定，小於根節點就加到左子樹，大於根節點就變成右子樹的節點。
- 第36~40行：定義方法rightRotate()，依據調整AVL樹的型別，向右旋轉做調整。

課後習作

一、填充題

1. 請依下圖樹的結構，填入相關名詞：根節點________，父節點________，節點B的子節點有________，節點D、E、F是________，節點F、G是________，節點H的祖先是________，節點A的子孫是________。

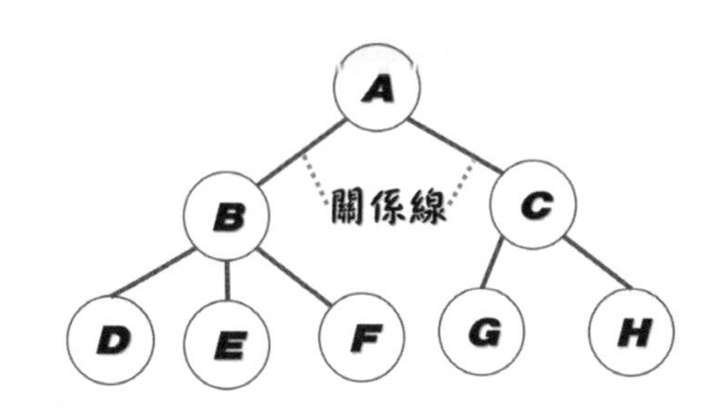

2. 對於樹（tree）的描述何者不正確？________
   (1)一個節點；(2)環狀串列；(3)一個沒有迴路的連通圖（connected graph）；(4)一個邊數比點數少1的連通圖。
3. 一棵二元樹，又稱________樹，它最多只能有左、右________個節點。
4. 一棵二元樹，分支節點都含有左、右子樹，稱為________，當二元樹沒有左節點或右節點，稱為________。
5. 關於二元搜尋樹（binary search tree）的敘述，何者為非？________
   (1)二元搜尋樹是一棵完整二元樹（complete binary tree）
   (2)可以是歪斜樹（skewed binary tree）
   (3)一節點最多只有兩個子節點（child node）
   (4)一節點的左子節點的鍵值不會大於右節點的鍵值。
6. 填寫二元樹和一般樹的不同：(1)樹不可為________，但是二元樹可以；(2)樹的分支度為$d \geqq 0$，但二元樹的節點分支度為＿＿＿＿＿＿；(3)樹的子樹間＿＿＿＿＿＿，二元樹則有。

7. 二元搜尋樹刪除節點時，有三種考量：(1)＿＿＿＿＿＿直接刪除；(2)刪除的節點含有＿＿＿＿＿＿；(3)刪除的節點含有＿＿＿＿＿＿。

二、實作與問答

1. 下圖是否為合法的樹狀結構？試說明之。

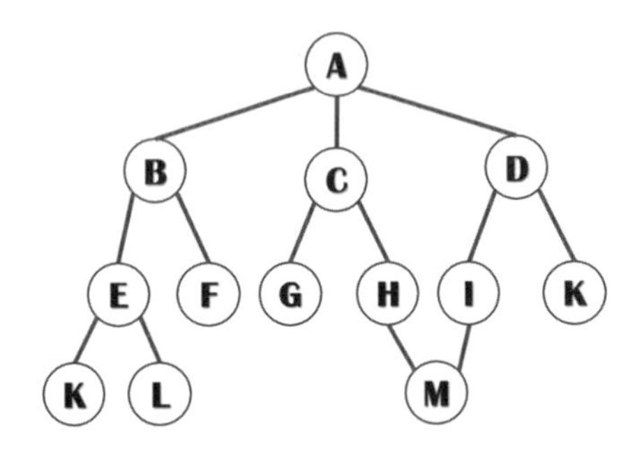

2. 將數列繪製成二元搜尋樹並找出最小值並。

```
63, 24, 90, 37, 12, 84, 41, 29, 23, 103, 7, 71
```

3. 對於任何非空二元樹T，如果n_0為樹葉節點數，且分支度為2的節點數是n_2，試證明$n_0 = n_2 + 1$。

4. 在二元樹中，階度（level）為i的節點數最多是2^{i-1}（$i \geqq 0$），試證明之。

5. 請問以下二元樹的中序、後序以及前序表示法為何？

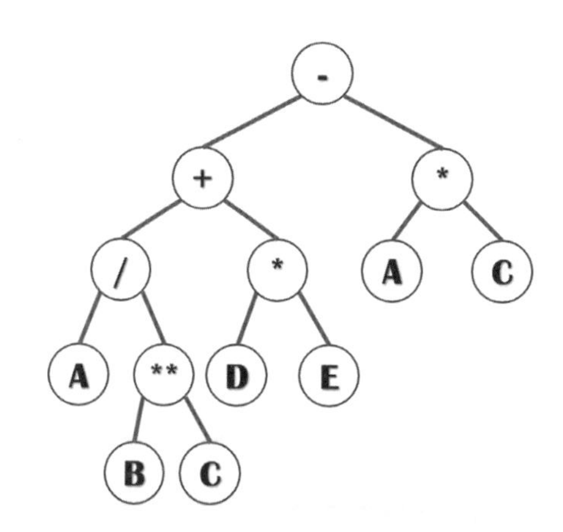

6.請問以下二元樹的中序、前序以及後序表示法爲何？

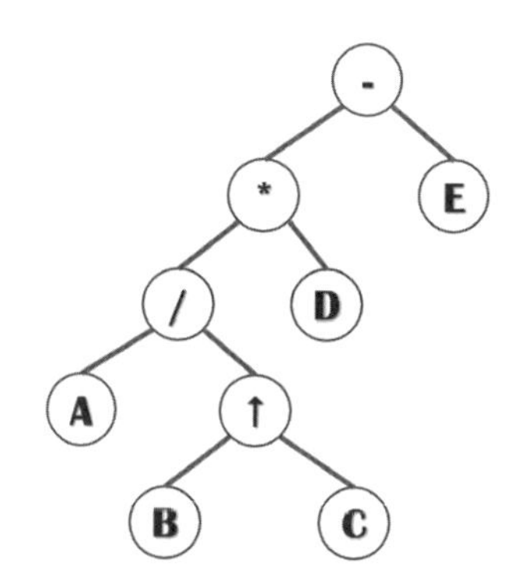

7.請找出下列樹林的中序、前序與後序走訪結果。

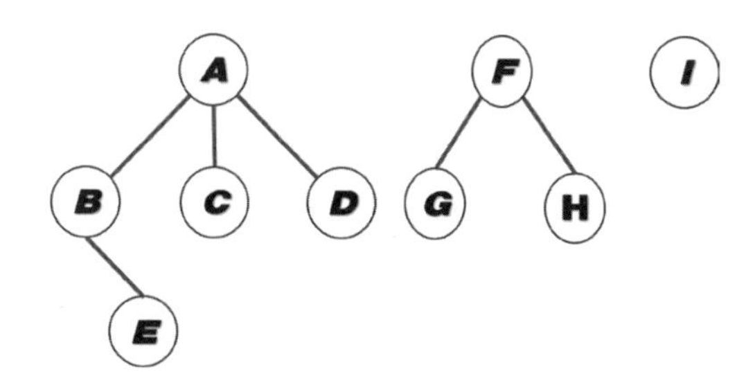

8. 將下列二元樹轉換成樹。

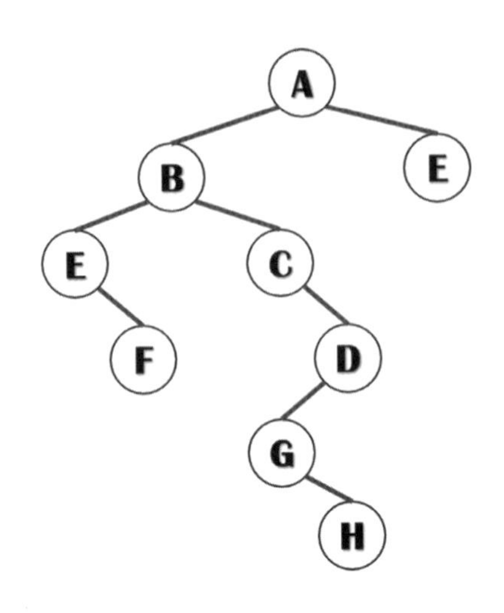

9. 在下圖平衡二元樹中，加入節點11後，重新調整後的平衡樹爲何？

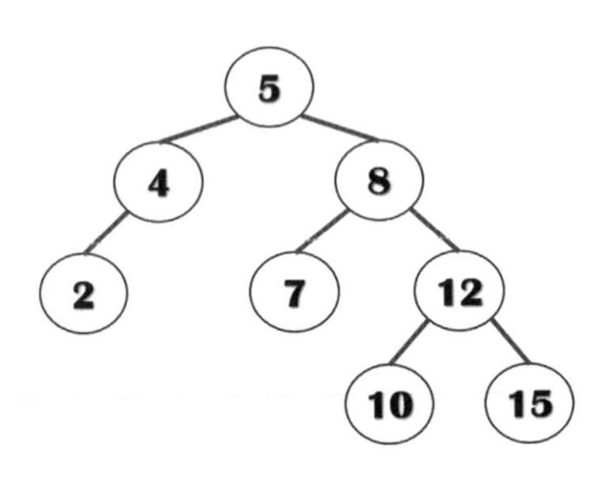

10.請比較完滿二元樹與完整二元樹兩者間的不同。

第八章 圖形結構

★學習導引★

- 從肯尼斯堡的七座橋談圖形，了解圖形的相關名詞
- 以相鄰矩陣法、相鄰串接法表達圖形結構
- 追蹤圖形有BFS和DFS
- 要找出最低成本擴張樹有Prim's演算法和Kruskal's演算法

8.1 認識圖形和其定義

假如從高雄出發要去參觀台南的奇美博物館，開車的話有那些道路可供選擇？拜網路發達所賜，很多人可能去看了看谷歌大神的地圖，或者使用手機上提供的導航軟體；這些都來自圖形的應用。手上有了地圖指南之後，可能還有些想法！走那條道路可以快速抵達（最短路徑問題）？或者想加入美食熱點，如何走才能不錯過它們（路徑的搜尋問題）。

所謂的「圖形」（Graph）就是由頂點（美食熱點）和邊線（道路）所組成；此處的「圖形」或「圖」並非我們日常所見的圖片。

8.1.1 圖形的故事

圖形（Graph）理論是起源於西元1736年，有一位數學家尤拉（Eular）為了解決「肯尼茲堡七橋問題」（Koenigshberg Seven Bridge Problem）而想出的一種資料結構理論。尤拉當時就知道利用頂點（Vertices）表示每塊土地，所以有A、B、C、D四塊區域；邊（Edge）代表每一座橋樑，所以編號1~7座橋樑；定義與頂點所連接的邊的個數為分支度；例如編號1的橋樑就連接A、B兩塊區域。

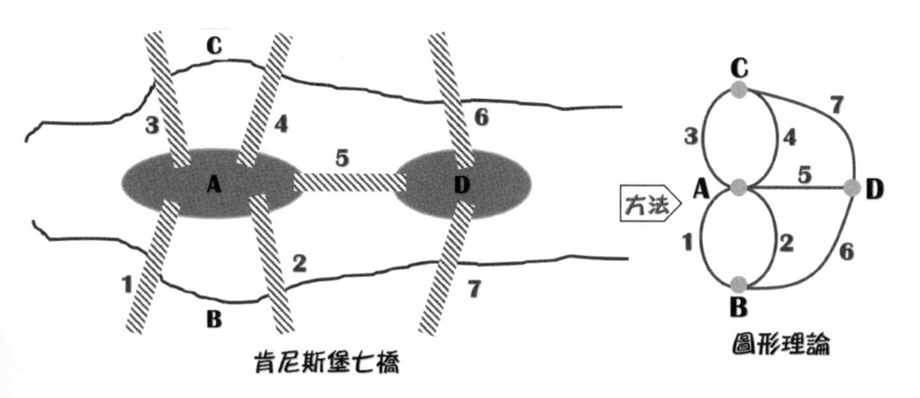

圖8-1　肯尼斯堡七橋

尤拉（Eular）針對「肯尼斯堡七橋」問題所找出的規則是「如果每一個頂點的分支度皆爲偶數時，才能從某一個頂點出發，經過每一個邊後，再回到出發的頂點」。而肯尼斯堡七橋的情況爲：四個頂點的分支度都是奇數：

A的分支度爲5，B的分支度爲3，C的分支度爲3，D的分支度爲3

所以最後的結論：人們不可能走過所有的橋樑，所以問題無解。

尤拉路徑

不過經由尤拉提供的規則，定義了尤拉路徑：

由某一個頂點出發，經由所有邊線再回到原頂點

如何判斷某張圖形具有「尤拉路徑」？也有人稱它是「一筆畫」，也就是圖形能一筆完成，而且所有頂點皆具有偶數分支度，透過圖8-2來了解。其中的圖形G1，除了能一筆完成並回到原頂點之外，某個頂點的分支度爲偶數，所以它具有尤拉路徑。圖形G2來說它不是尤拉路徑；雖然能一筆畫完但是未回到原頂點，而且某一個頂點的分支度爲3，非偶數。那麼頂點究竟是什麼？分支度如何算出來？就從圖形的基本定義開始吧！

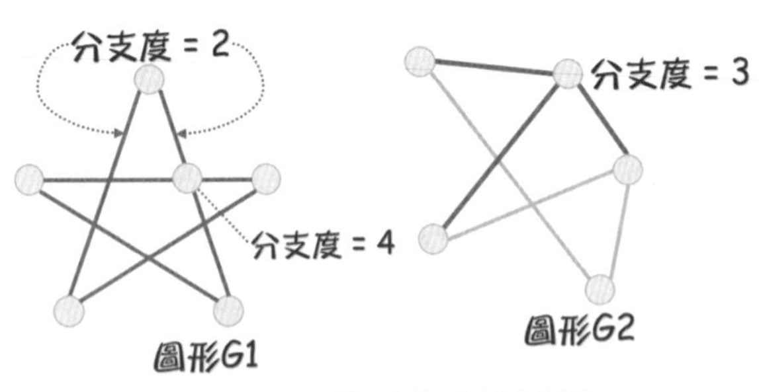

圖8-2　圖形的尤拉路徑

8.1.2 圖形的基本定義

圖形結構是一種探討兩個頂點間是否相連的一種關係圖，與樹狀結構的最大不同是樹狀結構用來描述節點與節點間的層次關係。如何表示圖形？前面章節中會以節點（Node）來儲存資料，來到了圖形世界，依然會以圓圈代表頂點（Vertices，或稱點、節點），它是儲存資料或元素的所在。頂點之間的連線是邊線（Edges，或稱邊）。圖形由有限的點和邊線集合所組成，圖形G是由V和E兩個集合組成其定義，表示如下：

```
G = (V, E)
```

◈ V：頂點（Vertices）組成的有限非空集合。

◈ E：邊線（Edges）組成的有限集合，這是成對的點集合。

通常會把圖形結構分為兩種：無向圖形與有向圖形兩種；先來認識它們的不同之處。

無向圖形

「無向圖形」（Undirected Graph）意味著它的邊線無方向性，邊(V1, V2)與邊(V2, V1)相同。

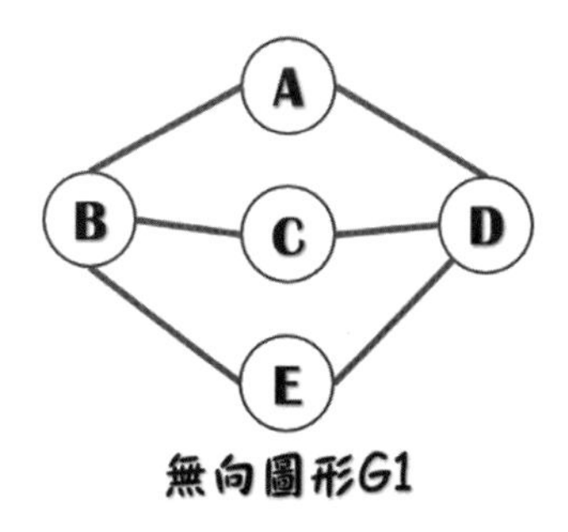

圖8-3　無向圖形

圖8-3是一張無向圖形，它擁有A、B、C、D、E五個頂點，若V(G1)是圖形G1的點集合，表示如下：

```
V(G1) = {A, B, C, D, E}
E(G2) = {(A, B),(A, E),(B, C),(B, D),(C, D),(C, E),(D, E)}
```

◈ 無方向性的邊線以括號( )表示。

由於無向圖不具方向性，所以頂點A到頂點B，以「(A, B)」或「(B, A)」表示並無不同。

有向圖形

有向圖形（Directed Graph）是表示它的每邊都是有方向性，邊線<V1, V2>與邊<V2, V1>不相同。倘若有一個邊爲<V1,V2>，其中V1爲頭（Head），V2爲尾（Tail），則方向爲「V1→V2」。

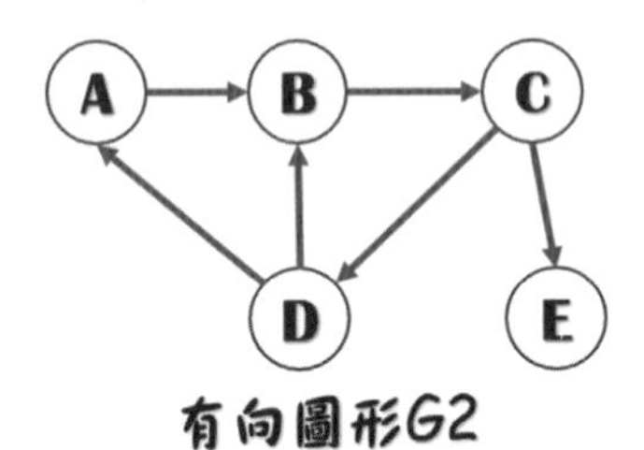

圖8-4　有向圖形

圖8-4是一幅有向圖形，同樣地它擁有A、B、C、D、E五個頂點，V(G2)是圖形G2，如下所示：

```
V(G2) = {A, B, C, D, E}
E(G2) = {<A, B>, <B, C>, <C, D>, <C, E>, <E, D>, <D, B>}
```

◈ 有方向性的邊線以< >表示。

8.1.3 圖形相關名詞

有人說「條條道路通羅馬」。但通向羅馬之前，對於圖形的專有名詞我們先來認識它們。

- 完整圖形：無向圖形裡，N個頂點正好有N(N-1)/2邊線，稱爲「完整圖形」。所以，「N = 5, E = 5(5-1) / 2」得邊線爲「10」，可以進一步查看下方左側的完整無向圖是否有10條邊。有向圖形若要稱爲「完整圖形」，則必須有N(N-1)個邊，而「N = 4, E = 4(4-1)」得邊線爲「12」。因此，能細審下方右邊的有向圖，是否有12條邊？

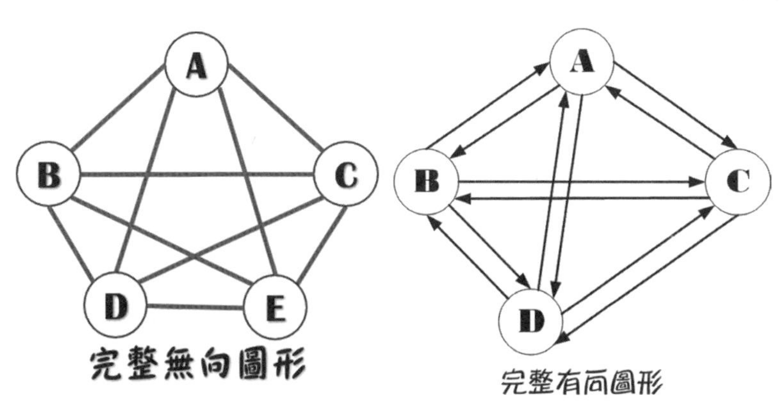

圖8-5　完整的無向和有向圖形

- 相鄰（Adjacent）：圖8-5中，①無向圖「G = (V, E)」；「A, B ∈ V」且「(A, B) ∈ E」，其中A、B是相異的兩個頂點，因此稱頂點A與B相鄰。②有向圖「G = (V, E)」中「A, B ∈ V」且「<A, B> ∈ V」，則稱頂點A相鄰至頂點B，並且稱頂點B相鄰自頂點A。
- 子圖（Sub-graph）：圖G的子圖G'與G"包含於圖G，如圖8-6所示。

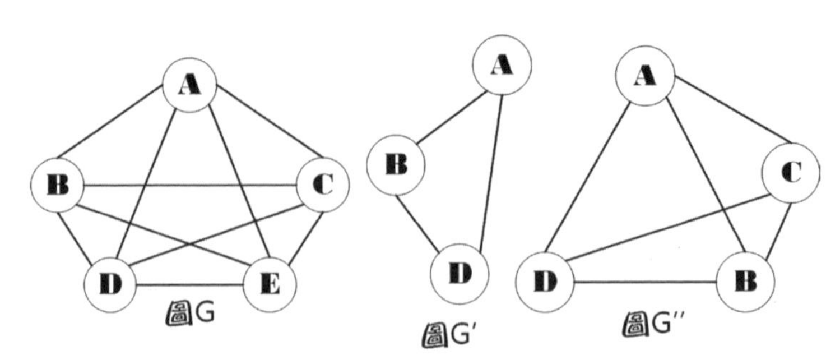

圖8-6　圖G有子圖G'和G''

- 路徑（Path）：兩個不同頂點間所經過的邊線稱爲路徑，如圖8-6中的圖G，頂點A到E的路徑有「{(A, B)、(B, E)}及{(A, B)、(B, C)、(C, D)、(D, E)}」等。
- 路徑長度（Length）：路徑上所包含邊的總數爲路徑長度。
- 循環（Cycle）：起始點及終止點爲同一個點的簡單路徑稱爲循環。如圖8-6中的圖G，{(A, B), (B, D), (D, E), (E, C), (C, A)}起點及終點都是A，所以是一個循環路徑。
- 相連（Connected）：在無向圖形中，若頂點Vi到頂點Vj間存在路徑，則Vi和Vj是相連的；例如圖8-7中，圖G1中頂點A至頂點B間有存在路徑，則頂點A和B相連。
- 相連圖形（Connected Graph）：檢視圖8-7，圖G1的任兩個點均相連，所以是相連圖形。

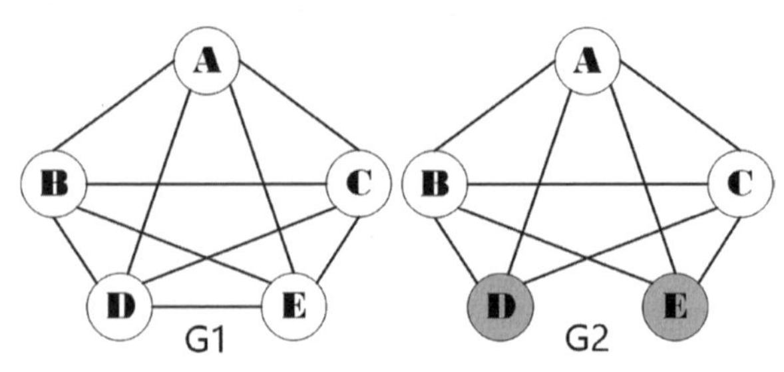

圖8-7　相連與不相連圖形

➢ 不相連圖形（Disconnected Graph）：圖形內至少有兩個點間是沒有路徑相連的；圖8-7的G2，它有D、E兩個點不相連所以是非相連圖形。

➢ 緊密相連（Strongly Connected）：參考圖8-8的有向圖形，若兩頂點間有兩條方向相反的邊稱爲緊密相連。

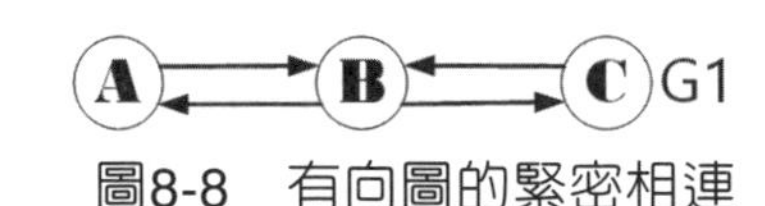

圖8-8　有向圖的緊密相連

➢ 相連單元：圖形中相連在一起的最大子圖總數，以圖8-9而言，可以看做是2個相連單元。

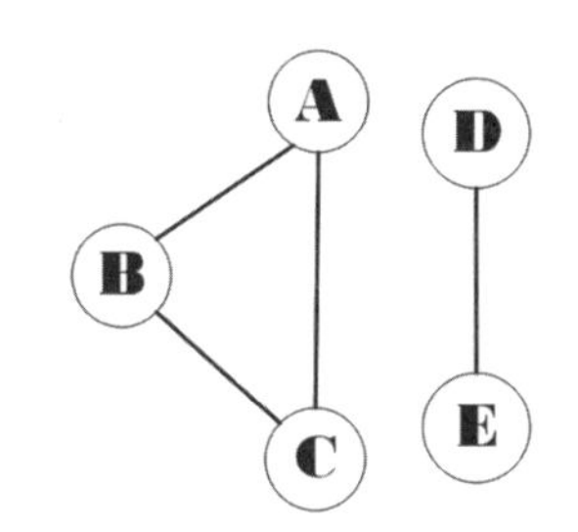

圖8-9　圖形的相連單元

➢ 分支度（Degree）：無向圖形中，不考慮其方向性，一個頂點所擁有邊數總和而稱之；如圖8-7中，圖G1的頂點A，其分支度爲4。

➢ 出／入分支度：有向圖形中，考量方向性的情形下，以頂點V爲箭頭終點的邊之個數爲入分支度，反之由V出發的箭頭總數爲出分支度。如圖8-10，頂點A的入分支度爲1，出分支度爲3。

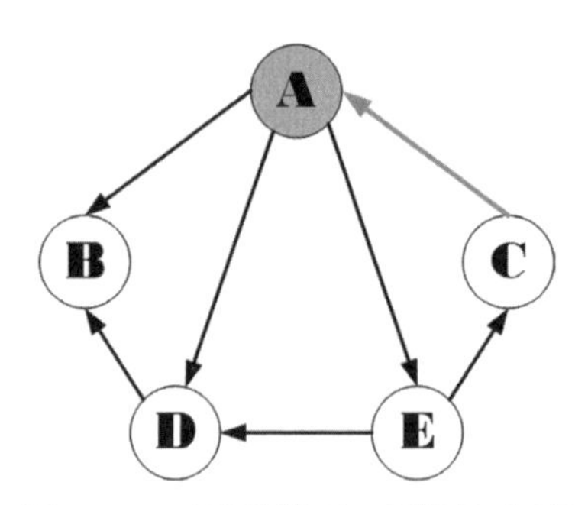

圖8-10　圖形的入/出分支度

實作「8.1.1」　為了讓大家更了解這些圖形的名詞，透過圖8-11圖形G1、G2、G3來逐一解說與無向圖形相關的術語。

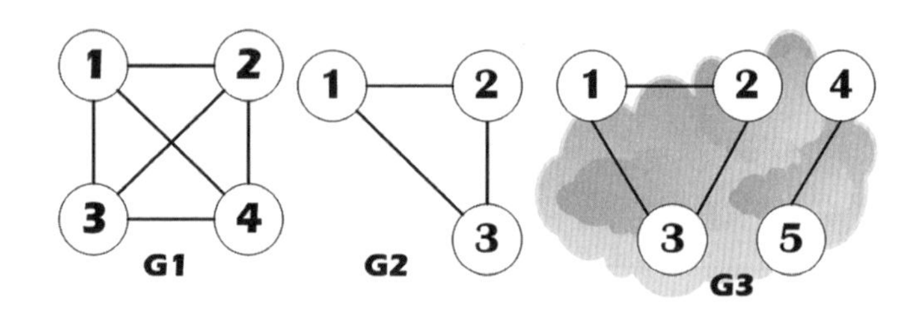

圖8-11　圖形

◈ G1是一個完整圖形，而G2是G1的子圖。

◈ 圖G1中，(V1, V2)、(V2, V3)、(V3, V4)是一條路徑，其長度為3，且為一簡單路徑，而圖G2為一種循環。

◈ 圖G1中，V1、V2相連，V2、V3相連，在圖G3中，V1、V3相連，但V2、V4不相連。

◈ 圖G1中，(V1, V2)、(V2, V3)、(V3, V1)是一簡單路徑，因為(V3, V1)中的V1頂點和（V1, V2）的V1相同。

◈ 圖G3中，有2個相連單元，(V1, V3)是依附於頂點V1與頂點V3。

補給站

所謂複線圖（multigraph)，圖形中任意兩頂點只能有一條邊，如果兩頂點間相同的邊有2條以上（含2條），則稱它爲複線圖，以圖形嚴格的定義來說，複線圖並不能算是一種圖形。

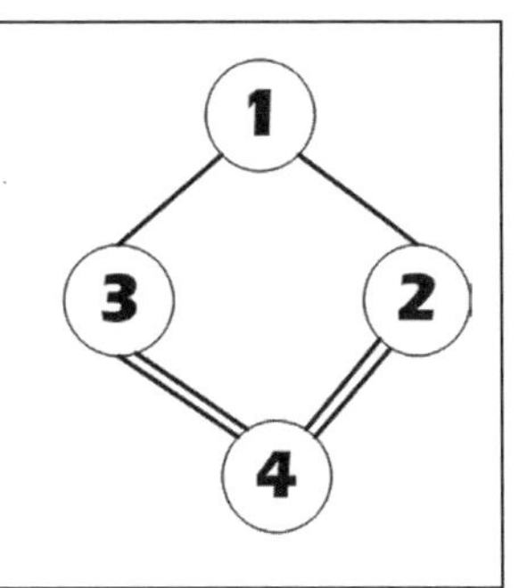

實作「8.1.2」 藉由圖8-12圖形G1、G2、G3向大家介紹有向圖形，以及跟它有關的專門術語。

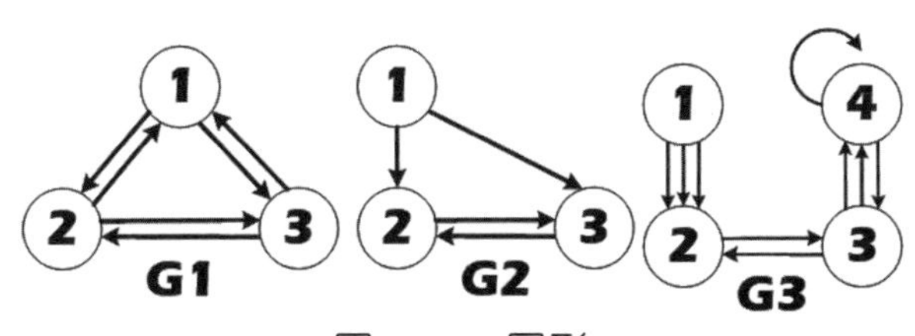

圖8-12 圖形

- 圖G1是一個完整圖形。<V1, V2>、<V2, V3>與<V1, V2>、<V2, V3>、<V3, V1>都是一條路徑。
- 圖G1是緊密連接，但圖G2、G3則是不相連接，而圖G2中的緊密連接單元依然是頂點2和頂點3。
- 圖G3中的點V1的入分支度爲0，出分支度爲3，點V4的入分支度爲2，出分支度爲2。

8.1.4 Python的字典、集合

處理沒有順序性的群集資料時，Python提供字典和集合兩種。字典來自於映射型別，屬於可變物件（Mutable objects），支援「可迭代者」（Iterator）；所以內建函式len()和成員運算子「in」皆能使用。建構函式

dict()將List、Tuple以字典型式呈現。字典檢視表能回傳字典的項目、鍵和值。字典同樣有生成式，可以提高建立字典的效能。如何建立字典？Python提供三種方法。

- ➢ 利用大括號{ }產生字典。
- ➢ 使用dict()函式。
- ➢ 先建立空的字典，配合[]運算子以鍵設值。

建立字典的第一種方法是使用大括號{ }，以鍵、值配對來產生字典元素（或稱項目），基本語法如下：

```
{key1 : value1, key2 : value2, ...}
```

◈ 每一組鍵（key）與值（value）要以「:」（半形冒號）做配對。

◈ 已配對的組與組之間以「,」（半形逗點）做區隔。

使用大括號{ }產生字典時，如果是字串，前後要有單或雙引號，下述簡例說明。

```
data = {}      #表示空的字典
score = {'John' : 85, 'Eric' : 47,
    'Judy' : 85, 'Tomas' : 74, 'Hank' : 81}
```

建立字典的第二種方法是利用BIF（內建函式）dict()，它以關鍵字引數爲參數，或者加入zip()函式來產生字典，它的語法如下：

```
dict(**kwarg)
dict(mapping, **kwarg)
dict(iterable, **kwarg)
```

◈ kwarg：表示關鍵字引數。

◈ mapping爲映射物件。

◈ iterable爲可迭代者。

dict()函式配合關鍵字引數，以「變數 = 值」來產生其項目；變數成爲字典的「key」，値就是字典的「value」，下述簡例說明其用法。

```
>>> score = dict() #將score以dict()函式轉為字典儲存
>>> score['John'] = 87
>>> score['Eric'] = 75
>>> score['Judy'] = 91
>>> score['Tomas'] = 65
>>> score
{'John': 87, 'Eric': 75, 'Judy': 91, 'Tomas': 65}
```

◈ 關鍵字必須遵守識別字名稱的規範，項目之間以「,」（半形逗點）做區隔。

◈ List物件的John、Eric、Judy會成爲字典的「key」，値87、75和91會成爲字典的「value」。

◈ 經過dict()函式，它會輸出「{'John' : 87, 'Eric' : 75, 'Judy' : 91, 'Tomas' : 65}」。

Python的集合

集合型別屬於無序的群集資料，同樣是以大括號{}建立集合並存放其元素，可利用建構函式set()來產生集合，它的語法如：

```
set([iterable])
```

◈ iterable：可迭代物件，只能傳入一個引數。

例一：集合的簡單操作跟數學的集合運算相同。

```
vex1 = {11, 12, 14}    #集合
vex2 = {21, 14, 22}    #集合
```

```
vex1.difference(vex2)  #等同vex1 - vex2，輸出{11, 12}
vex2 - vex1   #輸出21, 22，表示以vex2爲主去除重覆元素14
verx1.intersection(verx2)   #等同vex1 & vex2，輸出{14}
```


8.2 圖形資料結構

介紹表示圖形的資料結構有兩種：①相鄰矩陣表示法（Adjacency Matrix）、②相鄰串列表示法（Adjacency Lists）。

8.2.1 相鄰矩陣法

圖形G=(V, E)，假設有N個點，N≧１，可以將N個頂點的圖形，利用一個N×N二維矩陣來表示，共需N^2個空間。其相鄰矩陣的定義如下：

```
A_{N×N} = [a_{i,j}]
```

$A_{N\times N}$是一個N×N的矩陣，若$a_{i,j}$爲「0」，表示圖形的邊線(V_i, V_j)不存在。若$a_{i,j}$爲「1」，表示圖形有一條邊線(V_i, V_j)存在。

無向圖使用相鄰矩陣表示時，會以對角線來產生對稱，儲存矩陣上的上三角形或是下三角形即可。所以，任何一張圖G(V, E)，頂點「i ∈ V」的分支度（deg）是這個頂點在相鄰矩陣對應之列的所有元素和。

$$\sum_{V_i \in V} \deg(V_i) = 2|E|$$

對於有向圖形來說，其分支度有二項；行之和是則以點的入分支度（In-degree）做計算，列之和是算出點的出分支度（Out-degree）。

實作　試寫出圖8-13的相鄰矩陣。

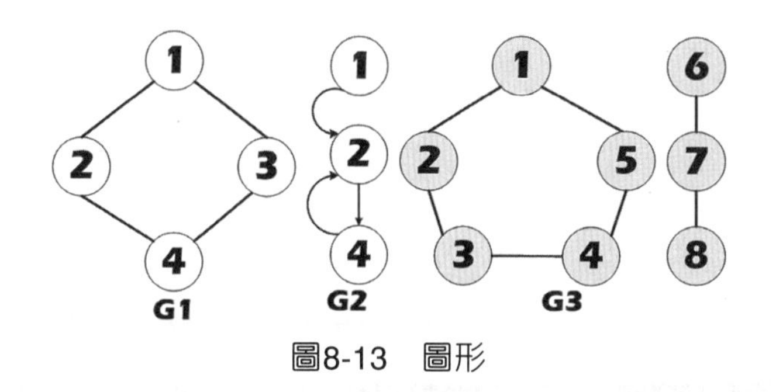

圖8-13　圖形

G1是無向圖，有4個頂點，以「4×4」的二維矩陣來表示。從頂點「1」開始，它與頂點2、點3有相連，所以陣列元素以「1」儲存，與頂點4則無相連，則以「0」表示。檢視圖8-14，完成的矩陣中也能看出無向圖的相鄰矩陣呈對稱狀態，故只需保存上三角或下三角部分即可，大約可節省一半以上的空間。

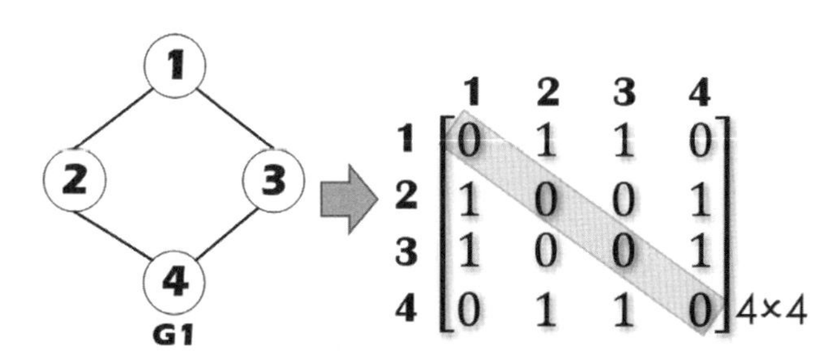

圖8-14　圖形以相鄰矩陣來儲存

圖G2爲有向圖，以相鄰矩陣表示時，算出每列的「出分支度」法。所以頂點1到頂點2只有一條邊，所以出分支度爲「1」。同樣地，頂點2到頂點3的出分支度爲「1」，而頂點3到頂點2的出分支度也是「1」。比較特殊的地方是頂點2的入分友度爲「2」，可參考圖8-15的示意。

CHAPTER 8

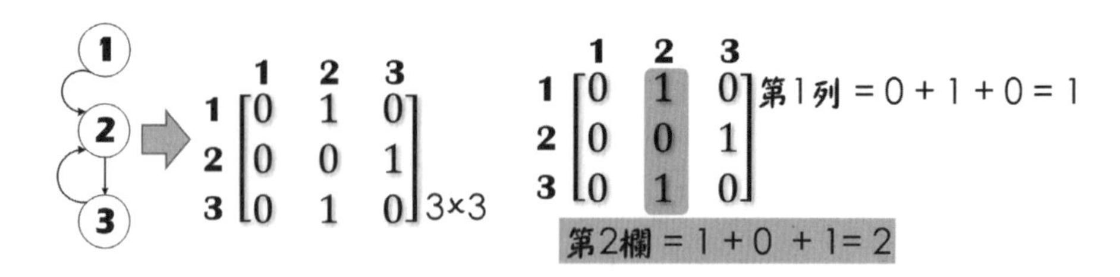

圖8-15 有向圖出、入分支度

如何以相鄰矩陣法來儲存圖形？圖8-16的右圖G3，它包含左邊的無向圖和中間的有向圖，它們共有8個頂點，所以「8×8」的矩陣來儲存。

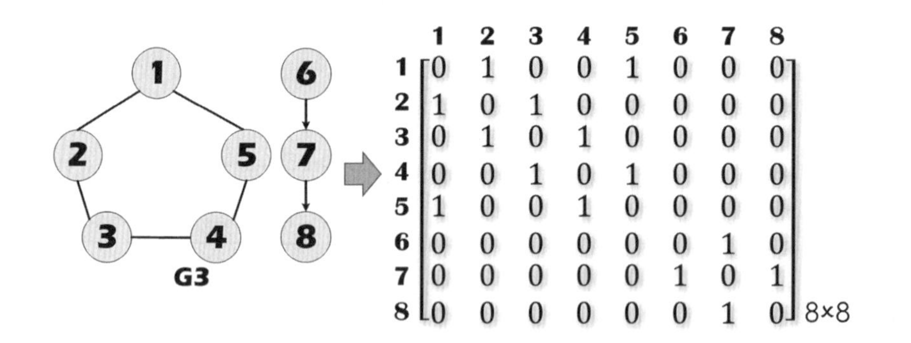

圖8-16 圖形以相鄰矩陣來儲存

從上述範例中，可以看出無向圖形的相鄰矩陣必定是上三角形（Upper-triangular）或下三角形（Lower-triangular）矩陣，但有向圖形則不是。反而往往是稀疏矩陣（Sparse Matrix），而要求出所有頂點分支度的時間複雜度為$O(n^2)$，儲存上也十分浪費空間。

8.2.2 相鄰串列法

相鄰串列（Adjacency Lists）是以串列結構來表示圖形。已知圖形G=(V, E)包含n個頂點（n≧1）時，使用n個鏈結串列來存放圖形，每個鏈結串列分別代表一個頂點及其相鄰的頂點。它與相鄰矩陣有些類似，只不過矩陣中0的部分可以忽略，而屬於元素「1」的部分放入節點裡。如此一來可以有效避免儲存空間的浪費，其特性解說如下：

- 每一個點使用一個串列。
- 無向圖中，n頂點e邊共需n個串列首節點及2*e個節點；有向圖則需n個串列首節點及e個節點。在相鄰串列中，計算所有頂點分支度所需的時間複雜度O(n + e)。

由於相鄰串列會將圖形的n個頂點形成n個串列首，而每個串列中的節點皆由頂點和鏈結欄位兩個欄位組成，和首節點之間有邊線相連，個節點資料結構利用圖8-17來表示。

圖8-17　圖採相鄰串列法

例一：將圖8-18的無向圖以相鄰串列來表示。先將圖形轉爲矩陣後，而陣列中存有「1」的元素再以相鄰串列表達。以頂點「1」來說，它分別與頂點2、3、4有連接，與頂點5並無相連，就以「0」表示，後續者的鏈結欄就以NULL表示，可檢視圖8-19。

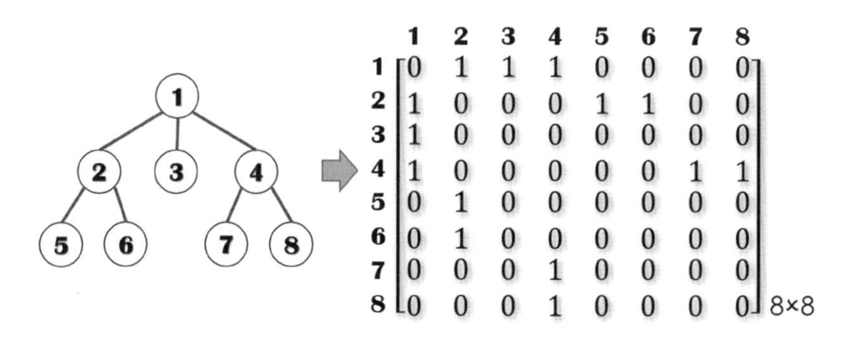

	1	2	3	4	5	6	7	8
1	0	1	1	1	0	0	0	0
2	1	0	0	0	1	1	0	0
3	1	0	0	0	0	0	0	0
4	1	0	0	0	0	0	1	1
5	0	1	0	0	0	0	0	0
6	0	1	0	0	0	0	0	0
7	0	0	0	1	0	0	0	0
8	0	0	0	1	0	0	0	0

圖8-18　無向圖以相鄰矩陣來表示

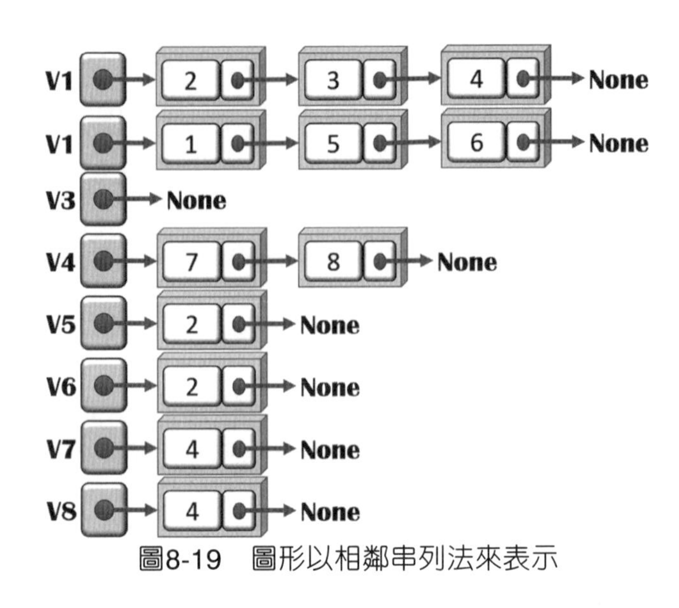

圖8-19　圖形以相鄰串列法來表示

例二：將圖以相鄰串列來表示。

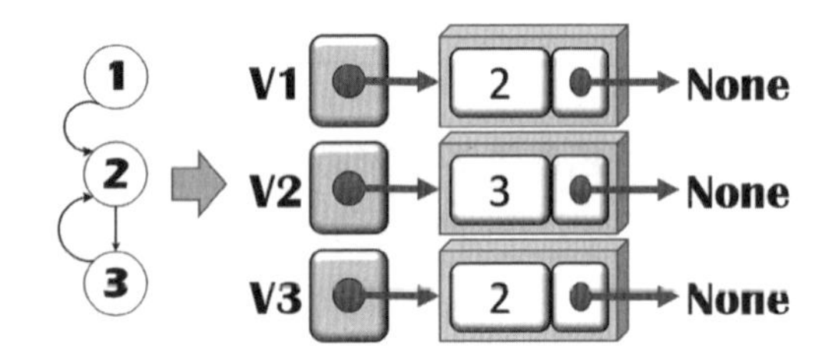

8.2.3 以字典實作圖形

我們可以採用更直觀的方式，配合前面介紹過的「相鄰串列法」和「相鄰矩陣法」的作法，能以Python提供的字典來實作圖形。圖8-20中，將左側的無向圖轉換為5×5的矩陣；圖8-21則是五個頂點之間經由路徑產生的相鄰狀況；例如頂點A與B、C、D、E均由邊線來產生相連。

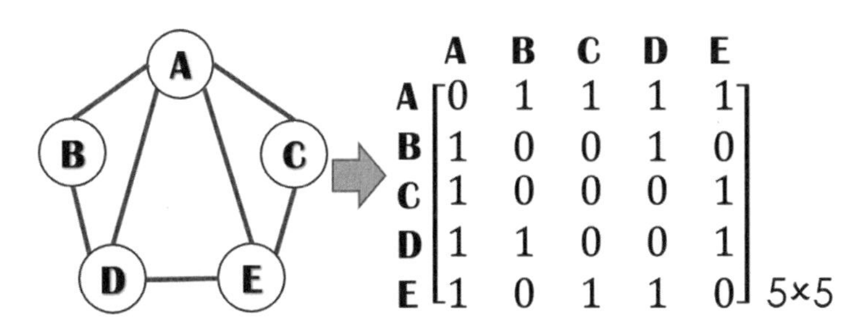

圖8-20　圖以相鄰矩陣儲存

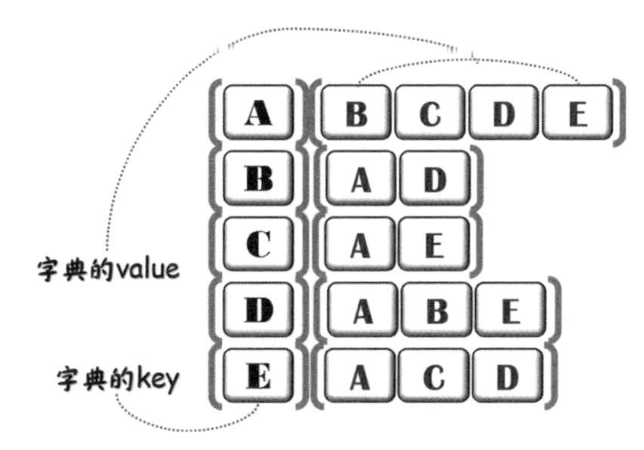

圖8-21　圖以字典物件儲存

所以圖8-21以字典（習慣以dict來表達）來儲存時，須呼叫建構函式dict()把原來儲存於List物件的元素變更爲字典物件的項目，程式碼撰寫如下：

```
#參考範例「graph_dict.py」
vertex = dict()    #字典的建構函式
vertex['A'] = ['B', 'C'] #key爲頂點A，value爲頂點B和C
vertex['B'] = ['E','A']
vertex['C'] = ['A', 'B', 'E','F']
vertex['E'] = ['B', 'C']
vertex['F'] = ['C']
```

由於圖形能以相鄰矩陣來儲存，所以我們就利用二維List生成式來產生相鄰矩陣，以下述範例來說明。

範例「graph_dict.py」 以字典儲存圖形

```
01 #省略部分程式碼
02 itemMx = sorted(vertex.keys())
03 cols = rows = len(itemMx)
04 matrixes = [[0 for x in range(rows)] for y in range(cols)]
05 graph = [] #儲存含有邊線的圖形，它會帶出兩端的頂點
06 for key in itemMx:
07    for neighbor in vertex[key]:
08       graph.append((key, neighbor))
09
10 for edge in graph:
11    indexZero = itemMx.index(edge[0])
12    indexOne = itemMx.index(edge[1])
13    matrixes[indexZero][indexOne] = 1
14    print(edge, end = ' ')
```

程式說明

◈ 第2、3行：呼叫內建函式sorted()將字典的key排序，再以函式len()取得矩陣的列、欄的長度。

◈ 第4行：依取得的列、欄值以二維List生成式來產生矩陣。

◈ 6~8行：外層for迴圈經由已排序的key讓內層for迴圈取得其value，然後以append()新增到空的List物件。

◈ 第10~14行：再把被標記爲1，經由邊連向兩端的頂點以print()函式輸出。

8.3 追蹤圖形

追蹤圖形的作法是從圖形的某一頂點出發，然後走訪圖形的其它頂點。經由圖形追蹤可以判斷該圖形的某些頂點是否連通，也可以找出圖形連通單元。我們知道樹的追蹤目的是欲拜訪樹的每一個節點一次，可用的方法有中序法、前序法和後序法等三種，而圖形追蹤的方法有兩種：「先深後廣走訪」及「先廣後深走訪」。

8.3.1 先廣後深搜尋法（BFS）

先廣後深（Breadth-First Search, BFS）走訪方式則是以佇列及遞迴技巧來走訪，也是從圖形的某一頂點開始走訪，被拜訪過的頂點就做上已走訪的記號。接著走訪此頂點的所有相鄰且未拜訪過的任意一個頂點，並標上已走訪記號，再以該頂點為新的起點繼續進行先廣後深的搜尋。現在我們將使用下圖來實際模擬先廣後深搜尋法的追蹤過程。其基本步驟如下：

Step 1. 選擇一個起始頂點V，並做上一個已拜訪過的記號。

Step 2. 將所有與V相連的頂點放入佇列。

Step 3. 從佇列取出一個節點X，標示一個已拜訪過的記號，並將與X相連且未拜訪過的頂點放入佇列中。

Step 4. 重複步驟(3)直到佇列空了為止。

利用圖8-22來求出BFS之結果。

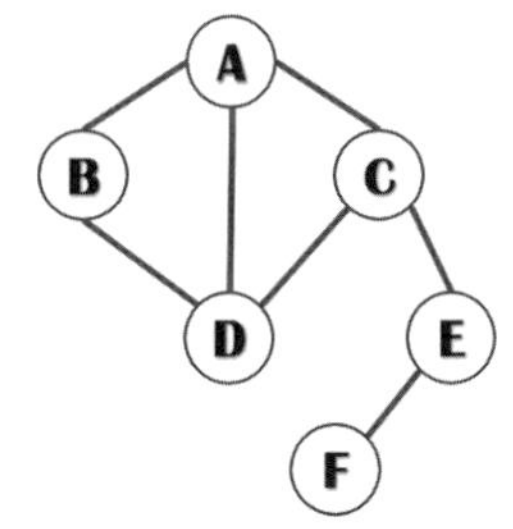

圖8-22 未走訪的圖形

Step 1. 從圖形選擇欲拜訪的頂點E（以灰底表示）放入佇列中，參考圖8-23的左圖。

Step 2. 從佇列取出頂點E，並將相鄰的C、F放入佇列；然後把頂點E標示爲已走訪過頂點（以白字黑底表示）。

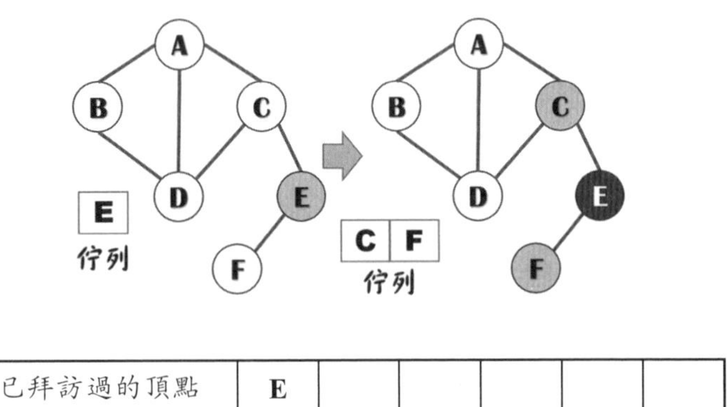

已拜訪過的頂點	E					

Step 3. 從佇列取出頂點C，並將相鄰的頂點A、D放入佇列；再把頂點C標記爲已拜訪過。

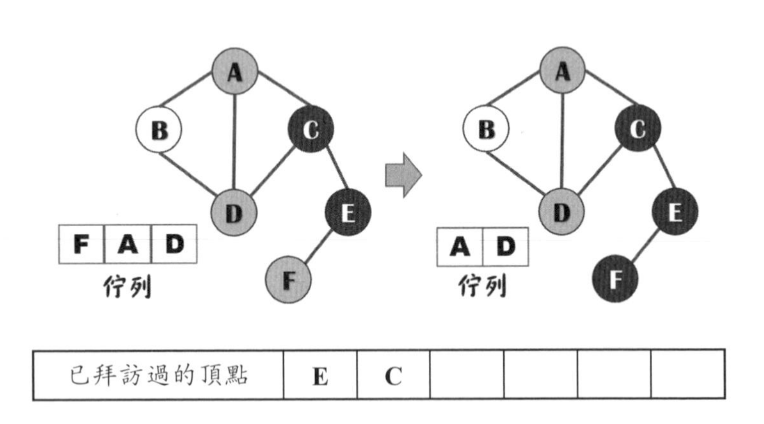

已拜訪過的頂點	E	C				

Step 4. 從佇列取出頂點F，再把它標記爲已拜訪過。

已拜訪過的頂點	E	C	F			

Step 5. 由於頂點D、B已無相鄰頂點，分別從佇列取出並標記爲已走訪；佇列已空，表示所有頂點都已走訪過。

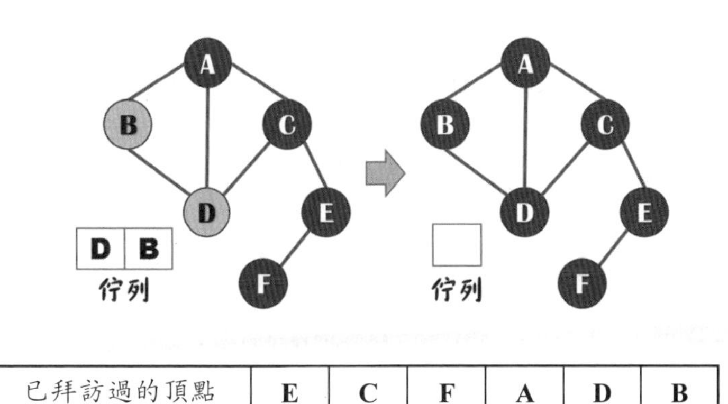

已拜訪過的頂點	E	C	F	A	D	B

實作「**8.3.1**」 解答：**1237456**

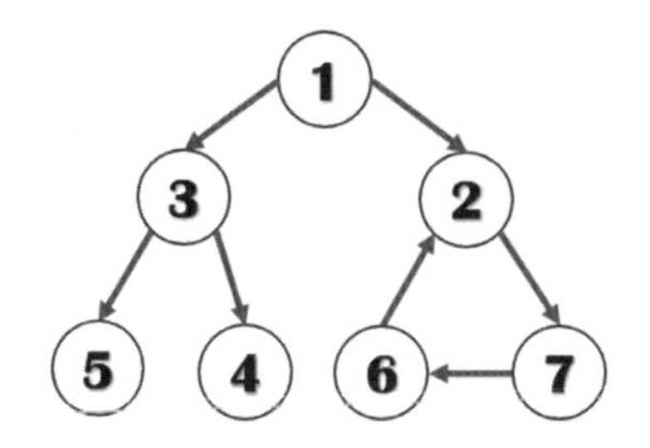

範例「graph_bfs.py」BFS走訪頂點

```
01 from collections import deque
02 def bfSearch(vertex, start):
03     visited = list()
04     que = deque([start])
05     visited.append(start)
06     node = start
```

```
07    while len(que) > 0:
08       node = que.popleft()
09       neighbor = vertex[node]
10       attend = set(neighbor) - set(visited)
11       if len(attend) > 0:
12          #將已走訪的頂點新增到「已拜訪」List物件中
13          for item in sorted(attend):
14             visited.append(item)
15             que.append(item) #新增元素到佇列
16    return visited
```

程式說明

- 第1行：匯入collections模組中的deque類別，它能提供有雙向開口的佇列
- 第4行：取得deque物件的開始頂點存入佇列中。
- 第10行：將集合物件做差集計算，以相鄰頂點爲主來產生新集合，然後以變數attend記錄List物件中某一組正走訪的頂點。
- 第11~15行：若走訪中頂點的長度大於零，呼叫BIF sorted()函式做排序。

8.3.2 先深後廣搜尋法（DFS）

先深後廣走訪的方式有點類似前序走訪。它同樣從圖形的某一頂點開始走訪，被走訪過的頂點就做上標記，接著走訪此頂點的所有相鄰且未走訪過的頂點中的任意一個頂點，並做上已走訪的記號，再以該點爲新的起點繼續進行先深後廣的搜尋。由於圖形的節點會形成迴圈，程式執行很容易進入無窮迴圈。爲了避免此問題，當演算法則進行到某一節點，它可在搜尋某一節點之相鄰節點，只去拜訪尚未標示記號的節點。它的基本法則

如下：

Step 1. 選擇某一點V為起點，並且標示記號。

Step 2. 拜訪此頂點的下一個相鄰頂點。

Step 3. 先深後廣遞迴地追蹤此節點之所有相鄰且尚未標示記號之頂。

將圖8-26以DFS求取走訪之結果。

Step 1. 將頂點A、C、E、F壓入堆疊；由於頂點E、F無相鄰頂點，再從堆疊彈出，標示為已走訪過的頂點（黑底白字）。

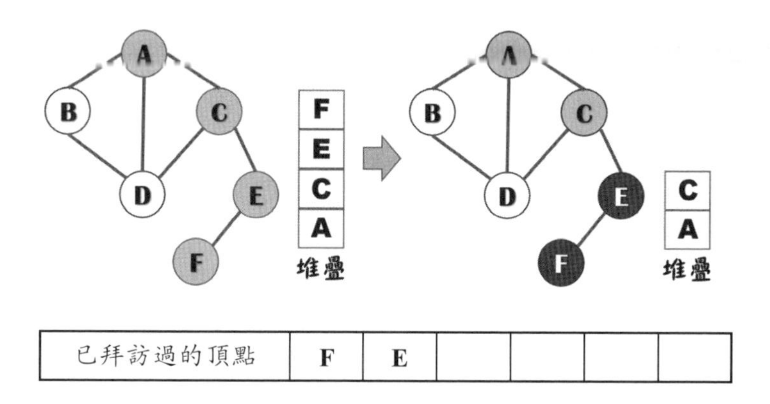

已拜訪過的頂點	F	E				

Step 2. 頂點C有相鄰頂點D，從堆疊彈出頂點C並壓入頂點D，標示頂點C為已走訪過的頂點。

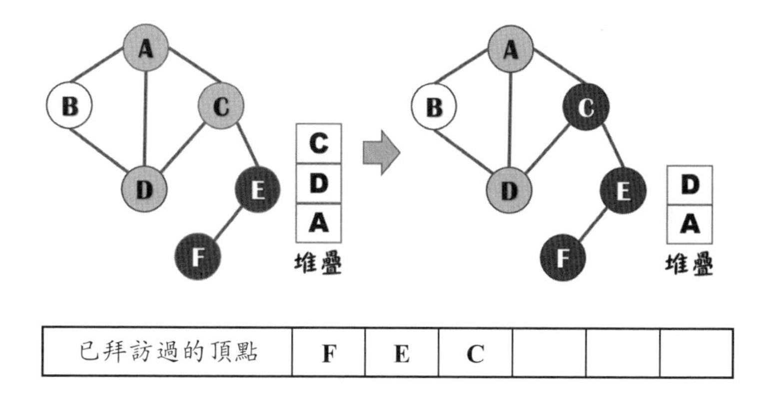

已拜訪過的頂點	F	E	C			

Step 3. 頂點D有相鄰頂點B，從堆疊彈出頂點D並壓入頂點B，標示頂點D為已走訪過的頂點。

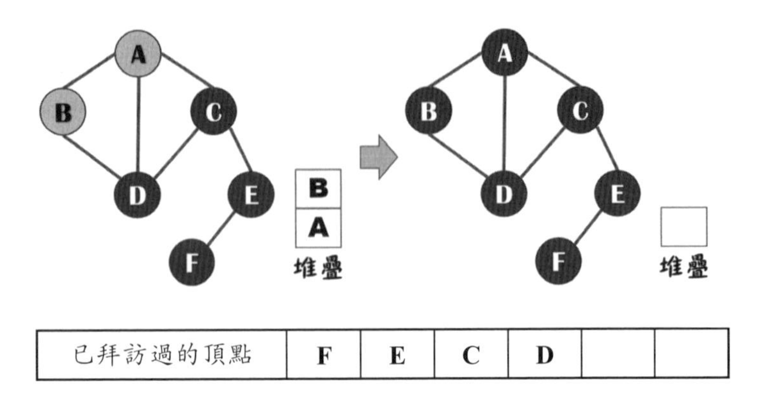

已拜訪過的頂點	F	E	C	D		

Step 4. 最後，由於頂點A、B無相鄰相點，也沒有更深入的頂點，從堆疊彈出並標示已走訪；此時堆疊已空，而所有的頂點也都走訪過。

已拜訪過的頂點	F	E	C	D	B	A

範例「graph_dfs.py」 DFS走訪

```
01 //省略部分程式碼
02 def dfs(self, start):
03     visited = [False] * self.count
04     for node in list(range(self.count)):
05         if visited[node] == False:
06             self.dfsTo(node, visited)
07
08 def dfsTo(self, vex, visited):
09     visited[vex] = True
```

```
10    print(vex, end = ' ')
11    for node in self.graph[vex]:
12       if visited[node] == False:
13          self.dfsTo(node, visited)
```

程式說明

- 第2~6行：定義dfs()函式，參數start為拜訪時所指定的開始頂點，沒有走過的頂點以False表示；走訪過的頂點就以True表示。
- 第8~13行：定義dfsTo()函式，以遞迴方式被呼叫，傳入頂點vex並進一步檢查已走訪的頂點數，然後以for迴圈走訪尚未拜訪過的頂點。

8.4 擴張樹

擴張樹（Spanning Trees）又稱「花費樹」或「值樹」，它能把無向圖的所有頂點使用邊線連接起來，但邊線並不會形成迴圈，擴張樹的邊線數將比頂點少1，因為再多一條邊線，圖形就會形成迴圈。

8.4.1 定義擴張樹

假設G = (V, E)是一個圖形，將所有的邊分成兩個集合T及B，代表T為拜訪過程中所經過的邊；B為追蹤後，未被走訪過的邊。所以，擴張樹S具有下列特性：

```
S是一棵樹
S = (V, T)，所以S是G的子圖
E = T + B
```

擴張樹的圖形如圖8-23所示。

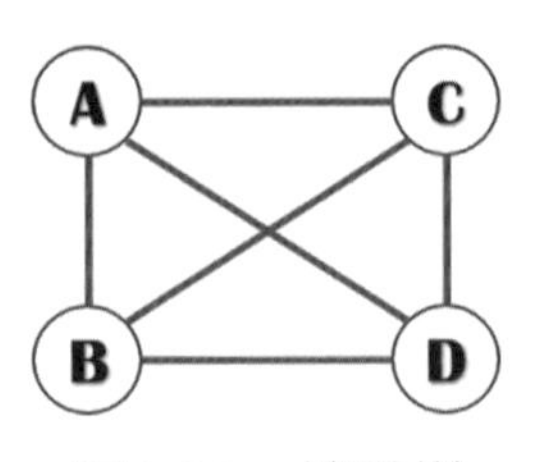

圖8-23　擴張樹

擴張樹範例：圖形能擁有四個點六條邊線的，依擴張樹的定義，可以得三棵不同的擴張樹，如圖8-24所示。

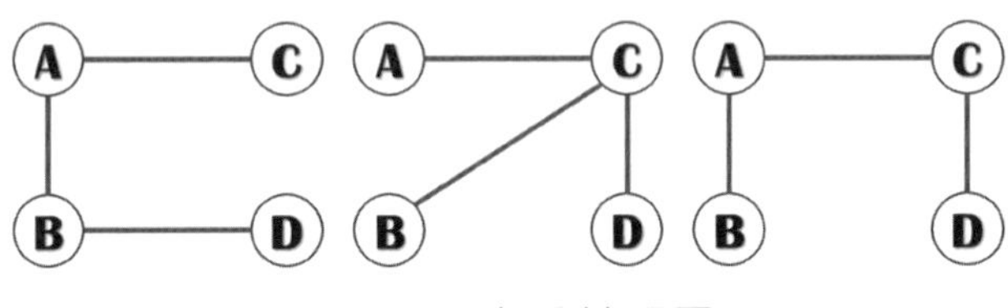

圖8-24　部分擴張圖

擴張樹若要進行搜尋，可採用走訪搜尋。作法很簡單，只需將圖形走訪過的頂點順序，再以邊線一一連接，就能產生成擴張樹，依照搜尋法的不同分成兩種。

- 深度優先擴張樹（DFS Spanning Trees）：使用先深後廣方式（DFS）追蹤產生的擴張樹。
- 寬度優先擴張樹（BFS Spanning Trees）：使用先廣後深方式（BFS）追蹤產生的擴張樹。

依擴張樹的定義，以圖8-25爲例，可以得到下列多棵不同的擴張樹。

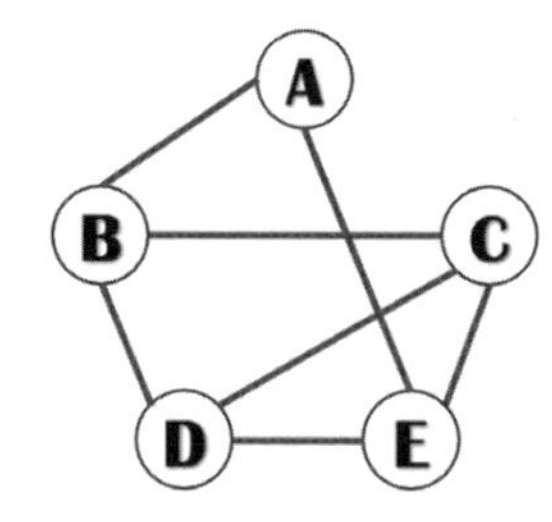

圖8-25　擴充樹（一）

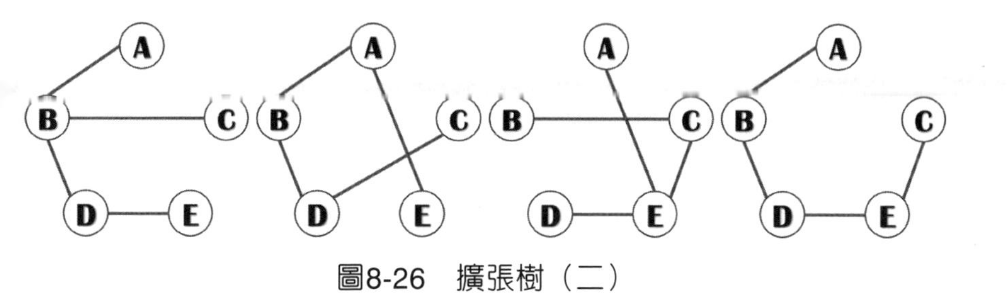

圖8-26　擴張樹（二）

由圖8-25可以得知，一張圖形通常不會只有一棵擴張樹。上圖的先深後廣擴張樹爲「A→B→C→D→E」，如圖8-27的G1，先廣後深擴張樹則爲「A→B→E→C→D」，如圖8-27的G2。

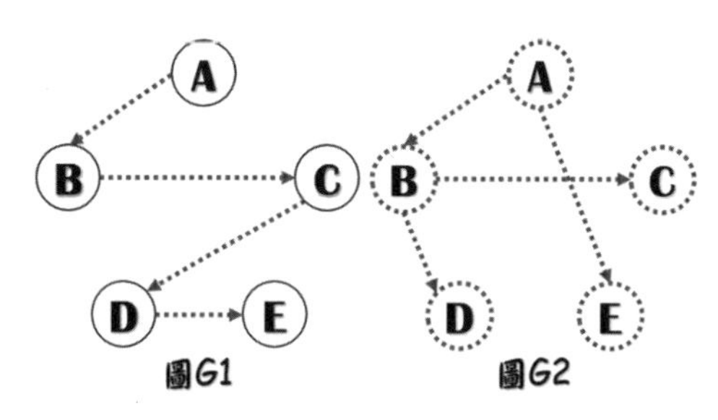

圖8-27　擴張樹的走訪

8.4.2 花費最小擴張樹（MST）

圖形在解決問題時通常需要替邊線加上一個數值，這個數值稱爲「權值」（Weights），它代表頂點到頂點間的距離（Distance），或是從某頂點到相鄰點所需的花費（Cost）。常見的權值有：時間、成本或長度，擁有權值的圖形（參考圖8-28）稱爲「加權圖形」，它可以分別使用鄰接矩陣和鄰接串列來表示。

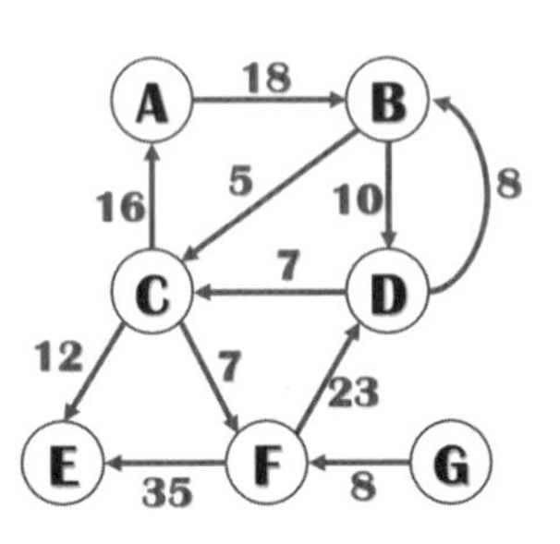

圖8-28　含有權值的圖

當擴張樹的邊線擁有權值，可以計算邊線的權值和。換句話說，由圖形建立的擴張樹會因連接的邊線權值不同，而建立出不同成本的擴張樹。如何找出「最低成本擴張樹」（Minimum Cost Spanning Trees, MST）解決方法之一就是利用「貪婪法則」（Greedy Rule）爲基礎，求取一個無向連通圖形中的最小花費樹。它有兩種常見方法，一種是Prim's演算法（簡稱P氏法），另一種則是Kruskal's演算法（簡稱K氏法）；接下來即說明這兩種演算法如何求得圖形MST樹的過程。

8.4.3 Prim演算法

Prim演算法又稱P氏法，有一個加權圖形G = (V, E)，其規則如下：

```
U及V是兩個頂點的集合
假設V = {1, 2,……, n}，U = {1}
```

如何執行此演算法？

Step 1. 每次集合U-V所得差集中找出一個頂點x，與U集合中的某一頂點形成最小成本的邊，且不會造成迴圈。

Step 2. 將頂點x加入U集合中。

Step 3. 反覆執行步驟1、2，一直到U集合等於V集合（即U = V）為止。

將圖8-29利用P氏法求出下圖的最小成本擴張樹。

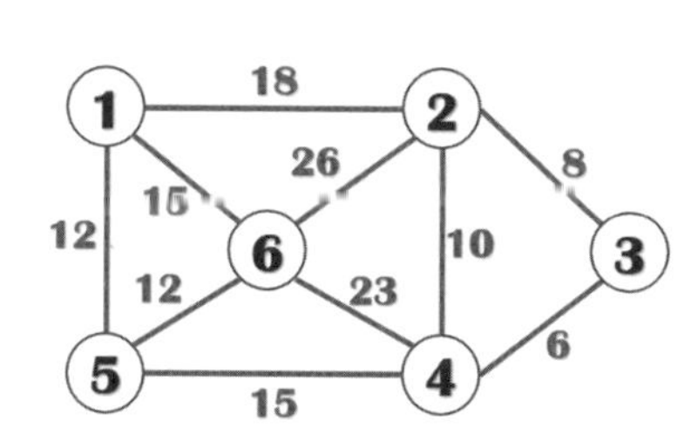

圖8-29　含有權值的圖

從圖形中得 V = {1, 2, 3, 4, 5, 6}, U = {1} 集合V－U = {2, 3, 4, 5, 6}中 頂點5與U頂點形成最小成本的邊 然後把此頂點加到集合U中	1 —12— 5
U = {1, 5}，V－U = {2, 3, 4, 6} 頂點6與集合U形成最小成本的邊 然後把此頂點加到集合U中	1 —12— 5 —12— 6
U = {1, 5, 6}，V－U = {2, 3, 4} 頂點4與集合U形成最小成本的邊	1 —12— 5 —12— 6；5 —15— 4

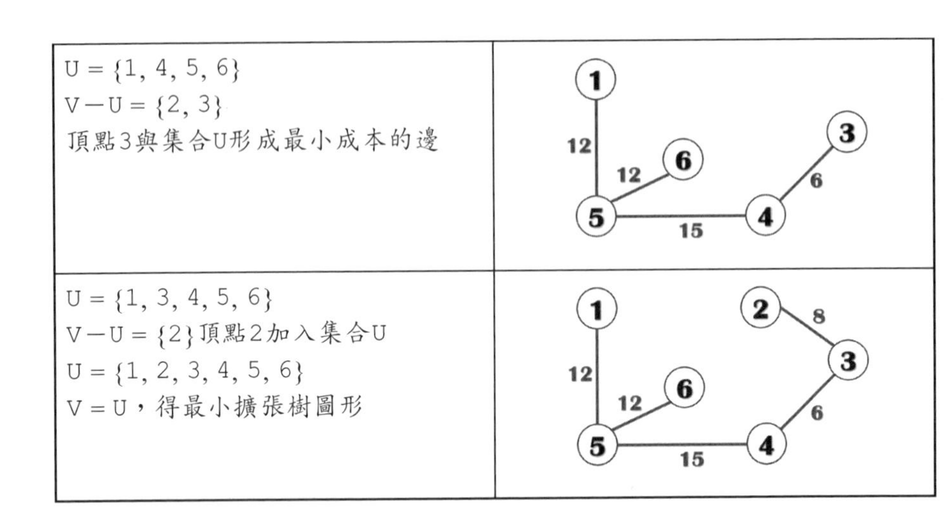

8.4.4 Kruskal's演算法

Kruskal's演算法也是以一次加入一個邊的步驟來建立一個最小花費擴張樹，並將各邊成本利用遞增方式加入此最小花費擴張樹。有一個加權圖形G = (V, E)，其規則如下：

```
V = {1, 2,......, n}
E中每一邊皆有成本，找出最小成本的邊
T = (V, φ)表示開始無邊
```

Kruskal's演算法是將各邊線依權值大小由小到大排列，從權值最低的邊線開始架構最小成本擴張樹，將最小成本的邊加入T中後會從E刪除，如果加入的邊線會造成迴路則捨棄不用，直到加入了n-1個邊線為止。

接著使用Kruskal's演算法來求取下圖MST的詳細施行步驟：

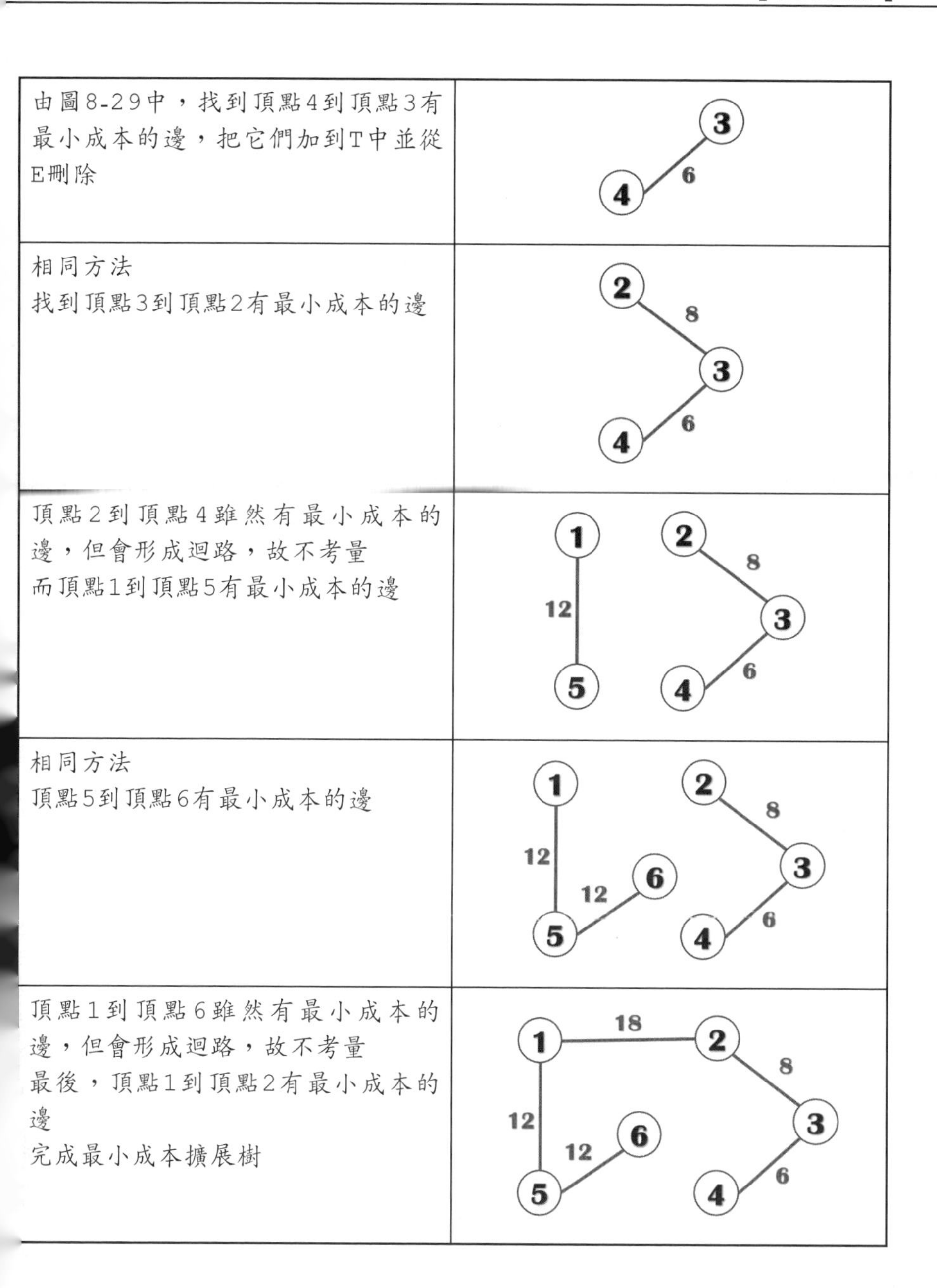

由圖8-29中，找到頂點4到頂點3有最小成本的邊，把它們加到T中並從E刪除	4 —6— 3
相同方法 找到頂點3到頂點2有最小成本的邊	2 —8— 3 —6— 4
頂點2到頂點4雖然有最小成本的邊，但會形成迴路，故不考量 而頂點1到頂點5有最小成本的邊	1 —12— 5；2 —8— 3 —6— 4
相同方法 頂點5到頂點6有最小成本的邊	1 —12— 5 —12— 6；2 —8— 3 —6— 4
頂點1到頂點6雖然有最小成本的邊，但會形成迴路，故不考量 最後，頂點1到頂點2有最小成本的邊 完成最小成本擴展樹	1 —18— 2；1 —12— 5 —12— 6；2 —8— 3 —6— 4

8.5 最短路徑

想要知道從高雄到台南，如果開車的話，通常會利用查詢的交通網絡來取得：最短的路徑（The Shortest Path Problem），或者走哪一條路最符合經濟效益。若以圖形網路來思考，就是任意兩個頂點之間的最短路徑或最少花費。其實，要考慮的狀況有兩種：

- 由某個頂點到其他頂點的最短路徑（Dijkstra演算法）。
- 各個頂點之間的最短路徑（Floyd演算法）。

有了這些初淺的概念，就可以一同來探討單點對全部頂點的最短距離及所有頂點兩兩之間的最短距離。

8.5.1 單點對全部頂點

一個頂點到多個頂點通常使用Dijkstra演算法求得，Dijkstra的演算法如下：

> 假設$S = \{V_i \mid V_i \in V\}$，且$V_i$在已發現的最短路徑，其中$V_0 \in S$是起點
> 假設$w \notin S$，定義Dist(w)是V_0從到w的最短路徑，這條路徑除了w外必屬於S

此外，它具有下列幾點特性：

- 如果u是目前所找到最短路徑之下一個節點，則u必屬於V-S集合中最小花費成本的邊。
- 若u被選中，將u加入S集合中，則會產生目前的由V0到u最短路徑，對於$w \notin S$，DIST(w)被改變成DIST(w)→Min{DIST(w), DIST(u) + COST(u, w)}。

從上述的演算法我們可以推演出如下的步驟：

Step 1. G = (V, E)。

```
D[k] = A[F, k], (k  = 1, N)
S = {F}, V = {1, 2,……, N}
```

◈ A[F, k]為頂點F到k的距離。

◈ D為一個N維陣列用來存放某一頂點到其他頂點最短距離。

◈ F表示起始頂點，V是網路中所有頂點的集合。

◈ E是網路中所有邊的組合，S也是頂點的集合。

Step 2. 從V-S集合中找到一個頂點x，使得D(x)為最小值，並把x放入S集合中。

Step 3. 依下列公式調整陣列D的值：

```
D[k] = min(D[k], D[x] + A[x ,k]) ((k, x) ∈ E)
其中(x, x)∈ E來調整D陣列的值，其中k是指x的相鄰各頂點
```

Step 4. 重複執行步驟2，一直到V-S是空集合為止。

圖8-30是有向圖，有8個頂點，求取頂點5到每個頂點的最短距離。

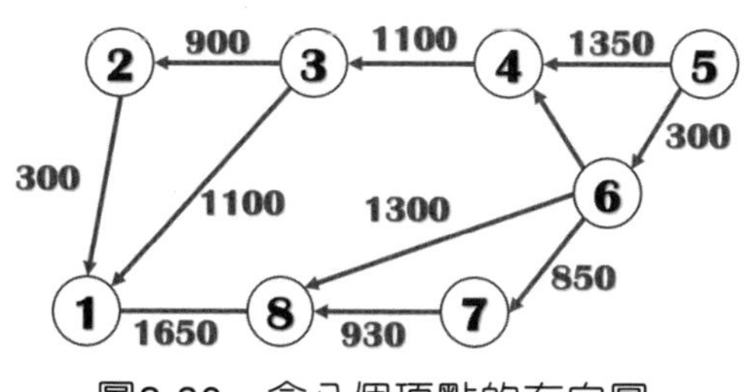

圖8-30　含八個頂點的有向圖

將此含有權重的有向圖以相鄰矩陣表示。

	1	2	3	4	5	6	7	8
1	0	∞	∞	∞	∞	∞	∞	∞
2	300	0	∞	∞	∞	∞	∞	∞
3	1100	900	0	∞	∞	∞	∞	∞
4	∞	∞	1100	∞	0	∞	∞	∞
5	∞	∞	∞	1350	∞	300	∞	∞
6	∞	∞	∞	900	∞	0	850	1300
7	∞	∞	∞	∞	∞	∞	0	930
8	1650	∞	∞	∞	∞	∞	∞	∞

Step 1. V = {1, 2, 3, 4, 5, 6, 7, 8}，F = 5, S = {5}，由於頂點5無法由直接到達頂點7和頂點8；所以把D[7]、D[8]的值設定為∞。

1	2	3	4	5	6	7	8
∞	∞	∞	1350	0	300	∞	∞

Step 2. 陣列D的D[6]是最小值，將頂點6放入集合S，S = {5, 6}（表格中以白色網底來表示某頂點加入S集合中）。

```
V - S = {1, 2, 3, 4, 7, 8}
```

```
頂點6有相鄰頂點4, 7, 8，可得到
D[4] = min(D[4], D[6] + A[6, 4]) = min(1350, 300 + 900) = 1200
D[7] = min(D[7], D[6] + A[6, 7]) = min(∞, 300 + 850) = 1150
D[8] = min(D[8], D[6] + A[6, 8]) = min(∞, 300 + 1300) = 1600
```

◈ 頂點5到頂點4，原來的距離為「1350」，經由頂點6縮短為「1200」；而頂點5到頂點8，可經由頂點6，其距離為「1600」，所以陣列D的內容變更如下：

陣列D	1	2	3	4	5	6	7	8
距離	∞	∞	∞	1200	0	300	1150	1600

Step 3. 繼續從{1, 2, 3, 4, 7, 8}集合中，找到陣列D的D[7]是最小值，將頂點7放入集合S，S = {5, 6, 7}

```
V - S = {1, 2, 3, 4, 8}
```

頂點7有相鄰頂點8，可得到

```
D[8] = min(D[8], D[7] + A[7 , 8])
     = min(1600, 1150 + 930) = 1600
```

◈ 頂點5到頂點8，可通過頂點6，所以最短距離就是「1600」，所以陣列D變更後的內容如下：

陣列D	1	2	3	4	5	6	7	8
距離	∞	∞	∞	1200	0	300	1150	1600

Step 4. 繼續從{1, 2, 3, 4, 8}集合中，找到陣列D的D[4]是最小值，將頂點4放入集合S，S = {5, 6, 7, 4}

```
V - S = {1, 2, 3, 8}
```

頂點4有相鄰頂點3，可得到

```
D[3] = min(D[3], D[4] + A[4 , 3]) = min(∞, 1200 + 1100) = 2300
```

得到陣列D的內容如下：

1	2	3	4	5	6	7	8
∞	∞	2300	1200	0	300	1150	1600

Step 5. 繼續從{1, 2, 3, 8}集合中，找到陣列D的D[8]是最小值，將頂點8放入集合S，S = {5, 6, 7, 4, 8}

```
V - S = {1, 2, 3}
```

```
頂點8有相鄰頂點1，可得到
D[1] = min(D[1], D[8] + A[8 , 1]) = min(∞, 1600 + 1650) = 3250
```

得到陣列D的內容如下：

1	2	3	4	5	6	7	8
3250	∞	2300	1200	0	300	1150	1600

Step 6. 繼續從{1, 2, 3}集合中，找到陣列D的D[3]是最小值，將頂點3放入集合S，S = {5, 6, 7, 4, 8, 3}

```
V - S = {1, 2}
```

```
頂點3有相鄰頂點2、1，可得到
D[2] = min(D[2], D[3] + A[3 , 2]) = min(∞, 2300 + 900)
= 3200
D[1] = min(D[1], D[3] + A[3 , 1])
     = min(3250, 2300 + 1100) = 3250
```

◈ 從頂點5到頂點1，可通過頂點6、8，所以最短距離為「3250」，所以陣列D的內容如下：

1	2	3	4	5	6	7	8
3250	3200	2300	1200	0	300	1150	1600

Step 7. 繼續從{1, 2}集合中，找到陣列D的D[2]是最小值，將頂點2放入集合S，S = {5, 6, 7, 4, 8, 3, 2}

```
V - S = {1}
```

```
頂點2有相鄰頂點1，可得到
D[1] = min(D[1], D[2] + A[2 , 1])
     = min(3250, 3200 + 300) = 3200
```

從頂點5到頂點2，可通過頂點6、4、3，所以最短距離為「3200」，最後得到頂點5到各頂點的距離。

1	2	3	4	5	6	7	8
3250	3200	2300	1200	0	300	1150	1600

8.5.2 頂點兩兩之間的最短距離

由於Dijkstra的方法只能求出某一點到其他頂點的最短距離，如果要求出圖形中任兩點甚至所有頂點間最短的距離，就必須使用Floyd演算法，其演算法定義如下：

1. $A^k[i][j] = \min\{A^{k-1}[i][j], A^{k-1}[i][k] + A^{k-1}[k][j]\}, k \geq 1$
2. $A^0[i][j]$ = COST[i][j]（即A^0便等於COST）
3. A^0為頂點i到j間的直通距離
4. $A^n[i, j]$代表i到j的最短距離，即A^n便是所要求的最短路徑成本矩陣

◈ k表示經過的頂點，$A^k[i][j]$為從頂點i到j的經由k頂點的最短路徑。

這樣看起來似乎覺得Floyd演算法相當複雜難懂，我們將直接以實例

說明它的演算法則。例如試以Floyd演算法求得圖8-31各頂點間的最短路徑。

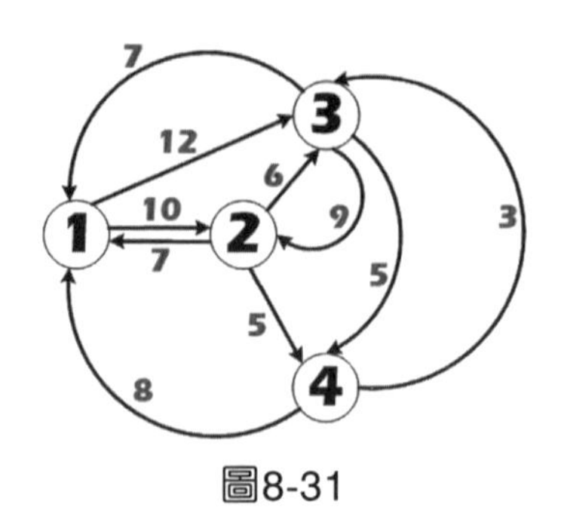

圖8-31

首先令A^0為原圖形，使用相鄰矩陣表示如下。

$$A^0 = \begin{array}{c|cccc} & 1 & 2 & 3 & 4 \\ \hline 1 & 0 & 10 & 12 & \infty \\ 2 & 7 & 0 & 6 & 5 \\ 3 & 7 & 9 & 0 & 5 \\ 4 & 8 & \infty & 3 & 0 \end{array}$$

對於A^1矩陣的求法，詳細步驟如下：利用$A^k(i, j) = \min\{A^k - 1(i, j), A^{k-1}(i, k) + A^{k-1}(k, j)\}$ $k \geqq 1$來求取。

$k = 1,\ A^1(i, j) = \min\{A^0(i, j), A^0(i, 1) + A^0(1, j)\}$

$k = 2,\ A^2(i, j) = \min\{A^1(i, j), A^1(i, 2) + A^1(2, j)\}$

$k = 3,\ A^3(i, j) = \min\{A^2(i, j), A^2(i, 3) + A^2(3, j)\}$

$k = 4,\ A^4(i, j) = \min\{A^3(i, j), A^3(i, 4) + A^3(4, j)\}$

得到：

```
A¹(1, 1) = min{A⁰(1, 1), A⁰(1, 1) + A⁰(1, 1)} = 0
A¹(1, 2) = min{A⁰(1, 2), A⁰(1, 1) + A⁰(1, 2)} = 10
A¹(1, 3) = min{A⁰(1, 3), A⁰(1, 1) + A⁰(1, 3)} = 12
A¹(1, 4) = min{A⁰(1, 4), A⁰(1, 1) + A⁰(1, 4)} = ∞

A¹(2, 1) = min{A⁰(2, 1), A⁰(2, 1) + A⁰(1, 1)} = 7
A¹(2, 2) = min{A⁰(2, 2), A⁰(2, 1) + A⁰(1, 2)} = 0
A¹(2, 3) = min{A⁰(2, 3), A⁰(2, 1) + A⁰(1, 3)} = 6
A¹(2, 4) = min{A⁰(2, 4), A⁰(2, 1) + A⁰(1, 4)} = 5

A¹(3, 1) = min{A⁰(3, 1), A⁰(3, 1) + A⁰(1, 1)} = 7
A¹(3, 2) = min{A⁰(3, 2), A⁰(3, 1) + A⁰(1, 2)} = 9
A¹(3, 3) = min{A⁰(3, 3), A⁰(3, 1) + A⁰(1, 3)} = 0
A¹(3, 4) = min{A⁰(3, 4), A⁰(3, 1) + (A⁰1, 4)} = 5

A¹(4, 1) = min{A⁰(4, 1), A⁰(4, 1) + A⁰(1, 1)} = 8
A¹(4, 2) = min{A⁰(4, 2), A⁰(4, 1) + A⁰(1, 2)}
         = min{∞, 8 + 10} = 18
A¹(4, 3) = min{A⁰(4, 3), A⁰(4, 1) + A⁰(1, 3)} = 3
A¹(4, 4) = min{A⁰(4, 4), A⁰(4, 1) + A⁰(1, 4)} = 0
```

$$A^1 = \begin{array}{c} \\ 1 \\ 2 \\ 3 \\ 4 \end{array} \begin{array}{c} \begin{array}{cccc} 1 & 2 & 3 & 4 \end{array} \\ \begin{pmatrix} 0 & 10 & 12 & \infty \\ 7 & 0 & 6 & 5 \\ 7 & 9 & 0 & 5 \\ 8 & 18 & 3 & 0 \end{pmatrix} \end{array}$$

再依上述步驟可求得A^2、A^3、A^4，且A^4即爲頂點1、2、3、4兩兩之間的最短距離。

CHAPTER 8

```
k = 2, A²(i, j) = min{A¹(i, j), A¹(i,2) + A¹(2,j)}
```

得到：

```
A²(1, 1) = min{A¹(1, 1), A¹(1, 2) + A¹(2, 1)} = A¹(1, 1) = 0
A²(1, 2) = min{A¹(1, 2), A¹(1, 2) + A¹(2, 2)} = 10
A²(1, 3) = min{A¹(1, 3), A¹(1, 2) + A¹(2, 3)} = 12
A²(1, 4) = min{A¹(1, 4), A¹(1, 2) + A¹(2, 4)} = 15

A²(2, 1) = min{A¹(2, 1), A¹(2, 2) + A¹(2, 1)} = 7
A²(2, 2) = min{A¹(2, 2), A¹(2, 2) + A¹(2, 2)} = 0
A²(2, 3) = min{A¹(2, 3), A¹(2, 2) + A¹(2, 3)} = 6
A²(2, 4) = min{A¹(2, 4), A¹(2, 2) + A¹(2, 4)} = 5

A²(3, 1) = min{A¹(3, 1), A¹(3, 2) + A¹(2, 1)} = 7
A²(3, 2) = min{A¹(3, 2), A¹(3, 2) + A¹(2, 2)} = 9
A²(3, 3) = min{A¹(3, 3), A¹(3, 2) + A¹(2, 3)} = 0
A²(3, 4) = min{A¹(3, 4), A¹(3, 2) + A¹(2, 4)} = 5

A²(4, 1) = min{A¹(4, 1), A¹(4, 2) + A¹(2, 1)} = 8
A²(4, 2) = min{A¹(4, 2), A¹(4, 2) + A¹(2, 2)} = 18
A²(4, 3) = min{A¹(4, 3), A¹(4, 2) + A¹(2, 3)} = 3
A²(4, 4) = min{A¹(4, 4), A¹(4, 2) + A¹(2, 4)} = 0
```

$$A^2 = \begin{array}{c} \\ 1 \\ 2 \\ 3 \\ 4 \end{array} \begin{array}{c} \begin{array}{cccc} 1 & 2 & 3 & 4 \end{array} \\ \begin{pmatrix} 0 & 10 & 12 & 15 \\ 7 & 0 & 6 & 5 \\ 7 & 9 & 0 & 5 \\ 8 & 18 & 3 & 0 \end{pmatrix} \end{array}$$

$k = 3,\ A^3(i, j) = \min\{A^2(i, j),\ A^2(i, 3) + A^2(3, j)\}$

得到：

$A^3(1, 1) = \min\{A^2(1, 1),\ A^2(1, 3) + A^2(3, 1)\} = 0$

$A^3(1, 2) = \min\{A^2(1, 2),\ A^2(1, 3) + A^2(3, 2)\} = 10$

$A^3(1, 3) = \min\{A^2(1, 3),\ A^2(1, 3) + A^2(3, 3)\} = 12$

$A^3(1, 4) = \min\{A^2(1, 4),\ A^2(1, 3) + A^2(3, 4)\} = 15$

$A^3(2, 1) = \min\{A^2(2, 1),\ A^2(2, 3) + A^2(3, 1)\} = 7$

$A^3(2, 2) = \min\{A^2(2, 2),\ A^2(2, 3) + A^2(3, 2)\} = 0$

$A^3(2, 3) = \min\{A^2(2, 3),\ A^2(2, 3) + A^2(3, 3)\} = 6$

$A^3(2, 4) = \min\{A^2(2, 4),\ A^2(2, 3) + A^2(3, 4)\} = 5$

$A^3(3, 1) = \min\{A^2(3, 1),\ A^2(3, 3) + A^2(3, 1)\} = 7$

$A^3(3, 2) = \min\{A^2(3, 2),\ A^2(3, 3) + A^2(3, 2)\} = 9$

$A^3(3, 3) = \min\{A^2(3, 3),\ A^2(3, 3) + A^2(3, 3)\} = 0$

$A^3(3, 4) = \min\{A^2(3, 4),\ A^2(3, 3) + A^2(3, 4)\} = 5$

$A^3(4, 1) = \min\{A^2(4, 1),\ A^2(4, 3) + A^2(3, 1)\} = 8$

$A^3(4, 2) = \min\{A^2(4, 2),\ A^2(4, 3) + A^2(3, 2)\}$

$= \min(18,\ 3 + 9) = 12$

$A^3(4, 3) = \min\{A^2(4, 3),\ A^2(4, 3) + A^2(3, 3)\} = 3$

$A^3(4, 4) = \min\{A^2(4, 4),\ A^2(4, 3) + A^2(3, 4)\} = 0$

$$A^3 = \begin{array}{c|cccc} & 1 & 2 & 3 & 4 \\ \hline 1 & 0 & 10 & 12 & 15 \\ 2 & 7 & 0 & 6 & 5 \\ 3 & 7 & 9 & 0 & 5 \\ 4 & 8 & 12 & 3 & 0 \end{array}$$

$k = 4,\ A^4(i, j) = \min\{A^3(i, j),\ A^3(i, 4) + A^3(4, j)\}$

得到：

$A^4(1, 1) = \min\{A^3(1, 1),\ A^3(1, 4) + A^3(4, 1)\} = 0$

$A^4(1, 2) = \min\{A^3(1, 2),\ A^3(1, 4) + A^3(4, 2)\} = 10$

$A^4(1, 3) = \min\{A^3(1, 3),\ A^3(1, 4) + A^3(4, 3)\} = 12$

$A^4(1, 4) = \min\{A^3(1, 4),\ A^3(1, 4) + A^3(4, 4)\} = 15$

$A^4(2, 1) = \min\{A^3(2, 1),\ A^3(2, 4) + A^3(4, 1)\} = 7$

$A^4(2, 2) = \min\{A^3(2, 2),\ A^3(2, 4) + A^3(4, 2)\} = 0$

$A^4(2, 3) = \min\{A^3(2, 3),\ A^3(2, 4) + A^3(4, 3)\} = 6$

$A^4(2, 4) = \min\{A^3(2, 4),\ A^3(2, 4) + A^3(4, 4)\} = 5$

$A^4(3, 1) = \min\{A^3(3, 1),\ A^3(3, 4) + A^3(4, 1)\} = 7$

$A^4(3, 2) = \min\{A^3(3, 2),\ A^3(3, 4) + A^3(4, 2)\} = 9$

$A^4(3, 3) = \min\{A^3(3, 3),\ A^3(3, 4) + A^3(4, 3)\} = 0$

$A^4(3, 4) = \min\{A^3(3, 4),\ A^3(3, 4) + A^3(4, 4)\} = 5$

$A^4(4, 1) = \min\{A^3(4, 1),\ A^3(4, 4) + A^3(4, 1)\} = 8$

$A^4(4, 2) = \min\{A^3(4, 2),\ A^3(4, 4) + A^3(4, 2)\} = 12$

$A^4(4, 3) = \min\{A^3(4, 3),\ A^3(4, 4) + A^3(4, 3)\} = 3$

$A^4(4, 4) = \min\{A^3(4, 4),\ A^3(4, 4) + A^3(4, 4)\} = 0$

$$A^4 = \begin{array}{c|cccc} & 1 & 2 & 3 & 4 \\ \hline 1 & 0 & 10 & 12 & 15 \\ 2 & 7 & 0 & 6 & 5 \\ 3 & 7 & 9 & 0 & 5 \\ 4 & 8 & 12 & 3 & 0 \end{array}$$

這4個頂點兩兩之間的最短距離即可用A^4表示。

CHAPTER 8

課後習作

1. 圖G以頂點D爲起點，求它DFS擴張樹與BFS擴張樹。

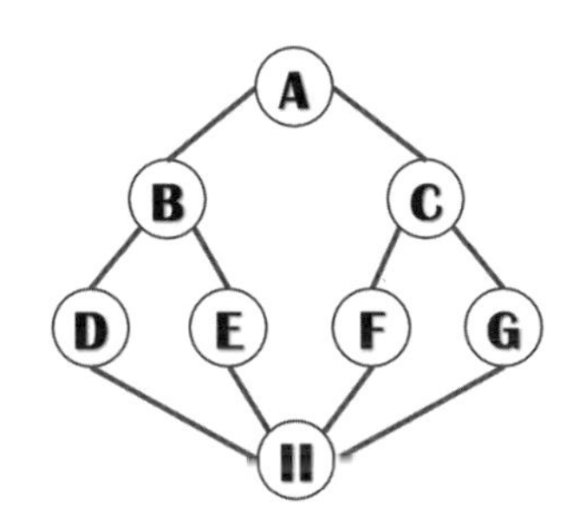

2. 在無向圖形中，如果n個頂點中恰好擁有n*(n-1)/2條邊，可稱爲(1)完美圖形　(2)最佳圖形　(3)完整圖形　(4)合理圖形。
3. 請問以下哪些是圖形的應用（Application）？(1)工作排程、(2)遞迴程式、(3)電路分析、(4)排序、(5)最短路徑尋找、(6)模擬、(7)副程式呼叫、(8)都市計畫。
4. 下圖是否爲雙連通圖形（Biconnected Graph）？有哪些連通單元（Connected Components）？試說明之。

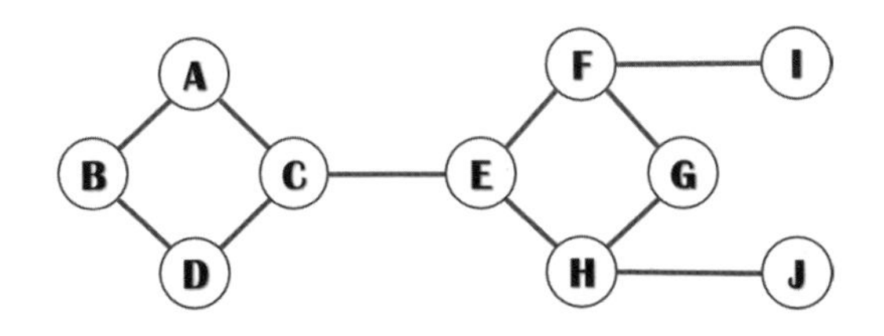

5. 參考下圖以頂點A爲起點，求出下圖的DFS與BFS結果。

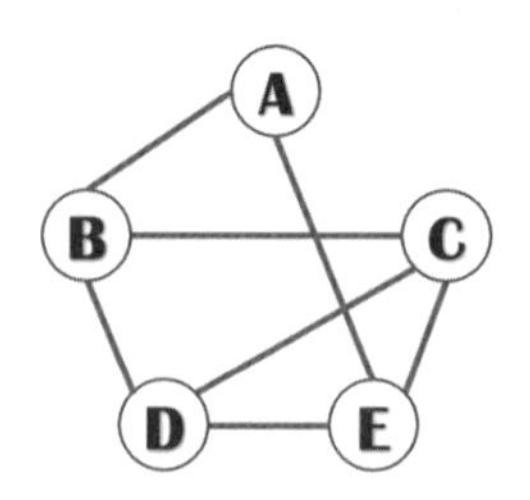

6. 試說明假設無向圖形G=(V, E), e' ∈ E，如果e'的加權值為最大，那麼任一G的MST也有可能包含e'。
7. 請寫出以Floyd演算法求得下圖各頂點間的距離（請依序寫出A^0、A^1、A^2、A^3）。

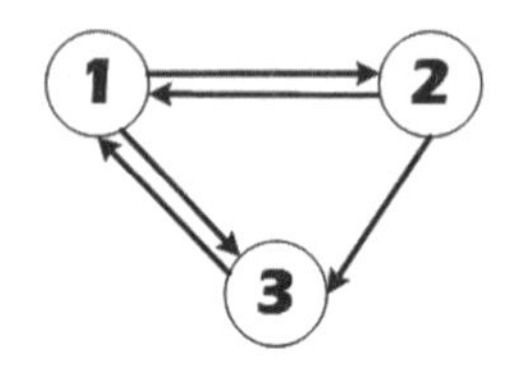

8. 請問圖形有哪四種常見的表示法？
9. 試簡述圖形追蹤的定義。
10. 在求得一個無向連通圖形的最小花費樹Prim's演算法的主要作法為何？試簡述之。

第九章

有條有理話排序

★學習導引★

認識基本排序，以比較、互換為原則，包括氣泡、插入、選擇和謝耳排序法

更進階的排序，有：快速排序、合併排序、堆積比較，不參與比較的基數排序

9.1 排序原理

所謂「排序」（Sorting）是將一群資料按照某一個特定規則重新排列，使其具有遞增或遞減的次序關係。按照特定規則，用以排序的依據，我們稱爲「鍵」（Key），它所含的值就稱爲鍵值。資料在經過排序後，會有下列三點好處：

- 資料較容易閱讀。
- 資料較利於統計及整理。
- 可大幅減少資料搜尋的時間。

在日常生活中，經常會利用到排序技巧，例如學校段考後各科成績中找出優秀者；熱映的電影依據票房收入找出口碑最佳者。排序依資料量之多寡及所使用的記憶體來區分有「內部排序」（Internal Sort）和「外部排序」（External Sort）

- 內部排序：排序的資料量小，可以完全在記憶體內進行排序。
- 外部排序：排序的資料量無法直接在記憶體內進行排序，而必須使用到輔助記憶體（如硬碟）。

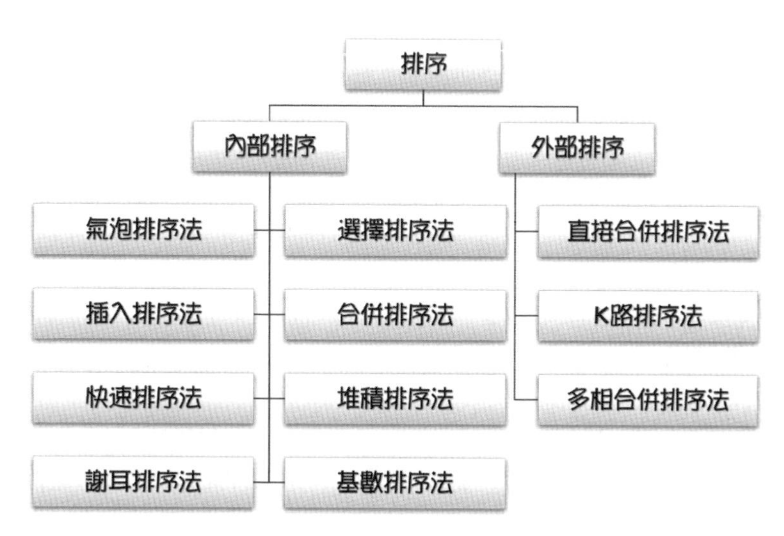

圖9-1　常見的內外排序法

一般來說，會影響「內部排序」的效率就是比較或資料交換的次數。此外，依排序過程可以區分為「直接移動」與「邏輯移動」兩種。直接移動是直接移動資料的位置；而邏輯移動則是改變資料的指標位置。除此之外，數列中幾個相同鍵值經由排序後，相同的鍵值仍然保持原來的次序，稱為穩定排序（Stable Sort）。

```
Python 3.6.5 Shell
File  Edit  Shell  Debug  Options  Window  Help
>>> data = [('red', 1), ('blue', 1), ('red', 2), ('blue', 2)]
>>> color = lambda item : item[0]
>>> data.sort(key = color)
>>> print(data)
[('blue', 1), ('blue', 2), ('red', 1), ('red', 2)]
```

◈ data儲存的是由Tuple物件組成List物件的項目，可以看到「red」和「blue」的名稱重複了。

◈ 變數color經由lambda運算式來指定以第一個項目「item[0]」來作為方法sort()的鍵值（key）進行排序。

若是穩定排序，則會輸出如下項目，若為不穩定輸出則有可能的情形：

```
[('blue', 1), ('blue', 2), ('red', 1), ('red', 2)] #穩定
[('blue', 2), ('blue', 1), ('red', 1), ('red', 2)] #不穩定
```

9.2 基礎排序

基本排序法的原理與設計方式都較為簡單，包括選擇排序、插入排序、謝耳排序及氣泡排序等。其中除了謝耳的平均時間複雜度為O(n(log n)²

及最差時間複雜度爲$O(n^s)$，$1 < s < 2$之外，這些方法的平均時間複雜度及最差時間複雜度均爲$O(n^2)$。比較內容列於下表。

簡單排序法名稱	排序特性
氣泡排序法（Bubble Sort）	(1)穩定排序法 (2)空間複雜度最佳，只需一個額外空間O(1)
選擇排序法（Selection Sort）	(1)不穩定排序法 (2)空間複雜度爲最佳，只需一個額外空間O(1)
插入排序法（Insertion Sort）	(1)穩定排序法 (2)空間複雜度爲最佳，只需一個額外空間O(1)
謝耳排序法（Shell Sort）	(1)穩定排序法 (2)空間複雜度爲最佳，只需一個額外空間O(1)

將各項排序法的時間複雜度和空間複雜度列於下表。

演算法	時間複雜度			空間複雜度
	最佳	平均	最壞	最壞
氣泡排序法	$O(n)$	$O(n^2)$	$O(n^2)$	$O(1)$
插入排序法	$O(n^2)$	$O(n^2)$	$O(n^2)$	$O(1)$
選擇排序法	$O(n^2)$	$O(n^2)$	$O(n^2)$	$O(1)$
謝耳排序法	$O(n)$	$O(n^{3/2})$	$O(n \log^2(n))$	$O(n)$
快速排序法	$O(n\ long(n))$	$O(n\ long(n))$	$O(n^2)$	$O(long_2(n))$
合併排序法	$O(n \log(n))$	$O(n \log(n))$	$O(n \log(n))$	$O(n)$
堆積排序法	$O(n \log(n))$	$O(n \log(n))$	$O(n \log(n))$	$O(n)$
基數排序法	$O(n \log_p k)$			$O(n*p)$

9.2.1 氣泡排序法

氣泡排序法（Bubble Sort）可說是最簡單的排序法之一，它屬於交換排序（Swap sort）的一種，由觀察水中氣泡變化構思而成，氣泡隨著水深壓力而改變。氣泡在水底時，水壓最大，氣泡最小；當慢慢浮上水面時，發現氣泡由小漸漸變大。由此可知，氣泡排序法是把陣列中相鄰兩元素之鍵值做比較，若兩元素之次序不對，則將兩元素值交換。氣泡排序法的比較方式是由第一個元素開始，比較相鄰元素大小，若大小順序有誤，則對調後再進行下一個元素的比較，其步驟如下。

Step 1. 相鄰之兩資料項X(i)與X(i - 1)互相比較。

Step 2. 若次序不對則將兩資料項對調，直到不產生對調為止。

Step 3. 重複以上動作，直到N-1次或互換動作停止。

以下排序我們利用數列「25、33、11、78、65、57」來說明排序過程。

Step 1. 一開始資料都放在同一陣列中，比較相鄰的陣列元素大小，依照順序來決定是否要做交換。

Step 2. 從輸入陣列的第一個元素開始「25」，它小於33不互換，33比11大，得互換。所以較大的元素會逐漸地往下方移動，所以找到最大值「78」，結束第一回合的結果。

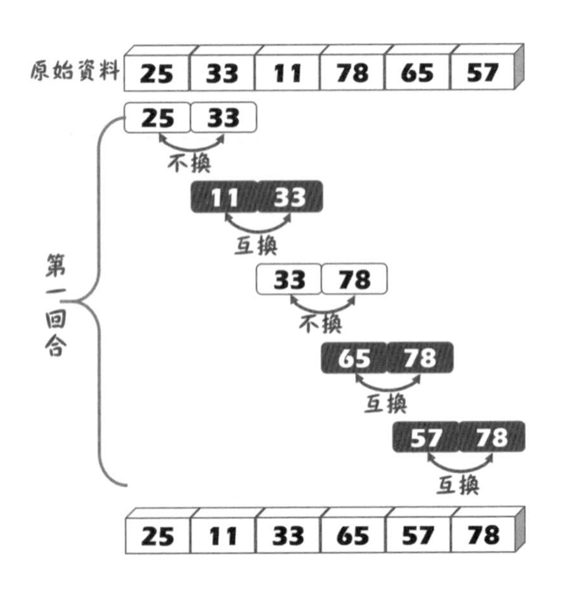

Step 3. 第二回合，以「6 – 1 = 5」做排序。

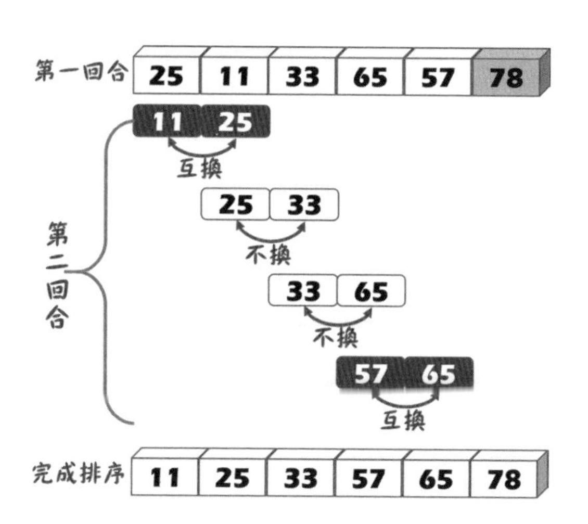

將範圍內最大元素就定位過程稱為「回合」（pass），從步驟2中可以得知「第一回合」範圍是從「A[0]～A[n - 1]」，其中的最大元素會定位到「A[n - 1]」，可以得到的結論如下：

- 第一回合的範圍中數列中有6個項目，比較了5次，進行了3次交換。所以「比較次數 = 數列項目 - 1」。
- 每一回之後至少會有一個項目排到正確位置。

範例「sortBubble.py」氣泡排序法

```
01  def sortButtle(data, long):
02   for k in range(long - 1, 0, -1):
03      for item in range(k):
04         if data[item] > data[item + 1]:
05            data[item], data[item + 1] = \
06               data[item + 1], data[item]
```

```
07              print(data)
08    return data
```

```
11  data = [25, 33, 11, 78, 65, 57]
12  long = len(data)
13  print('未排序', data)
14  print('氣泡排序', sortButtle(data, long))
```

程式說明

- 第1~8行：定義函式sortBubble()，傳入List物件的元素和其長度來執行氣泡排序的動作。
- 第2~8行：外層for迴圈以記錄指標方式來移動。
- 第3~7行：將陣列元素兩兩比較，並以if配合條件判斷，若前一個項目比後一個項目的值大就互換位置。
- 第5~6行：項目進行交換時，Python能直接互奐而不用借助其他的暫存變數。

補給站

Python本身提供了兩個排序的函式或方法。

- 內建函式sorted()，其中參數「reverse」爲「True」是遞增，「False」爲遞減。經過sorted()函式會以副本排序，所以原有的資料順序並未改變。
- List物件提供的sort()方法採「就地排序」會改變原始資料的順序；其中的參數reverse用法和sorted()函式相同。

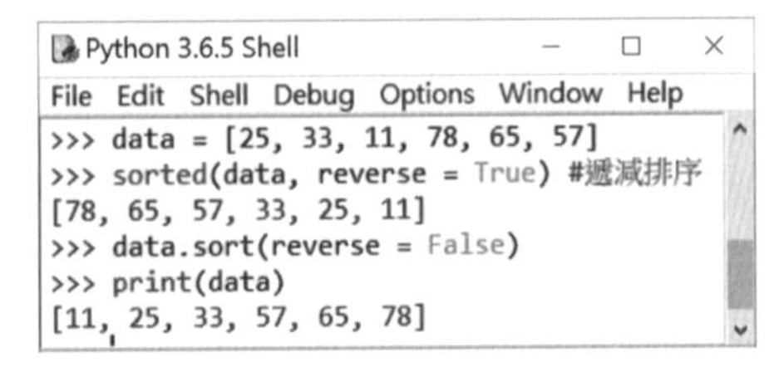

氣泡法分析

- 最壞情況及平均情況均需要比較：

```
(n-1) + (n-2) + (n-3) + … + 3 + 2 + 1 = n(n-1)/2 次
```

- 時間複雜度爲$\theta(n^2)$，最好情況只需完成一次掃瞄，發現沒有做交換的動作則表示已經排序完成，所以只做了n-1次比較，時間複雜度爲$\Omega(n)$。
- 由於氣泡排序爲相鄰兩者相互比較對調，並不會更改其原本排列的順序，是穩定排序法。
- 只需一個額外的空間，所以空間複雜度爲最佳。
- 此排序法適用於資料量小或有部分資料已經過排序。

9.2.2 插入排序法

插入排序法（Insertion Sort）的基本原理是將一個元素插入一串已排序的元素之中，使該串元素仍然按順序排列，插入排序同樣屬於穩定排序，所需額外空間很少。設定步驟如下：

Step 1. 將該第i個鍵値插入到其前面所有鍵値當中，第一個大於本身鍵値之前，若沒有則置於最後面。

Step 2. 重覆以上動作，直到「i = n-1」爲止。

將資料「78、56、43、12、63、23」使用插入排序法進行由小而大的遞增排序。

Step 1. 先將數列中前兩個數値做比較，由於「56 < 78」，所以將56插入到78之前。

Step 2. 將數列的第3個項目「43」先與78比較，「43 < 78」，向前推移，「43 < 56」，所以插入到56之前。

Step 3. 將數列的第4個項目「12」先與78比較，「12 < 78」，向前推移，「12 < 56」且「12 < 45」，所以插入到45之前。

CHAPTER 9

Step 4. 將數列的第5個項目「63」與78比較，「63 < 78」，向前推移，但「63 > 56」，所以插入到78、56之間。

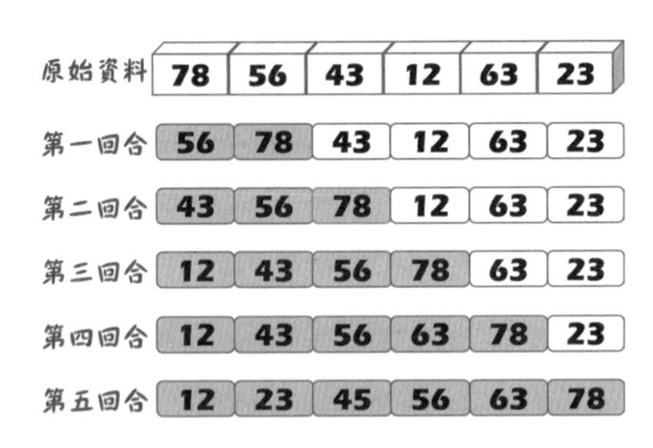

Step 5. 將數列的第6個項目「23」與78比較，「23 < 78」，向前推移，但「23 < 63」且「23 < 56」，「23 < 43」但「23 > 12」，所以插入到12、45之間。

範例「sortInsert.py」 插入排序法由小而大

```
01 def sortInsert(data, lg):
02    for k in range(1, lg):
03       preid = k - 1 #取得欲比較的前(preid)、後項(k)索引
04       key = data[k] #設當前的項目爲鍵值
05       while data[preid] > key and preid >= 0:
06          data[preid + 1] = data[preid] #移向前項索引之前
07          preid -= 1
08       data[preid + 1] = key
09       print(data)
10    return data
```

程式說明

◈ 定義函式sortInsert()，以List物件爲參數來進行「插入排序法」。

◈ 第2~9行：for迴圈讀取List物件，從第2個項目讀取，再以變數perid、k來儲存前一項和下一項的索引。

◈ 第5~7行：while迴圈處理陣列中前、後項比大小的問題，當前項值大於後項值時，改變索引並將項目向前推移。

插入排序法分析：

- 最壞及平均情況需要比較「(n-1) + (n-2) + (n-3) + … + 3 + 2 + 1 = $\frac{n(n-1)}{2}$ 次；時間複雜度爲$O(n^2)$，最好情況時間複雜度爲：$O(n)$」。
- 插入排序是穩定排序法。
- 只需一個額外的空間，所以空間複雜度爲最佳。
- 此排序法適用於大部分資料已經過排序或已排序資料庫新增資料後進行排序。
- 插入排序法會造成資料的大量搬移，所以建議在鏈結串列上使用。

9.2.3 選擇排序法

選擇排序法（Selection Sort）也是穩定排序的一環，它使用兩種方式排序。將所有資料由大至小排序，則將最大値放入第一位置；若由小至大排序時，則將最大値放入位置末端。例如當N筆資料需要由大至小排序時，首先以第一個位置的資料，依次向第2、3、4 …N個位置的資料作比較。運作步驟如下：

Step 1. 找出第i個至第N個鍵值中最小者，並與第i個鍵值交換（第一次i = 1）。

Step 2. 重覆以上動作，直到「i = n-1」爲止。

將原始資料「45、21、10、18、65、33」以選擇排序法進行由小而大的排序。

Step 1. 先從陣列中找出最小值，然後跟第一個項目「45」對調。

Step 2. 第二回合，從5個項目中找出最小值「18」，然後與第二項目「21」對調。

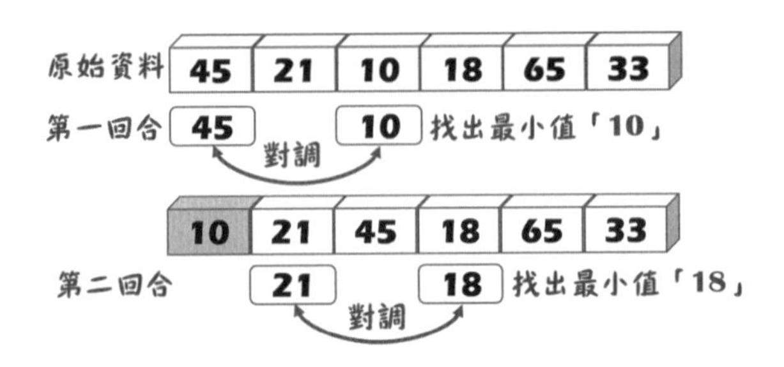

Step 3. 第三回合，從4個項目中找出最小值「21」，然後與第三項目「45」對調。

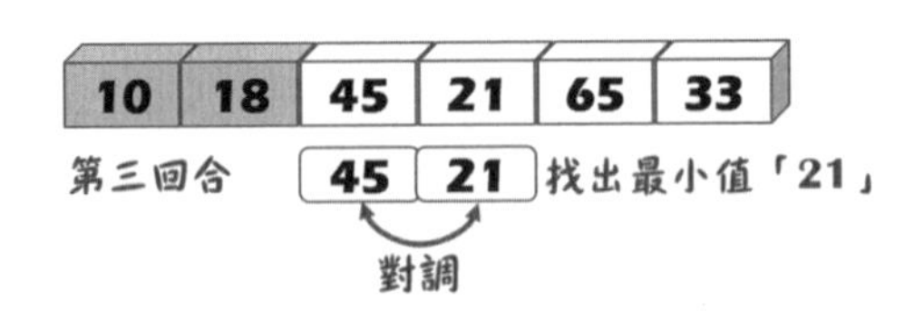

Step 4. 第四回合，從3個項目中找出最小值「33」，然後與第項目「45」對調。

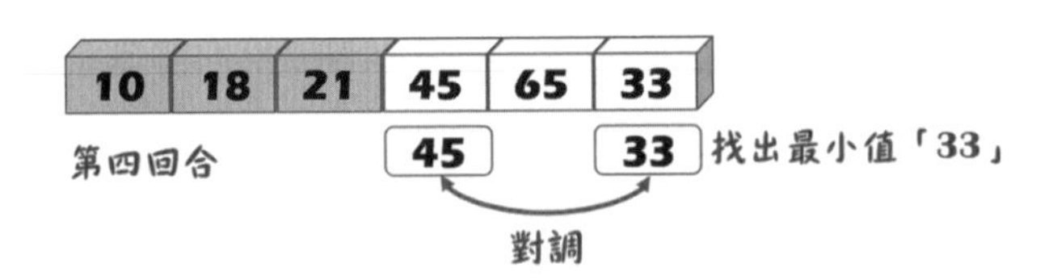

Step 5. 第五回合，從2個項目中找出最小值「45」，然後與項目「65」對調而完成排序的動作。

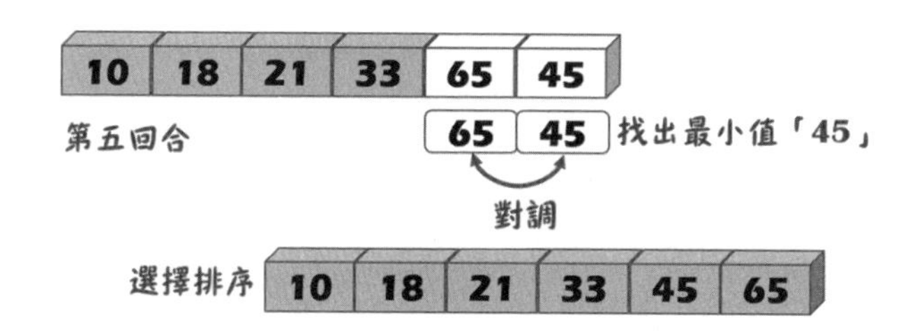

範例「sortSelection.py」選擇排序法做遞增

```
01 def sortSelection(data, lg):
02     for k, item in enumerate(data):
03         #利用函式min()取得最小值
04         minimum = min(range(k, lg), key = data.__getitem__)
05         data[k], data[minimum] = data[minimum], item
06         print(data) #觀看排序變化
07     return data
```

程式說明

- 定義函式sortSelection()來進行選擇排序法，以遞增方式來執行。
- 第2~6行：函式enumerate()取得陣列的索引，然後以min()函式並以__getitem__來取得陣列中的最小值。
- 第5行：將陣列中依次序與找出的最小值對調。

選擇排序法分析

- 無論是最壞清況、最佳情況及平均情況都需要找到最大值（或最小值），因此其比較次數爲：$(n-1) + (n-2) + (n-3) +\cdots+ 3 + 2 + 1 = \frac{n(n-1)}{2}$；時間複雜度爲$O(n^2)$。
- 由於選擇排序是以最大或最小值直接與最前方未排序的鍵值交換，資料排列順序很有可能被改變，故不是穩定排序法。
- 只需一個額外的空間，所以空間複雜度爲最佳。

CHAPTER 9

➢ 此排序法適用於資料量小或有部分資料已經過排序。

9.2.4 謝耳排序法

謝耳排序法（Shell Sort）是D. L. Shell 在1959年7月所發明的一種排序法，原理有點像是插入排序法，但它可以減少資料搬移的次數而加快排序動作，不受輸入資料順序的影響，任何狀況的時間複雜度都爲$O(n^{3/2})$。排序的原則是將資料區分成特定間隔的幾個小區塊，以插入排序法排完區塊內的資料後再漸漸減少間隔的距離。它可減少插入排序法中資料搬移的次數。運作步驟如下：

Step 1. 先求出初始間隔值，並將資料以此間隔值做分割資料。

Step 2. 再藉由插入排序法進行排序。

Step 3. 最後，縮小間隔值範圍，重複執行，直到間隔值爲「1」即完成排序。

將原始資料「45、26、38、92、67、13、56、71」以謝耳排序法進行由小而大的排序。

Step 1. 由於陣列中有8個元素，則間隔值「8/2 = 4」，將陣列區分成四塊。

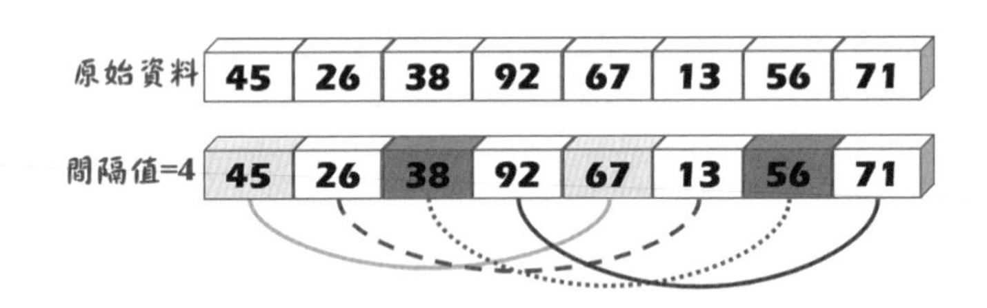

Step 2. 依插入排序法的「左小右大」原則，得到如下排序結果。

間隔成4組	45	67	26	13	38	56	92	71
依插入排序	45	13	38	71	67	26	56	92

Step 3. 調小間隔值爲「4/2 = 2」，將陣列區分成兩塊。

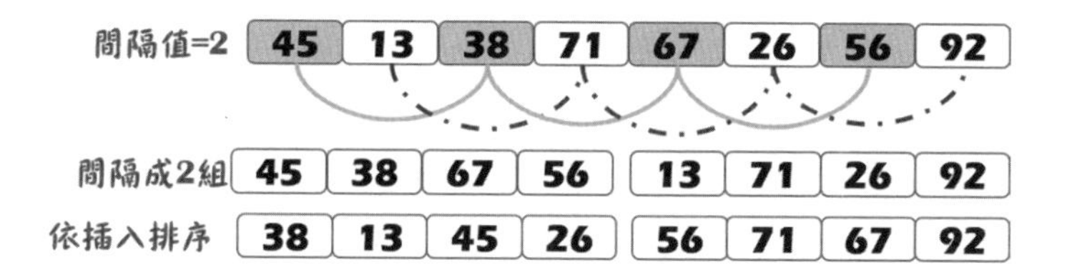

Step 4. 再把間隔值調小爲「2/2 = 1」，再以插入排序法完成排序動作。

間隔值=1	13	26	38	45	56	67	71	92
完成排序	13	26	38	45	56	67	71	92

範例「sortShell.py」謝耳排序法

```
01 def sortShell(ary):
02     cleft = len(ary) // 2 #取間值隔整數
03     while cleft > 0:
04         for start in range(cleft):
05             sortInsertforGap(ary, start, cleft)
06             print('間隔值 =', cleft,'\n陣列：', ary)
07             cleft = cleft // 2 #調整爲更小的間隔
08 
09 def sortInsertforGap(ary, start, gap):
10     for k in range(start + gap, len(ary), gap):
11         current = ary[k]
12         pos = k #取得索引位置
13         #依左小右大的規則，調整元素位置
14         while pos >= gap and ary[pos - gap] > current:
15             ary[pos] = ary[pos - gap]
16             pos = pos - gap
17         ary[pos] = current
```

程式說明

◈ 第1~7行：定義謝耳排序法，每次執行時會依據陣列大小來設定間隔值。

◈ 第3~7行：先以while迴圈判斷間隔值是大於1的情形下，再配合for迴圈依間隔值讀取陣列內容並呼叫插入排序法進行排序。

◈ 第9~17行：定義插入排序法，依左大右小的規則，將經過比較大小的元素依索引位置來變更，完成其排序。

謝耳排序法分析：

➢ 任何情況的時間複雜度均為$O(n^{3/2})$。

➢ 謝耳排序法和插入排序法一樣，都是穩定排序。

➢ 只需一個額外空間，所以空間複雜度是最佳。

➢ 此排序法適用於資料大部分都已排序完成的情況。

9.3 進階排序法

高等排序法使用的方法是每次比較兩個鍵值後，便分成兩個部分，而選擇其中一部分先處理，即決策樹（Decision Tree）型式。屬於此技巧的方法有快速排序、合併排序、堆排序，除了快速排序最差時間複雜度為$O(n^2)$，其他的平均時間複雜度及最差時間複雜度均為$O(n \log n)$。至於基數排序法的平均時間複雜度為$O(n \log_p k)$，至於最差時間複雜度則為$O(n \log_p k)$～$O(n)$。

進階排序法	說明
快速排序法	(1) 不穩定排序法 (2) 空間複雜度最差O(n)最佳$O(\log_2 n)$
合併排序法	(1) 穩定排序法 (2) 需要一個與檔案大小同樣的額外空間，故其空間複雜度O(n)

進階排序法	說明
堆積排序法	(1) 不穩定排序法 (2) 空間複雜度爲最佳，只需一個額外空間O(1)
基數排序法	(1) 穩定排序法 (2) 空間複雜度爲O(np)，n爲原始資料的個數，p爲基底

9.3.1 快速排序法

快速排序法（Quick Sort）是一種分而治之（Divide and Conquer）的排序法，所以也稱爲分割交換排序法，是目前公認最佳的排序法，平均表現是我們所介紹的排序法中最好的，目前爲止至少快兩倍以上。它的運作方式和氣泡排序法類似，利用交換達成排序。它的原理是以遞迴方式，將陣列分成兩部分：不過它會先在資料中找到一個虛擬的中間值，把小於中間值的資料放在左邊而大於中間值的資料放在右邊，再以同樣的方式分別處理左右兩邊的資料，直到完成爲止。

假設有n筆記錄R_1、R_2、R_3…Rn，其鍵值爲K_1、K_2、K_3、…、K_n。快速排序法的步驟如下：

Step 1. 取K爲第一筆鍵值。

Step 2. 由左向向找出一個鍵值K_i使得$K_i > K$。

Step 3. 由右向左找出一個鍵值K_j使得$K_j < K$。

Step 4. 若$i < j$則K與K_j交換，並繼續步驟2的執行。

Step 5. 若$i \geqq j$則將K與K_j交換，並以j爲基準點將資料分爲左右兩部分，再以遞迴方式分別爲左右兩半進行排序，直至完成排序。

將原始資料「35、40、86、54、16、63、75、21」以快速排序法進行由小而大的排序。

Step 1. 將變數pivot設爲數列的第一個數值，first指標指向數列的第二個數值，而last指標指向數列最後一個數值。

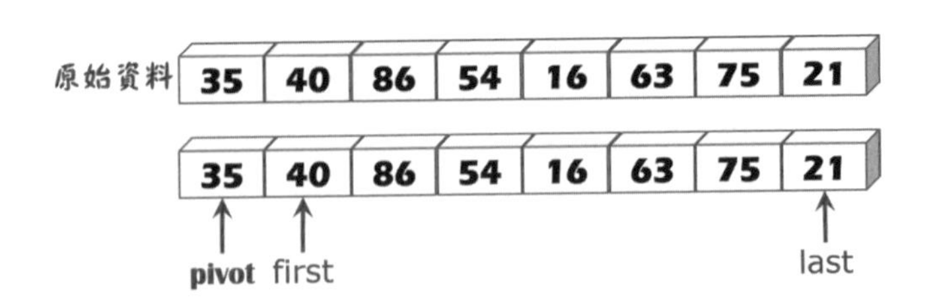

Step 2. first指標向右移動，而last指標則向左移動；由於「first > pivot」（40 > 35）而「last < pivot」（21 < 35），把40、21指標指向的值對調。

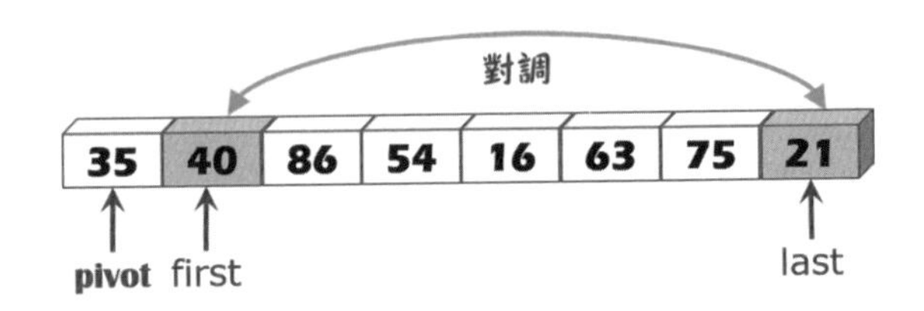

Step 3. first指標繼續向右移動，而last指標則向左移動；由於「86 > 35」，first比pivot大，「16 < 35」表示last小於pivot；把first、last指標指向的值對調。

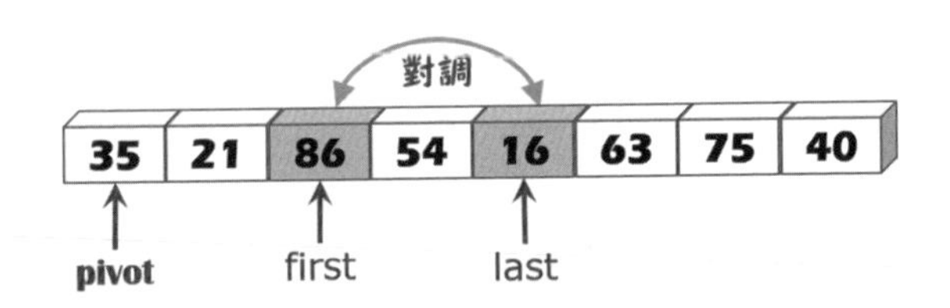

Step 4. first指標繼續向右移動到「54」，而last指標則向左移動到「16」；此時「first > last」，將last指標指向的值「16」與pivot「35」對調。

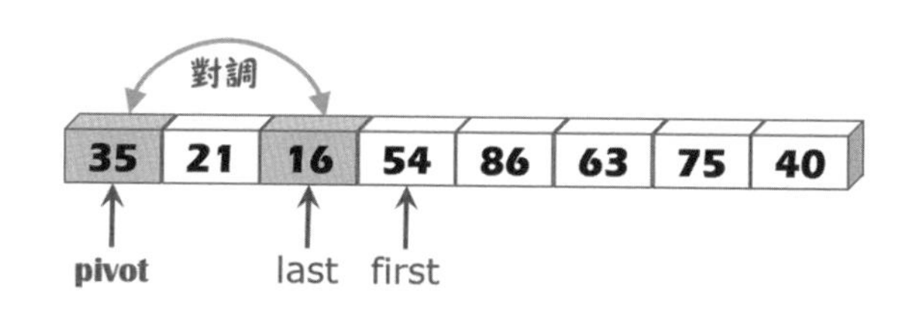

Step 5. 經過步驟1～4已將數列分割成兩組，左側的子集合比基準點「35」小，右側的子集合比pivot「35」大。由於左側子集合已完成排序，所以依照步驟1～4繼續右側子集合的排序動作。

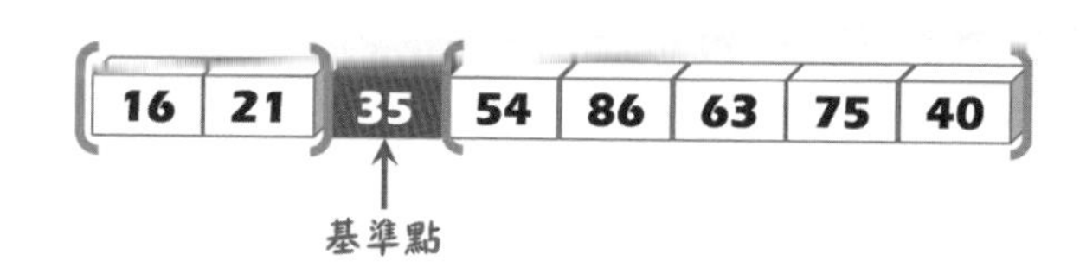

Step 6. 繼續數列中的右側子集合，設pivot「54」，由於符合規則，將first的值「86」和last的值「40」對調。

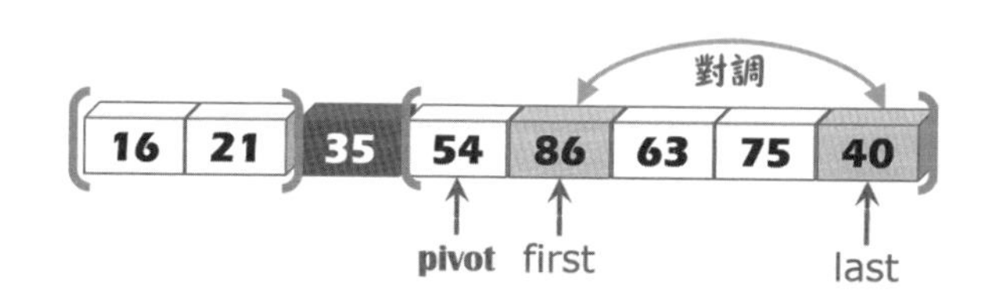

Step 7. 最後，將54和40互換，完成排序。

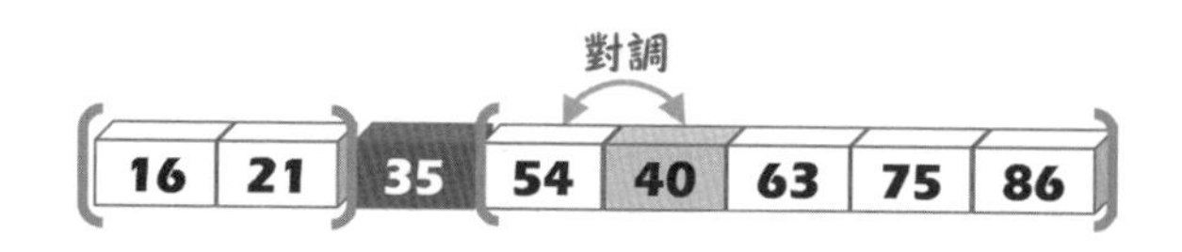

範例「sortQuick.py」快速排序法

```
01 def sortQuick(Ary, first = 0, last = None):
02     if last == None: #初值為None
03         last = len(Ary) - 1 #設index的值
04     if first < last:
05         pivotIndex = Division(Ary, first, last) #呼叫分割函式
06         sortQuick(Ary, first, pivotIndex - 1) #左邊
07         sortQuick(Ary, pivotIndex + 1, last) #右邊
08     return Ary
09
10 def Division(Ary, first, last): #將陣列分割
11     index = first #取得向左移動的索引
12     pivot = Ary[first]#設List第一個元素為pivot
13     for k in range(first + 1, last + 1):
14         if Ary[k] <= pivot: #與pivot做比較，若小於pivot
15             index += 1
16             #將目前的值與pivot做對調
17             Ary[k], Ary[index] = Ary[index], Ary[k]
18     left = Ary[first] #最後pivot的值與分割後的值對調
19     Ary[first] = Ary[index]
20     Ary[index] = left #pivot值與分割後的值對調
21     return index
```

程式說明

- ◈ 第1~8行：定義函式sortQuick()來執行排序，以陣列為參數，兩個指標first和last在數列中分別向左、向右移動。
- ◈ 第4~7行：以遞迴呼叫本身的函式，分別處理左邊和右邊的元素。
- ◈ 第10~21行：定義函式Division()來執行快速排序法的分割動作。設第一

個元素為pivot，依據兩個指標first和last指向的值和pivot做比較來決定是否要互換位置；當first指向的值大於last指向的值，就將pivot、first的值互換，直到最後完成排序。

快速排序法分析：

- 在最快及平均情況下，時間複雜度為$O(n \log_2(n))$。最壞情況就是每次挑中的中間值不是最大就是最小，其時間複雜度為$O(n^2)$。
- 快速排序法不是穩定排序法。
- 在最差的情況下，空間複雜度為O(n)，而最佳情況為O(n log(n))。
- 快速排序法是平均執行時間最快的排序法。

9.3.2 合併排序法

什麼是合併排序法（Merge Sort）？焦點放在「合併」，它的基本作法就是針對兩個已完成排序的數列合併成一個數列。雖然我們把焦點放在內部排序，但合併排序法也支援外部排序，所以是重要的排序方法之一。

若只有一個未排序的數列呢？得分而治之（Divide and Conquer）來進行排序。將焦點先放在「分」而後轉為「併」。就像原本一支隊伍先以身高分列，再合併同年級者變成一支隊伍。它的運作原理是先把原始數列分解成兩大陣營，不斷分割到無法分割為止；元素為「偶數」的話，例如8個元素可分成兩個各含4個元素的陣列。「奇數」時，可把陣列中11個元素分成一個有5個元素，而另一個含6個元素，一直分到不能再分為止。然後呢？依據合併排序的運作，將兩兩項目朝分割反方向合併，直到完成排序為止。

合併排序法最重要的一個用途是外部排序，當資料量大到無法全部讀入主記憶體裡進行排序時，可以先讀入部分資料，例如針對已排序好的二個或二個以上的檔案，經由合併的方式，將其組合成一個大的且已排序好的檔案。執行步驟如下：

Step 1. 將一組未排序含有N個項目的數列，以「N/2」方式分割其長度，所以數列會先分割成兩組，每一組繼續分割，直到不能分割爲止。

Step 2. 將分割後長度「1」的數列成對地合併並進行排序。

Step 3. 將鍵值組成對地合併，直到合併成一組長度的鍵值爲止。

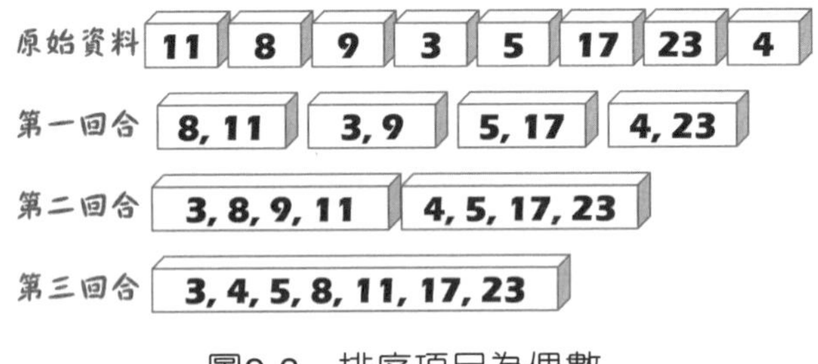

圖9-2　排序項目為偶數

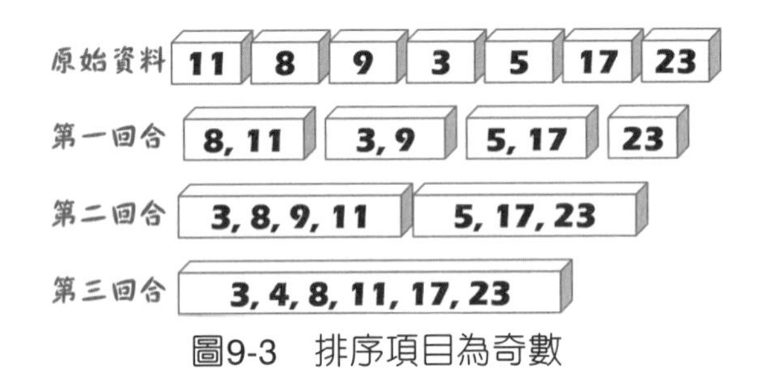

圖9-3　排序項目為奇數

茲將原始資料「197、226、514、413、128、372、311、645、270」以合併排序法進行由小而大的排序。

Step 1. 先將原始資料分割成左、右兩組，然後會把左側的數列再做分割，直到無法分割爲止。

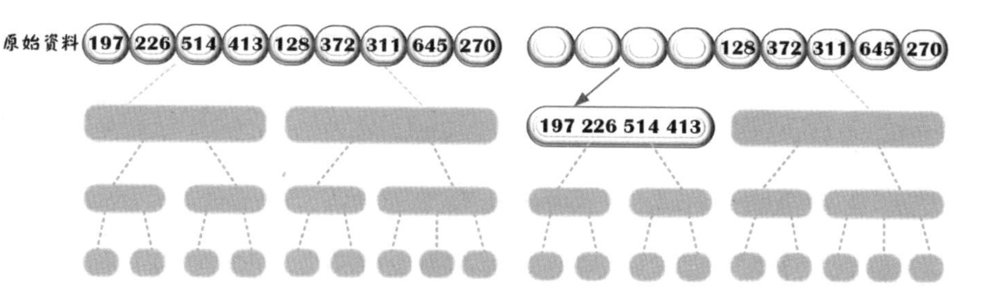

Step 2. 陣列的左半部元素「197、226、514、413」會再一次分割成「197、226」和「514、413」兩組；然後「197、226」再被分割爲「197」和「226」。由於是最小單位無法再做分割。

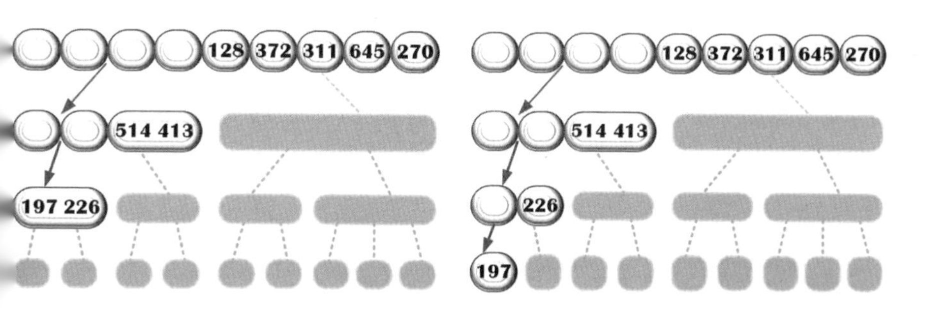

Step 3. 無法分割的197和226準備合併，依據「左小右大」原則，「197 < 226」故不互換。

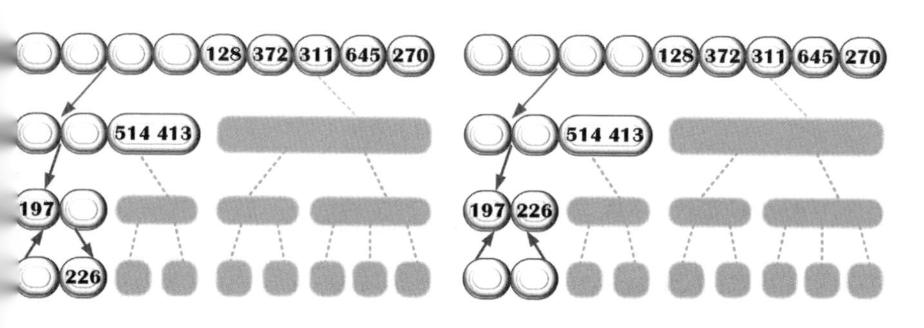

Step 4. 將197、226向上合併爲一組。

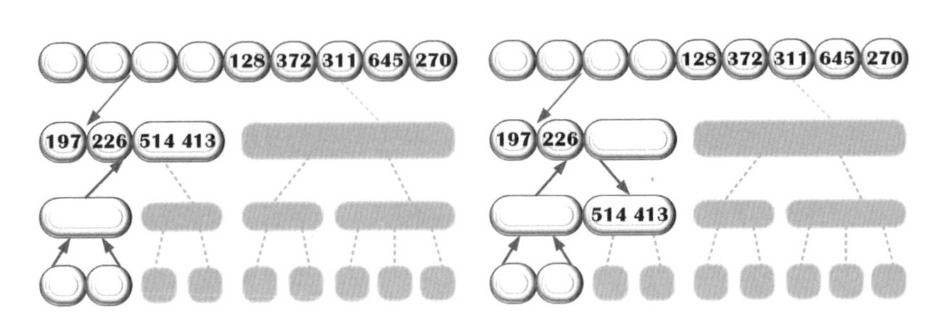

Step 5. 將另一組「514、413」分割為「514」和「413」兩組，無法再分割，將資料做兩兩交換。

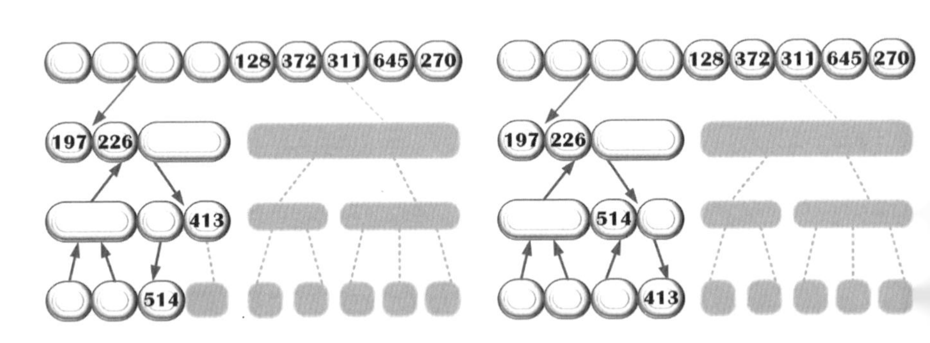

Step 6. 由於「514 > 413」兩個互換後向上合併成一組，再與另一組「197、226」再合併為一組並完成排序。

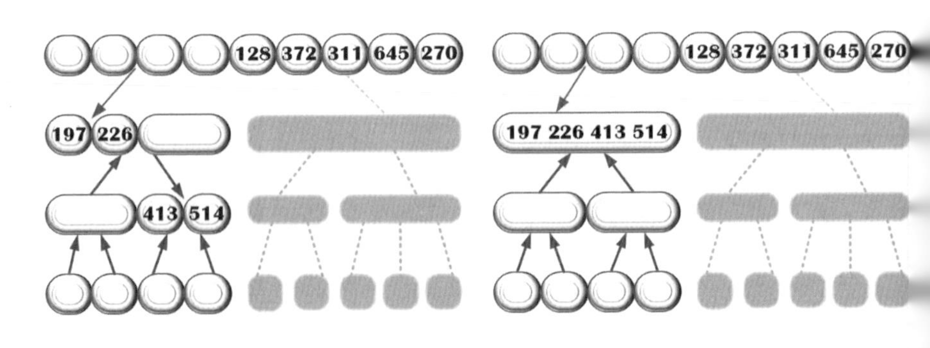

Step 7. 以相同操作，將右半部的數列同樣先進行分割到最小單位，然後

把相鄰的兩組比較大小，數值小在前，數值大在後面，然後順序合併完成陣列的排序。

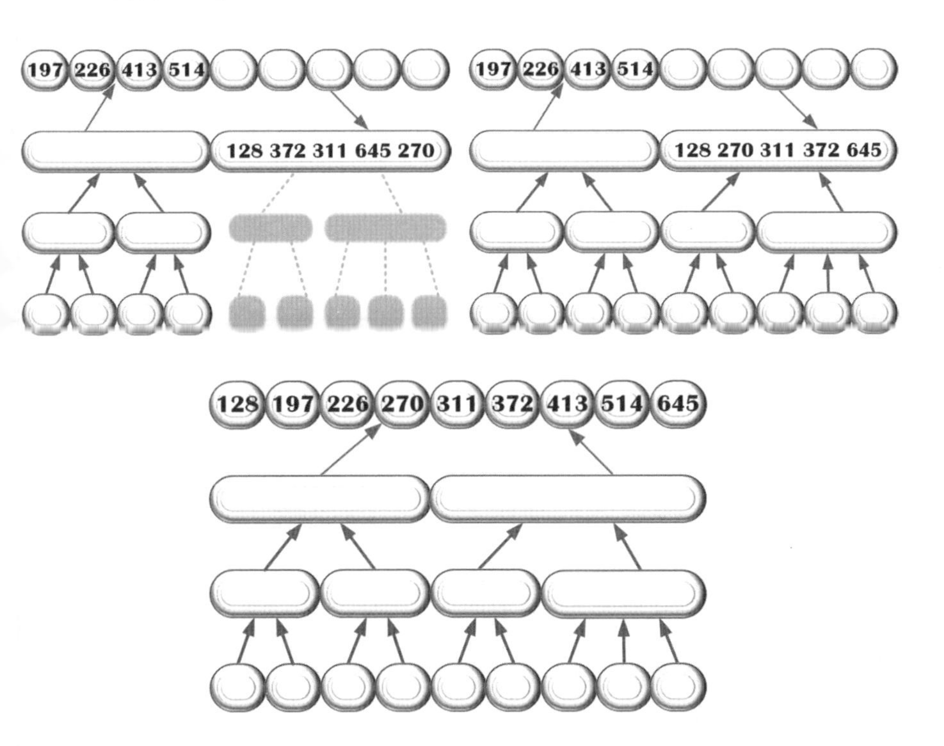

範例「sortMerge.py」合併排序

```
01 def sortMerge(Ary):
02     print('分割數列', Ary)
03     length = len(Ary) #取得陣列長度
04     if length > 1:
05         base = length // 2 #取整數商
06         leftArray = Ary[:base] #取得數列左半部資料
07         rightArray = Ary[base:] #取得數列右半部資料
08         sortMerge(leftArray) #針對數列左半部呼叫遞迴
09         sortMerge(rightArray) #針對數列右半部呼叫遞迴
```

```
10        sini = ridx = idx = 0 #左、右陣列的索引
11        leftLen = len(leftArray)
12        rightLen = len(rightArray)
13        while sini < leftLen and ridx < rightLen:
14           if leftArray[sini] < rightArray[ridx]:
15             Ary[idx] = leftArray[sini] #左半部小值設給陣列
16              sini += 1
17           else:
18              Ary[idx] = rightArray[ridx]
19              ridx += 1
20           idx += 1 #陣列的索引加1
21
22        while sini < leftLen: #左半部的長度小於陣列
23           Ary[idx] = leftArray[sini]
24           sini += 1; idx += 1
25        while ridx < rightLen: #右半部的長度小於陣列
26           Ary[idx] = rightArray[ridx]
27           ridx += 1; idx += 1
```

程式說明

◈ 定義合併排序的函式sortMerge()，利用索引運算子[ ]來取得陣列分割後的左、右半部，先分割後合併，合併時比較大小，數值小在前面，數值大在後面。

◈ 第13~20行：while迴圈中以if/else敘述判斷分割後的陣列，其左半部的索引是否小於陣列的右半部，是的話就把左、右半部小的數值設給陣列。

◈ 第22~24、25~27行：while迴圈分別讀取陣列左半部、右半部的元素。

合併排序法：

➢ 合併排序法n筆資料一般需要約$\log_2 n$次處理，每次處理的時間複雜度為

O(n)，所以合併排序法的最佳情況、最差情況及平均情況複雜度爲O(n log(n))。

- 由於在排序過程中需要一個與檔案大小同樣的額外空間，故其空間複雜度O(n)。
- 是一個穩定（stable）的排序方式。

9.3.3 堆積排序法

看過疊羅漢嗎？頗爲有名的西班牙自治區加泰羅尼亞就是把「疊羅漢大賽」（Tarragona Castells Competition）當作重要的民族體育活動，堆積排序法（Heap Sort）有那樣的味道，就是把節點中數值最大或最小的放在根節點。所以，堆積排序法的目的就是減少選擇排序法的比對次數，它由John Williams所提出。它以二元樹爲基底，使每一筆資料的比對次數，不會大於「log n」之值，所以它的時間複雜度和快速排序法相同皆爲「O(n log(n))」，而且它不須任何多餘的記憶空間，也沒有使用遞迴函數。它利用堆積樹來完成排序，而堆積是一種特殊的二元樹，可分爲最大堆積樹及最小堆積樹兩種。最大堆積樹要滿足以下3個條件：

- 它是一個完整二元樹。
- 所有節點的值都大於或等於它左右子節點的值。
- 樹根是堆積樹中最大的。

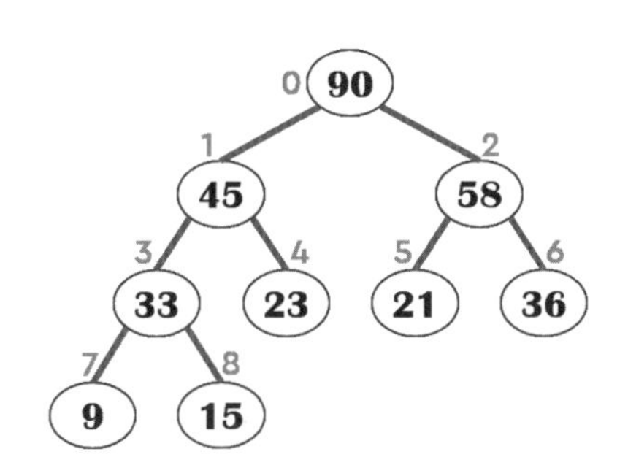

最小堆積樹也具備以下3個條件：

➢ 它是一個完整二元樹。

➢ 所有節點的值都小於或等於它左右子節點的值。

➢ 樹根是堆積樹中最小的。

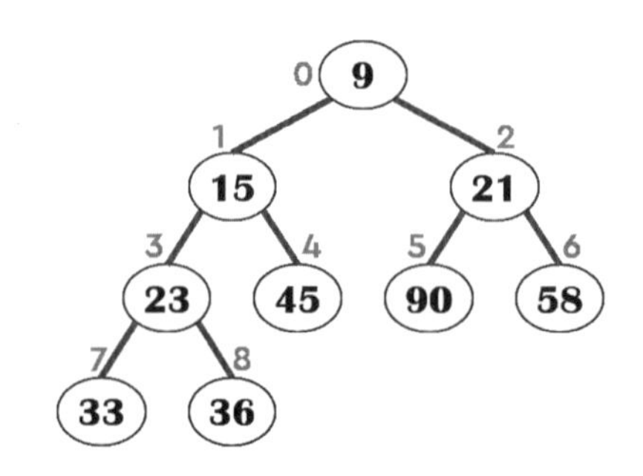

使用堆積排序法之前，第一道工序是把數列所有資料排成一棵堆積樹（Heap Tree）；在開始談論堆積排序法前，必須先認識如何將二元樹轉換成「堆積樹」。執行步驟如下：

Step 1. 產生完整二元樹。

Step 2. 產生堆積樹。

Step 3. 輸出樹根（並以最後樹葉取代）。

Step 4. 回步驟1。

假設數列中有9筆資料「36、23、21、33、45、90、58、9、15」，以二元樹表示。

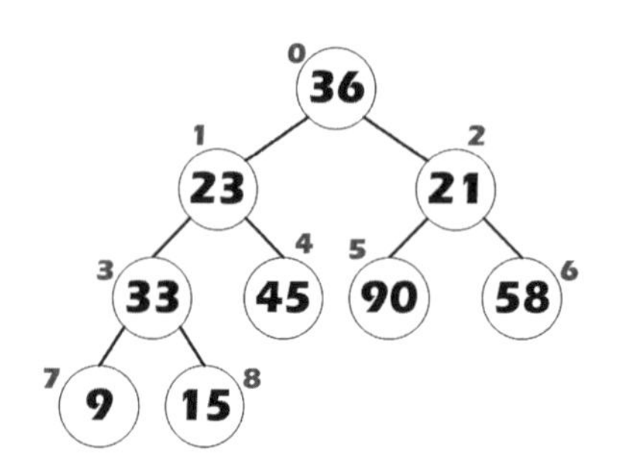

如何將此二元樹轉換成堆積樹（Heap Tree）？可以利用陣列來儲存二元樹所有節點的值，這些陣列所儲存的樹節點值分別如下：

A[0]	A[1]	A[2]	A[3]	A[4]	A[5]	A[6]	A[7]	A[8]
36	23	21	33	45	90	58	9	15

Step 1. 首先，依陣列長度找出含有兒子的最後一個父節點位置。所以「9/2 -1 = 3」；A[3]=33，有兩個兒子9、15，小於父節點33，所以不交換。

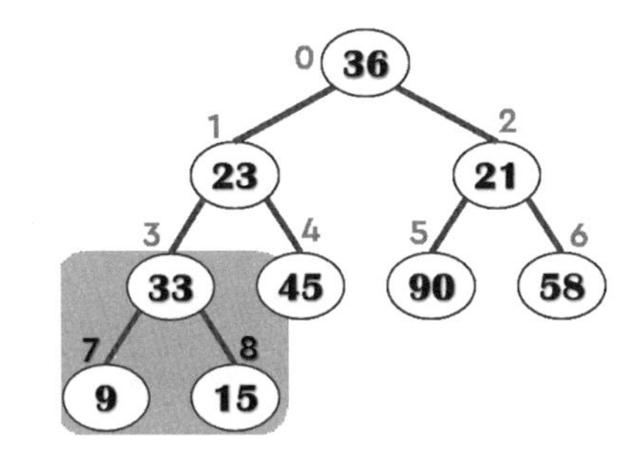

Step 2. 繼續往上一層的A[2]位置，由於大兒子90大於21，所以兩者要做對調。

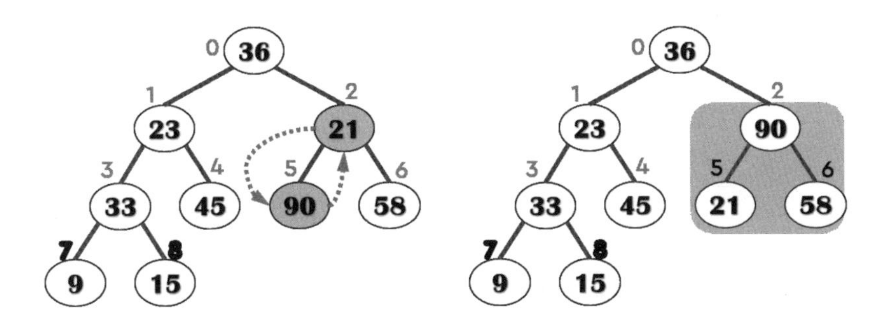

Step 3. 繼續移向陣列的A[1]，由於節點23小於大兒子45，所以兩者互換。

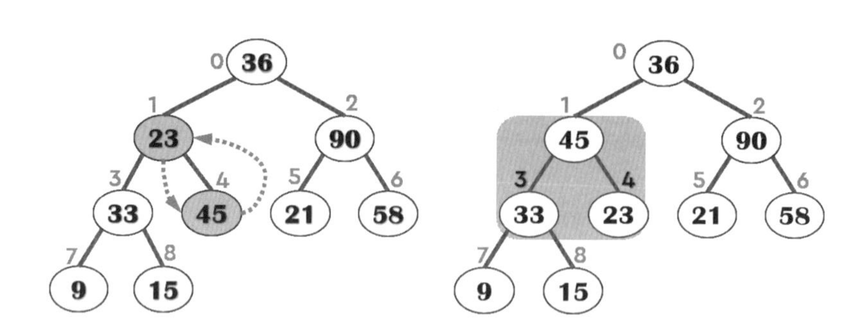

Step 4. 繼續移向陣列的A[0]，由於大兒子90大於36，所以兩者要做對調。

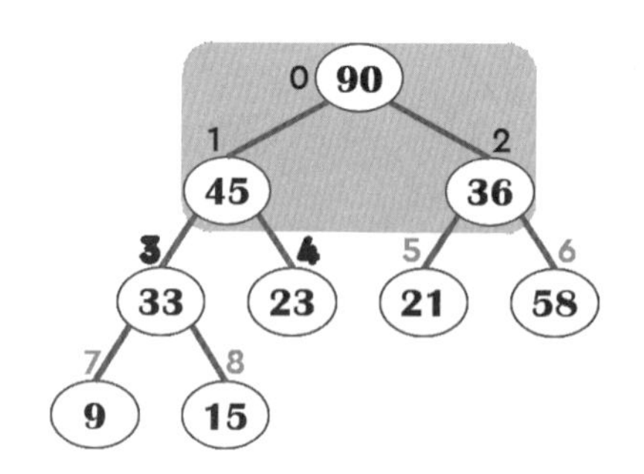

Step 5. 最後，A[2] < A[6](36 < 58)要做對調；得到下圖的堆積樹。

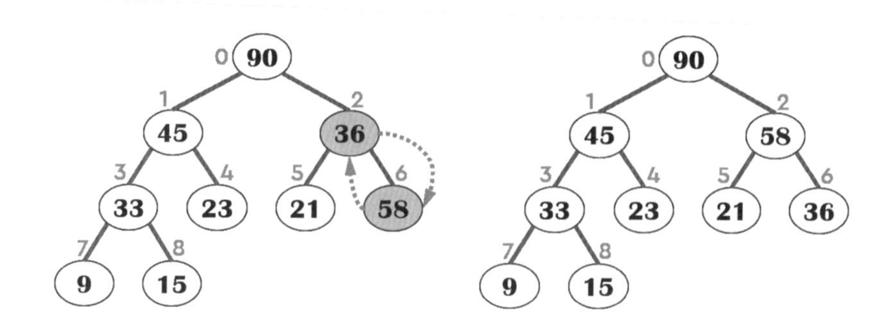

前項的程序中是由二元樹的樹根開始由上往下逐一依堆積樹的建立原則來改變各節點值，最終得到一最大堆積樹。各位可以發現堆積樹並非唯一，您也可以由陣列最後一個元素（例如此例中的A[8]）由下往上逐一比較來建立最大堆積樹。如果您想由大到小排序，就必須建立最小堆積樹，作法和建立最大堆積樹類似，在此不另外說明。

如何將堆積樹做遞增排序？把數列58、46、72、23、130、35、12、95產生最大堆積樹。已經知道堆積樹的樹根就是最大值「130」，將它移走並重新建立一棵堆積樹。實際上是把與堆積樹最後一個節點做交換，而殘餘的「N-1」個元素再重製堆積樹。

Step 1. 依序建立完整二元樹；產生堆積樹。

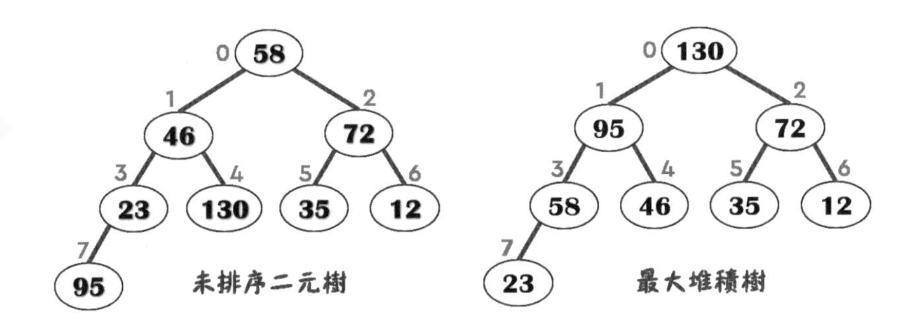

Step 2. 將根節點「130」與最後一個節點「23」互換並移除了節點「130」。

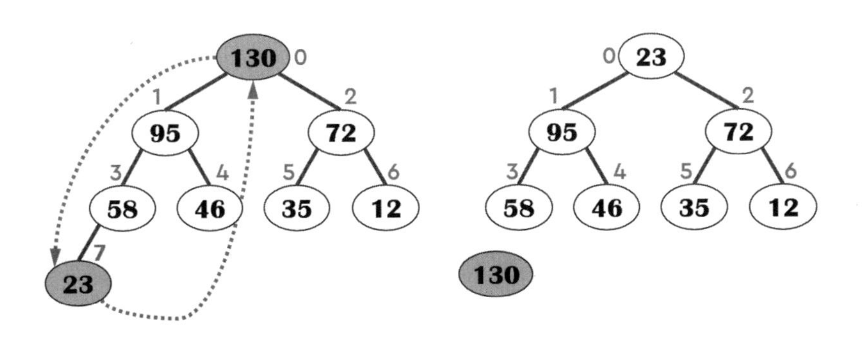

節點交換	130	95	72	58	46	35	12	23
遞增排序	23	95	72	58	46	35	12	130

Step 3. 重新調整爲堆積樹；將原本位於頂端的節點「23」向下一層，與節點「95」對調；由於不符合堆積樹的要求，節點「23」再下降一層，與節點「58」互換，重新建立了堆積樹。

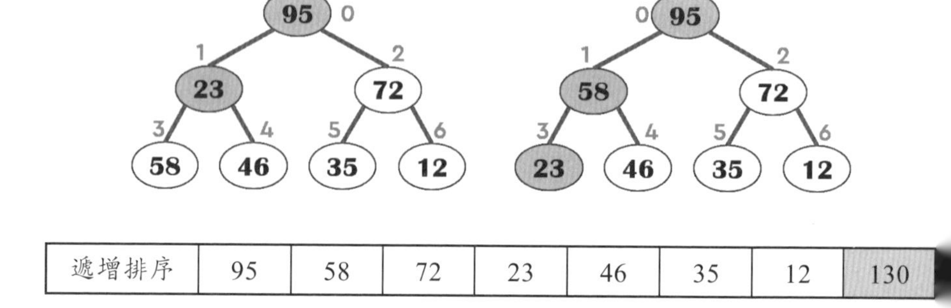

遞增排序	95	58	72	23	46	35	12	130

Step 4. 繼續將根節點「95」與最後一個節點「12」互換並移除了節點「95」。

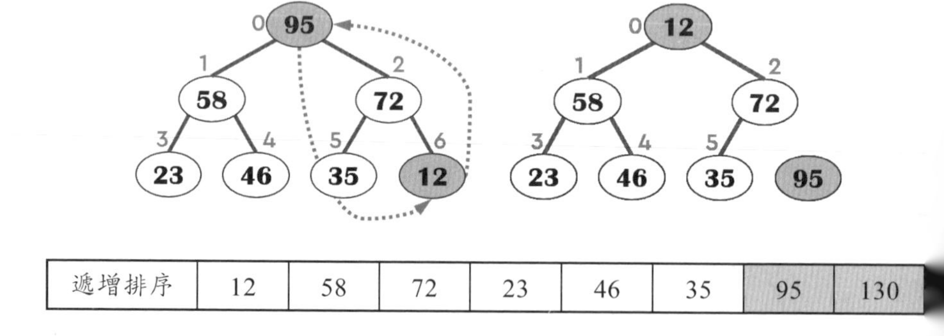

遞增排序	12	58	72	23	46	35	95	130

Step 5. 重新調整爲堆積樹；將原本位於頂端的節點「12」向下一層，與節點「72」對調，由於不符合堆積樹的要求，節點「12」再下降一層，與節點「45」再互換，重新建立了堆積樹。

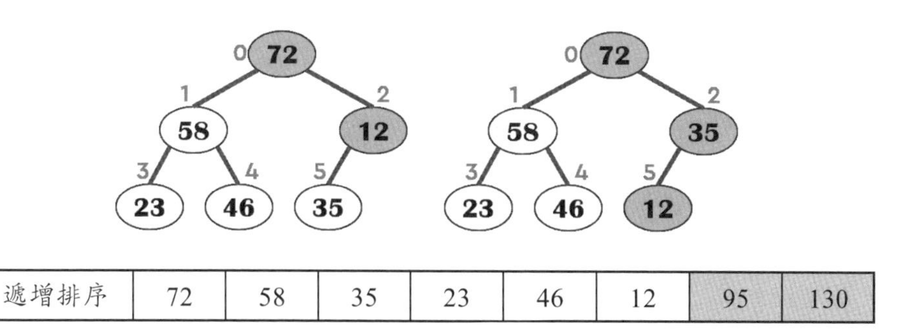

遞增排序	72	58	35	23	46	12	95	130

補給站

觀察堆積排序法，是否看出它的變化？要產生最大堆積，就是把數值小的節點由下往上，再由右到左，將每個「非終端節點」以根節點來處理，利用其子節點來調整為最大堆積。

Step 6. 依照此模式，將節點「72」與最後一個節點「46」互換，本身自頂端移除，再重新產生堆積樹。

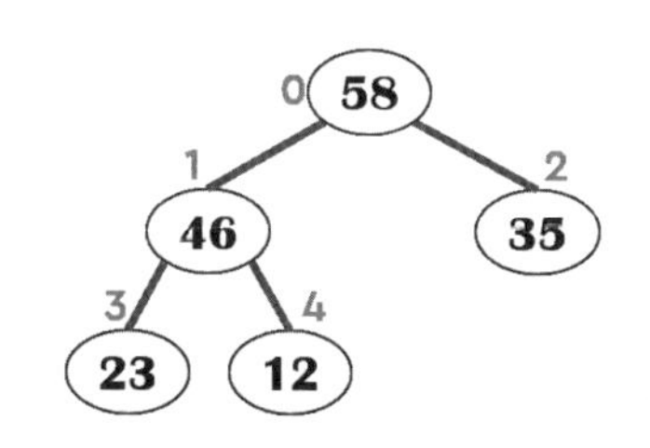

遞增排序	58	46	35	23	12	72	95	130

Step 7. 依照此模式，將節點「58」與最後一個節點「12」互換，本身自頂端移除，再重新產生堆積樹。

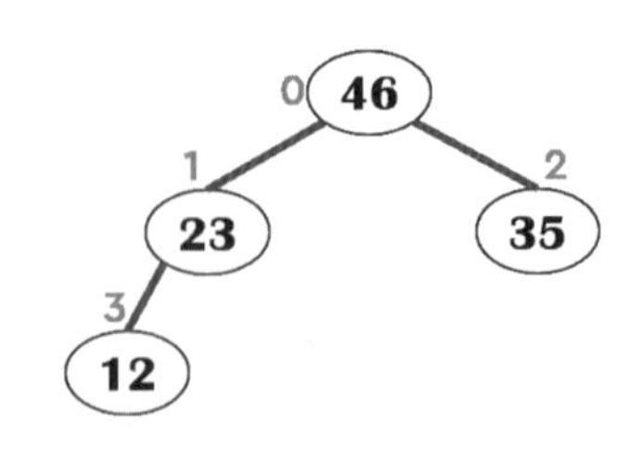

遞增排序	46	23	35	12	58	72	95	130

Step 8. 依照此模式，將節點「46」與最後一個節點「12」互換，本身自頂端移除，重新產生G1堆積樹；將節點「45」與最後一個節點「12」互換，本身自頂端移除，再重新產生G2堆積樹，最後完成堆積排序。

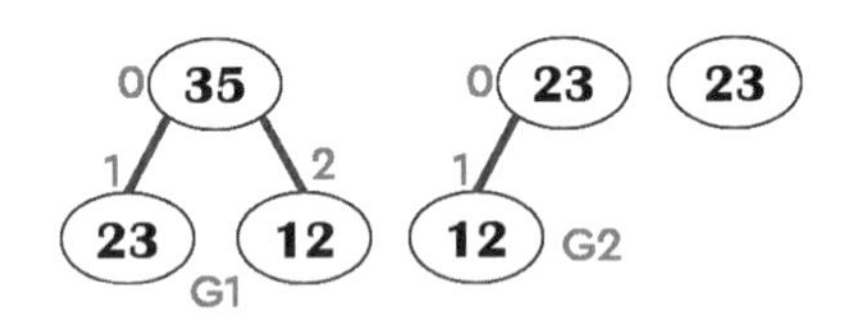

遞增排序	35	23	12	46	58	72	95	130
遞增排序	23	12	35	46	58	72	95	130
遞增排序	12	23	35	46	58	72	95	130

範例「sortHeap.py」 堆積排序法

```
01 def sortHeap(Ary):
02     length = len(Ary) - 1 #取得開始位置就是
03     leastParent = length // 2 #取得位置爲索引3
04     for k in range(leastParent, -1, -1):
05         heapDown(Ary, k, length)
```

```
06     for k in range (length, 0, -1):
07       if Ary[0] > Ary[k]:
08         swap(Ary, 0, k)
09         heapDown(Ary, 0, k - 1)
10
11 def heapDown(Ary, first, last):
12     '''找出大兒子-依傳入的索引與其他子節點的大兒子做比較'''
13     largest = 2 * first + 1   #設左子節點為最大兒子
14     while largest < last:
15         if (largest < last) and \
16                 (Ary[largest] < Ary[largest + 1]):
17             largest += 1
18         if Ary[largest] > Ary[first]:
19             swap(Ary, largest, first)
20             first = largest; #將大兒子上移一層
21             largest = 2 * first + 1
22         else:
23             break
```

程式說明

- 第1~9行：定義函式sortHeap()，將陣列轉為堆積，其方法就是從最後一個有子節點的節點leastParent開始。
- 第4~5行：將目前待排序數列築成一個最大堆積，以for迴圈找到含有兒子的最後一個父節點，並呼叫函式heapDown()將數值最大者向上堆積。由range(3, -1, -1）得索引k = 3, 2, 1, 0，表示它們皆有兒子。

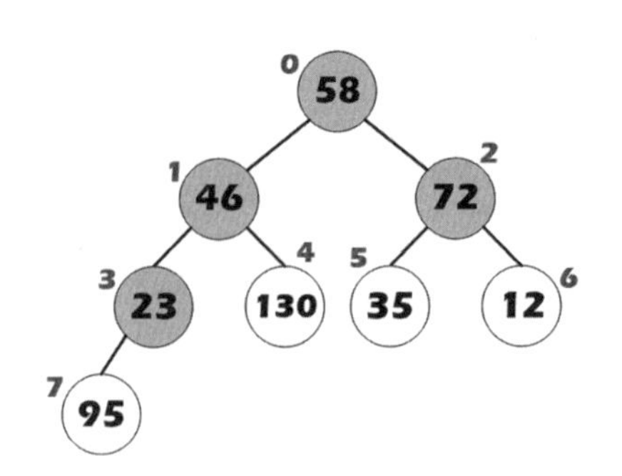

◈ 第6~9行：for迴圈讀取整個陣列，逐步把每個最大值根節點與最後一個項目交換，並調整成最大堆積。

◈ 第11~23行：定義函式heapDown()依傳入陣列，先假定它就是兒子，再與其他的大兒子做比較，有找到大兒子，就上一移一層；目前沒有找到就下移一層。

◈ 第14~23：想法子找出大兒子，包括含有左、右兒子的父節點，找到了大兒子讓它能上移一層。

堆積排序法分析：

- 在所有情況下，時間複雜度均為O(n log(n))。
- 堆積排序法不是穩定排序法。
- 只需要一額外的空間，空間複雜度為O(1)。

9.3.4 基數排序法

先文所談及的排序方式，其技巧都是基於比較和移動欲排序的元素，而基數排序法（Radix sort）特別之處是不做任何比較。若使用連結資料結構，不需要移動元素，而是屬於一種分配模式排序方式。

基數排序法也稱「多鍵排序」（Multi-Key Sort）或「箱子排序法」（Bucket Sort）、「Bin Sort」；依比較的方向可分為最有效鍵優先（Most Significant Digit First, MSD）和最無效鍵優先（Least Significant

Digit First, LSD）兩種。MSD法是從最左邊的位數開始比較，而LSD則是從最右邊的位數開始比較。底下的範例我們以LSD將三位數的整數資料來加以排序，它是依個位數、十位數、百位數來進行排序。請直接看以下最無效鍵優先（LSD）例子的說明，便可清楚的知道它的動作原理。

59	93	17	24	70	156	185	264	566	55	86	123

Step 1. 把每個整數依其個位數字放到串列中。

數位數字	0	1	2	3	4	5	6	7	8	9
資料	70			93 123	24 264	185 55	156 566 86	17		59

合併後成為：

70	93	123	24	264	185	55	156	566	86	17	59

Step 2. 再依其十位數字，依序放到串列中。

數位數字	0	1	2	3	4	5	6	7	8	9
資料		17	123 24			55 156 59	264 566	70	185 86	93

合併後成為：

17	123	24	55	156	59	264	566	70	185	86	93

Step 3. 再依其百位數字，依序放到串列中。

數位數字	0	1	2	3	4	5	6	7	8	9
資料	17 24 55 59 70 86 93	123 156 185	264			566				

合併後成爲：

17	24	55	59	70	86	93	123	156	185	264	566

範例「sortRadix.py」基數排序法

```
01 def sortRadix(Ary, radix = 10):
02    digit = int(math.ceil(math.log(max(Ary)+1, radix)))
03    #list生成式來存放
04    bucket = [[] for item in range(radix)]
05    for k in range(1, digit + 1):
06       for elem in Ary:
07          #獲得從低到高的整數
08          bucket[elem%(radix ** k) // \
09             (radix **(k - 1))].append(elem)
10       del Ary[:]
11       for value in bucket:
12          Ary.extend(value)
13       bucket = [[] for item in range(radix)]
```

程式說明

◈ 第2行：變數digit去呼叫math類別來取得最大整數。

◈ 第5~10行：for迴圈依據位數來分割陣列的元素，依序把分配爲個位、十位、百位的元素放入空白陣列bucket。

基數法分析：

- 在所有情況下，時間複雜度均爲$O(n \log_p k)$，k是原始資料的最大值。
- 基數排序法是穩定排序法。
- 基數排序法會使用到很大的額外空間來存放串列資料，其空間複雜度爲$O(n*p)$，n是原始資料的個數，p是資料字元數；如上例中，資料的個數「n = 12」，字元數「p = 3」。
- 若n很大，p固定或很小，此排序法將很有效率。

CHAPTER 9

課後習作

一、選擇題

( ) 1. 對於氣泡排序法的描述，何者有誤？ (A)由第一個元素開始比較 (B)時間複雜度的最佳狀況爲O(n) (C)適用於資料量較小的排序 (D)屬於不穩定排序演算法。

( ) 2. 下列哪一個排序法需要最少的額外空間？ (A)基數排序法 (B)快速排序法 (C)插入排序法 (D)氣泡排序法。

( ) 3. 下列排序中，大部分的鍵値資料都相同，或大部分的資料已完成排序的檔案來說，哪一種方法排序速度最快？ (A)氣泡排序法 (B)快速排序法 (C)選擇排序法 (D)謝耳排序法。

( ) 4. 就選擇排序法來說，下列描述何者有誤？ (A)最差狀況的時間複雜度爲「O log (n)」 (B)最佳狀況的時間複雜度爲「$O(n^2)$」 (C)平均狀況的時間複雜度爲「O(1)」 (D)屬於不穩定的排序演算法。

( ) 5. 下列排序法中，有那幾種方法使用分而治之（Divide-and Conquer）策略？ (A)Bubble Sort (B)Merge Sort (C)Quick Sort (D)Insertion Sort (E)以上皆是。

( ) 6. 將數列「80、66、55、77、43、36」由小而大進行排序，在第二回合之後可能的順序爲「55、66、80、77、42、36」，請問最有可能的排序法？ (A)謝耳排序法 (B)插入排序法 (C)氣泡排序法 (D)選擇排序法。

( ) 7. 將數列「39、8、64、51、32、17」依快速排序法，以第一個元素「39」爲關鍵値k，依左小右大方式，最有可能把資料分成的情形？ (A)「32、39、8、17、51、64」 (B)「32、8、17、51、39、64」 (C)「32、8、17、39、51、64」 (D)「32、

8、39、17、51、64」。

(　) 8. 對於合併排序法的描述，何者不正確？ (A)排序時先將數列分割成左、右兩半部，分割到無法分割為止 (B)無法支援外部排序 (C)為穩定的排序演算法 (D)時間複雜度為（n log (n)）。

(　) 9. 對於基數排序法的描述，何者正確？ (A)最有效優先MSD表示排序方向由右邊開始 (B)排序時需要額外的記憶體空間 (C)最無有效優先LSD表示排序方向由左邊開始 (D)排序時，資料間不做任何比較，也不做任何移動。

二、實作與問答

1. 將下列資料「85、34、11、73、65、42、126」繪製出氣泡排序法由大而小的交換過程，利用程式碼輸出並完成排序。
2. 將下列資料「185、625、134、47、731、125、42、416」以插入排序法做遞增排序。
3. 將下列資料「185、625、134、47、731、125、42、416」以選擇排序法做遞減排序並繪製出排序過程，此外在在第幾回就完成排序？
4. 請比較「比較式排序」（Comparative Sort）與「分配式排序」（Distributive Sort）兩者的主要特性。
5. 試將下列數列「185、625、134、47、731、125、42、416、84、67」由二元樹轉為最小堆積樹，請填寫下圖空白圓圈中各節點的值。

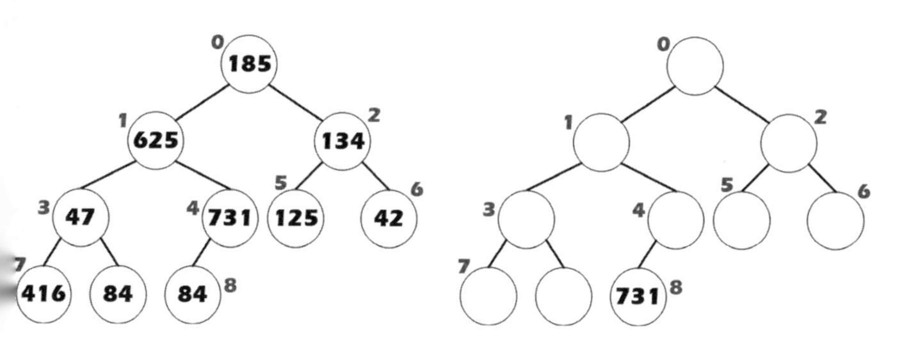

第十章 衆裡找它有搜尋

★學習導引★

從常見的搜尋開始，認識循序搜尋、二元搜尋到內插搜尋法

費氏搜尋法以費氏數列來分割，配合費氏樹能加快搜尋

雜湊搜尋法要有雜湊函數來產生雜湊表，過程中要避免碰撞和溢位

10.1 常見搜尋法

搜尋這件事可大可小。例如從自己的手機上找出同學的電話號碼，或者從資料庫裡找出某個指定的資料（可能需要一些技巧）。或者更簡單地說，只要開啓電腦，搜尋就無處不在；以視窗作業系統來說，檔案總管配有搜尋窗格，方便我們搜尋電腦中的檔案。

圖10-1　視窗作業系統的搜尋窗格

使用瀏覽器輸入「關鍵字」（Key）擊點搜尋按鈕後，類似蜘蛛網的搜尋會把網路上「登錄有案」的伺服器，配合網頁技術檢索相關資料再以搜尋熱度進行排序，最後以網頁呈現在我們面前。以圖10-2來說，輸入「Python」關鍵字後，谷歌大神會告訴我們，它只花「0.32」秒就給了我們搜尋結果。

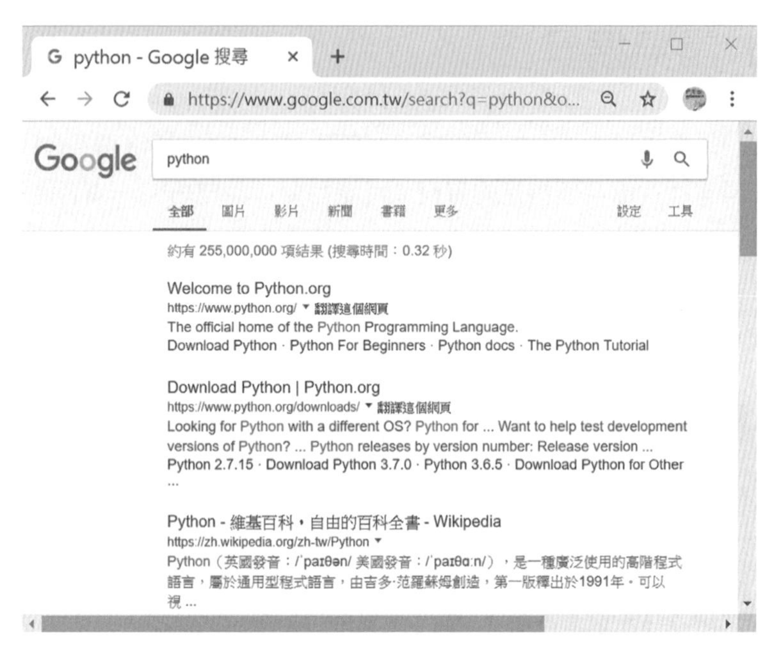

圖10-2　搜尋引擎能快速取得搜尋結果

這樣的過程可稱它爲「資料搜尋」；搜尋時要有「關鍵字」（Key）或稱「鍵值」，利用它來識別某個資料項目的值，而搜尋所取得的集合可能儲存以資料表、網頁形式呈現。不過我們要探討的重點是以某個特定資料爲對象，一窺搜尋的運作方式。

搜尋和排序的運作有些相像，如果搜尋過程是以被搜尋的表格或資料是否有異動來分類，區分爲靜態搜尋（Static Search）及動態搜尋（Dynamic Search）。

- 靜態搜尋：查訪某項特定的資料是否存在，或者取得它的相關屬性。例如去氣象局網站取得明天的預報資料。

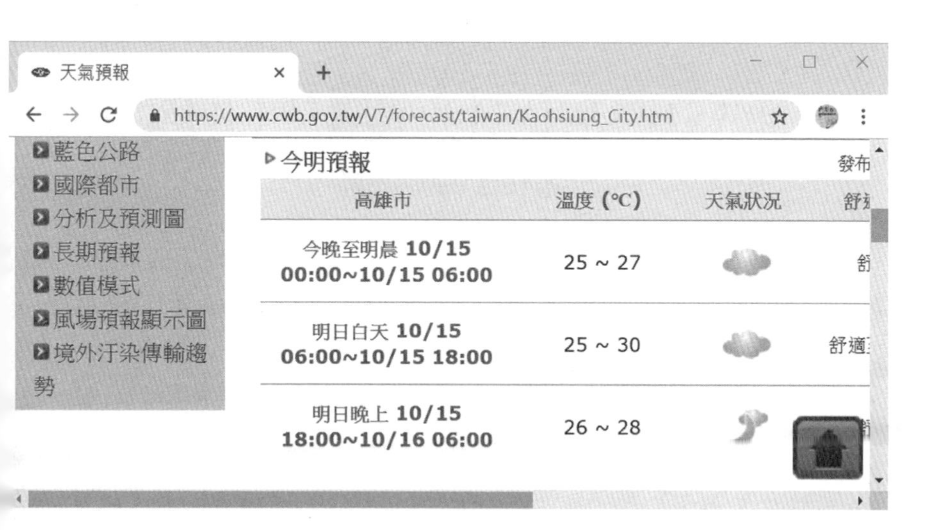

- 動態搜尋：所搜尋的資料，搜尋過程中會經常性地增加、刪除、或更新。例如B-Tree搜尋就屬於一種動態搜尋。

搜尋的操作也算是資料結構中相當典型的演算法，進行的方式和所選擇的資料結構有很大的關聯，我們下面就以幾種搜尋的演算法來說明這些關聯。

10.1.1 循序搜尋法

生活中，翻箱倒櫃找一件東西的經驗一定是有的；例如找一本不知放在牆旮旯兒的書，可能從書架上一一查找，或者從抽屜逐層翻動。這種簡易的搜尋方式就是「循序搜尋法」（Sequential search），或稱「線性搜尋」（Linear Searching）。一般而言，會把欲搜尋的值設成「Key」，欲搜尋的對象是事先未按鍵值排序的數列；所以，欲尋找的Key若是存放在第一個位置（索引爲零），第一次就會找到；若Key是存放在數列的最後一個位置，就得依照資料儲存的順序從第一個項目逐一比對到最後一個項目，從頭到尾走訪過一次。

圖10-3　循序搜尋

循序搜尋法的優點是資料在搜尋前不需要作任何的處理與排序，缺點是搜尋速度較慢。假設已存在數列「117、325、54、19、63、749、41、213」，若欲搜尋63需要比較5次；搜尋117僅需比較1次；搜尋749則需搜尋6次。

當資料量很大時，就不適合用循序搜尋法，但可估計每一筆資料所要搜尋的機率，將機率高的放在檔案的前端，以減少搜尋的時間。如果資料沒有重覆，找到資料就可中止搜尋的話，最差狀況是未找到資料，需作n次比較，最好狀況則是一次就找到，只需1次比較。

```
#參考範例「searchLinear.py」
def searchLinear(Ary, target):
    index = 0    #取得欲搜尋項目的位置
    found = False #找到了搜尋元素就變更旗標
    #逐一比較，index < len(Ary)表示未找到
    while index < len(Ary) and not found:
        #找到Key回傳True，未找到就依據索引繼續往下找
        if Ary[index] == target:
            found = True
        else:
            index += 1
    return found
number = [117, 325, 54, 19, 63, 749, 41, 213]
print('數值63', searchLinear(number, 63))
```

◈ 定義函式searchLinear()是從List物件中搜尋指定的值；設變數found為旗標，找到Key（變數target）就回傳True，沒有此項目就以False回傳。

改善循序搜尋

使用循序搜尋時還有可能發生欲搜尋的鍵值並沒有在數列裡，例如下列數列中找不到Key「28」但依然要把資料項查找一遍。

例如：搜尋key為「115」的資料；將數列由小而大排序，查找時若比較值已大於目標值就停止查找。

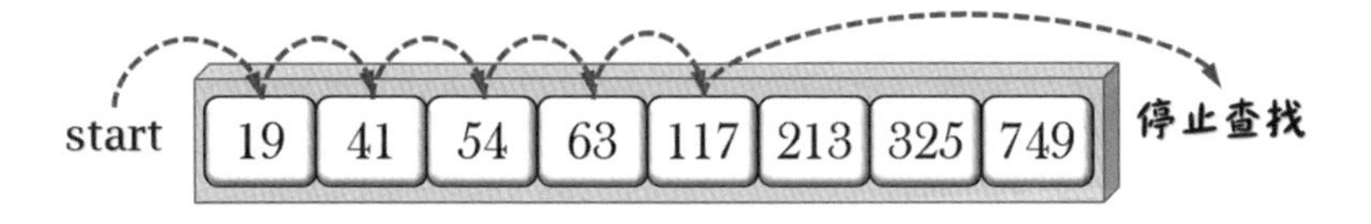


```
#參考範例「searchLinear_sorted.py」
def searchLinear_sorted(Ary, target):
    index = 0    #取得欲搜尋項目的位置
    #逐一比較，index < len(Ary)表示未找到
    for index in range(len(Ary)):
        #找到Key回傳True，未找到就依據索引繼續往下找
        if Ary[index] == target:
            return True
        #比對值大於key就不再往下查找
```

```
    elif Ary[index] > target:
        return False
return False
```


循序法分析

- 時間複雜度：如果資料沒有重覆，找到資料就可中止搜尋的話，最差狀況是未找到資料，逐一比對後並發現，則必須花費n次，其最壞狀況（Worst Case）的時間複雜度爲O(n)。
- 以N筆資料爲例，利用循序搜尋法來找尋資料，有可能在第1筆就找到，如果資料在第2筆、第3筆⋯第n筆，則其需要的比較次數分別爲2、3、4⋯n次的比較動作。平均狀況下，假設資料出現的機率相等，則需(n + 1)/2次比較，例如有10萬個鍵值，則需要做50000次的比較。
- 循序搜尋法優點是檔案或資料事前是不需經過任何處理與排序，在應用上適合於各種情況，當資料量很大時，不適合使用循序搜尋法。但如果預估所搜尋的資料在檔案前端則可以減少搜尋的時間。

10.1.2 二元搜尋法

假如資料本身是已排序後的一串資料，搜尋時可以把資料分成一分爲二的方法，然後從其中的一半展開搜尋，這種方法叫做「二元搜尋」（Binary search）或稱「折半搜尋」法。二元搜尋法的原理是將欲進行搜尋的Key，與所有資料的中間值做比對，然後利用二等分的法則，將資料分割成兩等份，再比較鍵值、中間值兩者的大小。如果鍵值小於中間值，可確定要找的資料在前半段，否則在後半部。

使用二元搜尋法的查找對象必須是一個依照鍵值完成排序的資料，搜尋時是由中間開始查找，不斷地把資料分割直到找到或確定不存在爲止。既然是利用鍵值「K」與中間項「Km」做比對，會有三種比較結果可得：

➢若「K < Km」，表示所要搜尋的項目位於數列前半部。

➢若「K = Km」表示即爲所求。

➢若「K > Km」，則所要搜尋的項目位於數列後半部。

假設存在已排序數列5、13、18、24、35、56、89、101、118、123、157，若搜尋值爲101，要如何搜尋？

Step 1. 首先利用公式「mid = (low + high) // 2」求得數列的中間項爲「(0 + 10) // 2 = 5」（取得整數商），也就是串列的第6筆記錄「Ary[5] = 56」；由於搜尋值101大於56，因此向數列的右邊繼續搜尋。

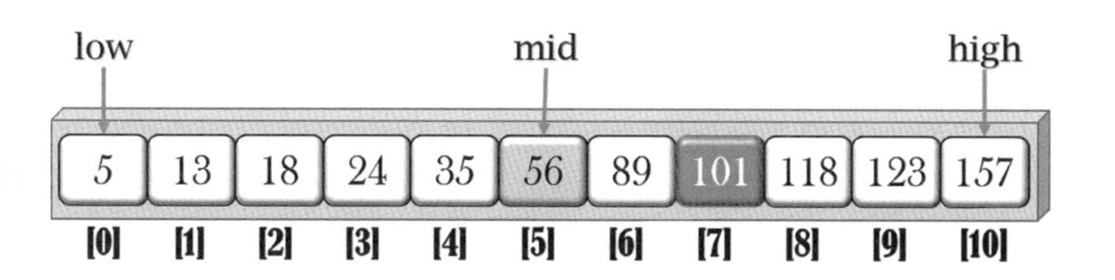

Step 2. 繼續把數列右邊做分割；同樣算出「mid = (6 + 10) // 2 = 8」，爲「Ary[8] = 118」；由於搜尋值101小於118，「high = 8 – 1 = 7」，繼續往數列的左邊查找。

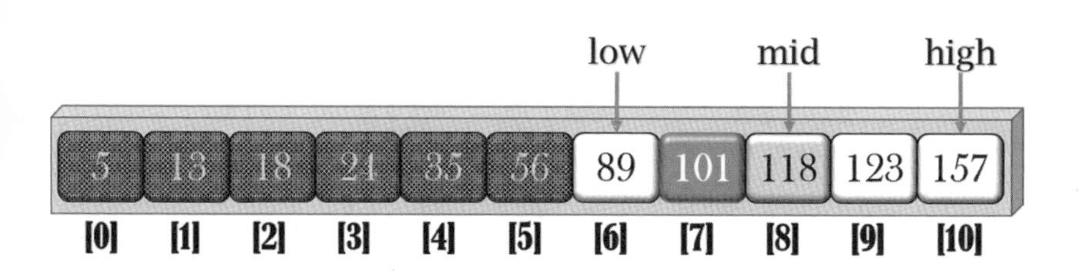

Step 3. 第三次搜尋，算出中間項「(6 + 7) // 2 = 6」，得到「Ary[6] = 89」，中間項等於「low」；搜尋值101大於89，繼續向右查找。

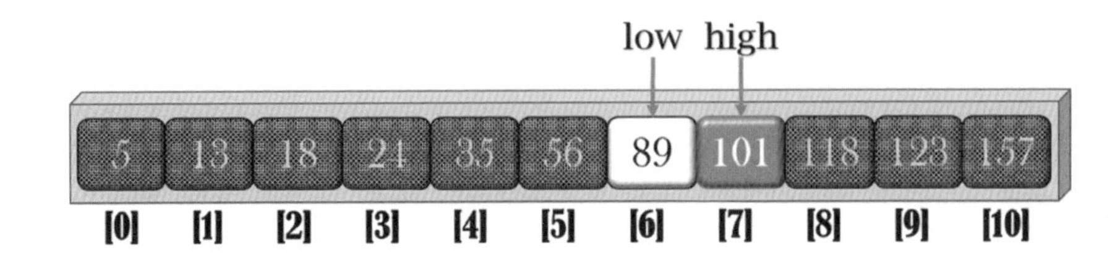

Step 4. 「low = 6 + 1 = 7」，中間項「(7 + 7) // 2 = 7」，中間項等於「low」也等於「high」，表示找到搜尋值101了。

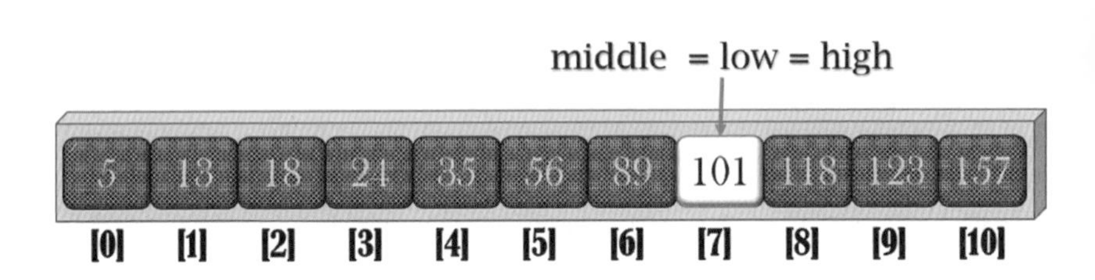

二元搜尋法的搜尋過程把它轉換爲二元搜尋樹會更清楚。

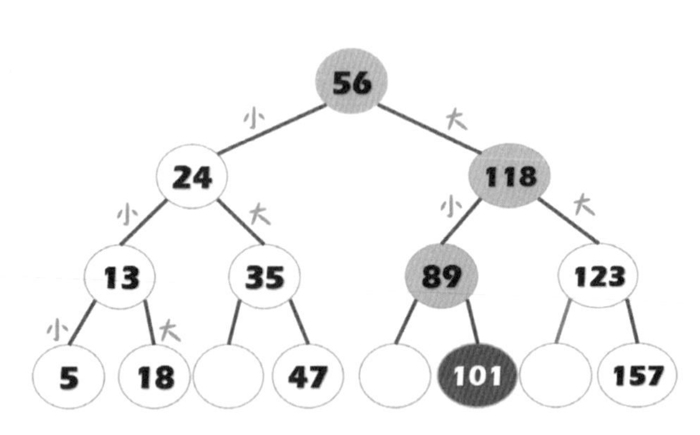

圖10-4　二元搜尋樹查找key

範例「searchBinary.py」二元搜尋法

```
01 def searchBinary(target, Ary, low, high):
02     mid = (low + high) // 2
03     if target == Ary[mid]:
04         return mid
05     elif target < Ary[mid]:
06         return searchBinary(target, Ary, low, mid - 1)
07     else:
08         return searchBinary(target, Ary,
09             mid + 1, high)
```

```
11 number = [157, 5, 13, 118, 89, 123, 18, 101, 56, 21, 35]
12 length = len(number) - 1
13 # 呼叫sorted()函式做遞增排序
14 sortedItem = sorted(number)
15 print(sortedItem)
16 print('索引值：', searchBinary(101, sortedItem, 0, length))
```

程式說明

- 定義函式searchBinary()，傳入4個參數：搜尋值（target）、List物件（Ary）、設定搜尋的開頭（log）和結尾（high），並以遞迴呼叫本身來繼續搜尋。
- 第3~9行：當取出的中間項等於欲搜尋Key，表示找到了；第二種情形「key <中間項」，搜尋的值小於中間項，向左邊移動，遞迴呼叫本身函式；第三種情形「key>中間項」，搜尋的值大於中間項，向右邊移動，遞迴呼叫本身函式。

補給站

Python的bisect模組提供二元搜尋的處理

■ bisect()方法能將List物件先做排序再找出key的位置

```
from bisect import bisect
data = [157, 5, 13, 118, 89, 123]
print(bisect(data, 89))    #輸出3為位置，非索引值
```

二元搜尋法分析

- 時間複雜度：二分搜尋法每次搜尋時，都會將搜尋區間分為一半，若是有N筆資料，最差情況下，下一次搜尋範圍就可以縮減為前一次搜尋範圍的一半，二分搜尋法總共需要比較[log2n]+1次，時間複雜度為O(log n)。
- 二分法必須事先經過排序，且資料量必須能直接在記憶體中執行，此法較適合不會再進行插入與刪除動作的靜態資料。

10.1.3 內插搜尋法

使用二元搜尋法能把數列一分為二來加快搜尋的速度，那麼可不可以把數列一分為二，再二為四或者切割更多讓搜尋的效率更好些？因此，可以把「內插搜尋法」（Interpolation Search）又叫做插補搜尋法，視為二元搜尋法的改版。它是依照資料位置的分布，利用公式預測資料的所在位置，再以二分法的方式漸漸逼近。例如查字典中「telephone」，則通常先翻到「t」部字頭，再逐步往前或往後找，特別是在均勻分布，且n值愈大時，插補搜尋法甚至比二元法更好。使用二元搜尋法的能預測key的落點，如圖10-5所示，它能在數列中快速找到資料。

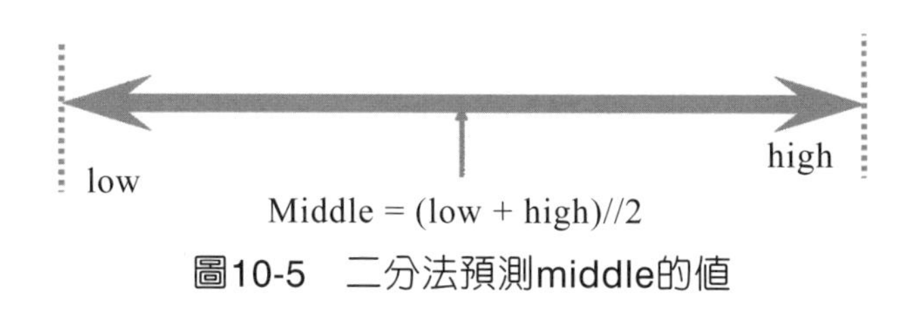

圖10-5 二分法預測middle的值

由於內插法中無法以單純以「1/2」來預測；將原來的公式改良如下：

$$mid = \frac{low + high}{2} = low + \frac{1}{2}(high - low)$$

想要以公式來預預其落點，要改善的是「1/2」，假設數列中的鍵值平均分布在可能範圍，則「1/2」改善後可得x預測落點的公式如下：

$$X = \frac{key - data[low]}{data[high] - data[low]}$$

- key是要尋找的鍵。
- data[high]、data[low]是待尋找數列中的最大值及最小值。

依據x的預測落點，得到內插法公式：

$$mid = low + \frac{key - data[low]}{data[high] - data[low]} * (high - low)$$

為什麼要把「1/2」做改善？

列一：如果有一個數列data如下。

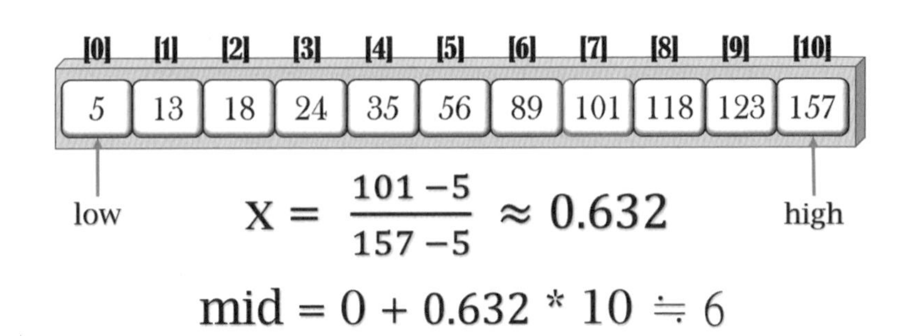

要查找鍵值「101」，使用二元搜尋法的話要第四次才會找到；所以使用內插法只需搜索兩次就能找到。

次數	low	high	mid	key與A[mid]比較	範圍
1	0	10	6	101 > 89	向右
2	6 + 1 = 7	10	$7+\frac{101-101}{157-101}*10=7$	101 = 101	找到

例二：有一數列如下，欲搜尋鍵值為「152」的位置。

49	54	69	74	91	113	135	147	155	163
[0]	[1]	[2]	[3]	[4]	[5]	[6]	[7]	[8]	[9]

使用「內插法」的搜尋過程如下：

次數	low	high	mid	key與A[mid]比較	範圍
1	0	9	$0+\frac{74-49}{163-49}*9=1$	74 > 54	向右
2	1 + 1 = 2	9	$2+\frac{74-69}{163-69}*7=2$	74 > 49	向右
3	2 + 1 = 3	9	$3+\frac{74-74}{163-74}*6=0$	mid = low = 74	找到

範例「searchInter.py」內插搜尋法

```
01 def searchInterpolation(Ary, target, low, high):
02     while low <= high:
03         if (Ary[high] - Ary[low]) != 0:
04             point = (int)(target - Ary[low]) / \
05                     (Ary[high] - Ary[low])
06         else:
07             point = 0
08         #依據公式做預測
09         middle = low + (int)(point * (high - low))
10         if target == Ary[middle]:
11             return middle
12         if target > Ary[middle]:
13             low = middle + 1
14         else:
15             high = middle - 1
16     return None
```

程式說明

- 定義函式searchInterpolation()並傳入4個參數，分別是搜尋值target、List物件和儲存數列的開始和結束範圍。
- 第3~7行：使用公式來預測搜尋值target的位置落點。
- 第10~11行：key與中間項做比較的第一種情形：兩者相等，表示找到key。
- 第12~13行：key與中間項做比較的第二種情形：搜尋值大於中間項，向右移動繼續比對。
- 第14~15行：key與中間項做比較的第三種情形：搜尋值小於中間項，向左邊移動。

內插法分析

- 一般而言，內插搜尋法優於循序搜尋法，此法的時間複雜度取決於資料分布的情況而定。平均而言，N筆資料的情況下，內插搜尋法只需要進行log(log(n)) 次比對就可以找到資料。
- 使用內插搜尋法資料需先經過排序。如果資料的分布愈平均，則搜尋速度愈快，甚至可能第一次就找到資料。但是，在資料並非分布均勻的最差情況下，內插搜尋法則是需要進行N次比對才能夠找到資料。這種情況，內插法的搜尋效率就比二分搜尋法差很多。

10.2 費氏搜尋法

費氏搜尋法（Fibonacci Search）又稱費伯那搜尋法，和二元搜尋法十分類似，都是以切割範圍來進行搜尋，只是將二元搜尋的中分方式，改變成費氏級數來切割，切割它的好處是在搜尋過程中，只需用到加減法而不必用到除法，如此對於程式的效率有很大的幫助。

10.2.1 產生費氏樹

費氏搜尋法是以「費氏級數」爲比較對象進行分割。費氏級數F(n)定義如下：

$$F_n = \begin{cases} F_0 = 0, & \text{if n} = 0 \\ F_2 = 1, & \text{if n} = 1 \\ F_n = F_{n-1} + F_{n-2}, & \text{if n} \geqq 2 \end{cases}$$

費氏級數中除了第0及1個外，每個值都是前兩個值的加總；數列如下：

數列	0	1	1	2	3	5	8	13	21	34	55	…
K	0	1	2	3	4	5	6	7	8	9	10	…

要進行費氏搜尋法，必須依據費氏級數來建立費氏搜尋樹。費氏搜尋樹以二元樹為基底，它可分成根節點、左子樹及右子樹三部分，具有下列特徵：

- 若將節點編號視為鍵值，則費氏樹也是一棵二元搜尋樹，即某節點的左子樹鍵值都比它小，由右子樹鍵值都大於或等於它。
- 費氏樹含有N個節點且「F(k) = n + 1」。
- 根節點之編號為「F(k - 1)」，左子樹根為「F(k - 2)」，右子樹根為「F(k – 1) + F(k – 3)」。
- 左、右子樹也都是費氏樹；左子樹的節點數為「F(k – 1) - 1」，而右子樹的節點數為「F(k – 2) - 1」，而且各子樹仍為n-1級和n-2級的費氏樹。
- 費氏樹中每一對兄弟節點與其父親節點之差均相等，而其差值亦是一個費氏數。

例一：產生一個「N = 7」（節點數）的費氏樹。

```
F(k) = 7 + 1, F(k) = 8, 得k = 6
```

```
根節點 F(k-1) =  F(5) ,得費氏級數5
左子樹根 F(k-2) = F(4), 得費氏級數3
右子樹根 F(k-1) + F(k-3) = F(5) + F(3), 費氏級數5 + 2 = 7
```

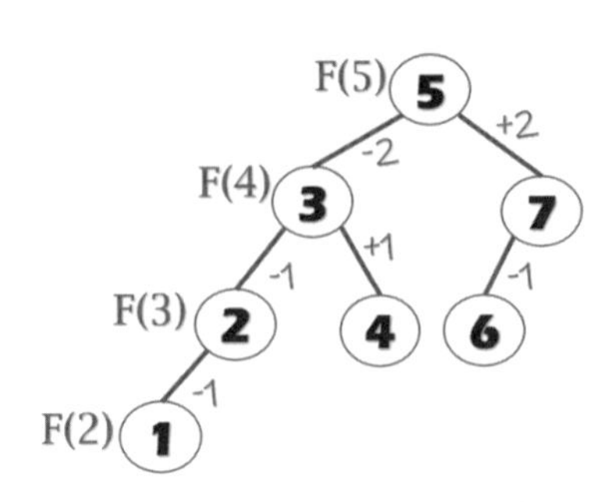

圖10-6　節點為7的費氏樹

例二：產生一個「N = 20」（節點數）的費氏樹。

F(k) = 20 + 1, F(k) = 21, k = 8
根節點 F(k-1) = F(7) ,得費氏級數13 左子樹根 F(k-2) = F(6), 得費氏級數8 右子樹根 F(k-1) + F(k-3) = F(7) + F(5), 爲費氏級數13 + 5 = 18

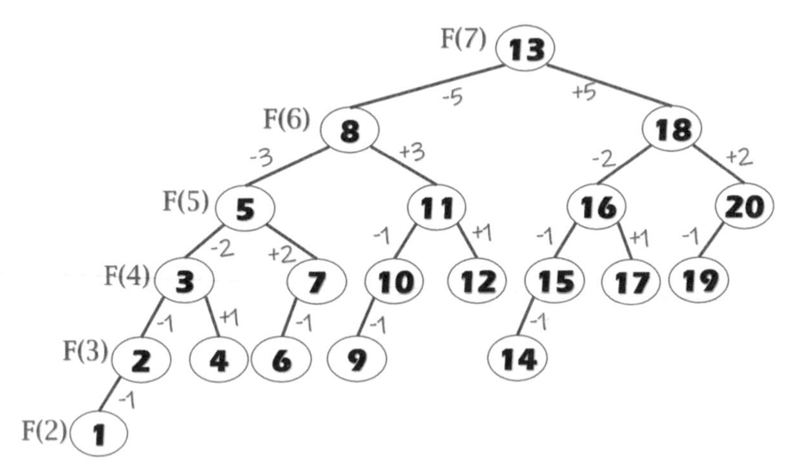

圖10-7　節點為20的費氏樹

10.2.2 以費氏樹做搜尋

費氏搜尋法是以費氏搜尋樹來找尋資料。當資料個數為N，得透過費氏級數來找到最小的費氏數，其中「Fib(k+1) ≧ (n + 1)」。Fib(k-1) 就是這棵費氏樹的樹根，「子樹 = Fib(k-2)」，左子樹用減的，右子樹用加的；左右子樹開始的差值「d = Fib(k-3)」。例一：有一個經過排序的數列如下。

數列	49	54	69	74	118	130	141	152	163	186	432
index	[0]	[1]	[2]	[3]	[4]	[5]	[6]	[7]	[8]	[9]	[10]

「N = 11」所以費氏樹「F(k) – 1 = 11, F(k) = 12」，得「k = 7」以費氏樹搜尋key「141」的過程如下：

次數	樹根（r)	子樹（s)	差值（d)	比較	範圍
開始	F(7 – 1) = 8	F(7 – 2) = F(5) = 5	F(7 – 3) = F(3) = 3	141 < 152	向左
2	r – d = 8 – 3 = 5	s = d = 3	s – d = 5 – 3 = 2	141 > 118	向右
3	r + d = 5 + 2 = 7	s – d = 3 – 2 = 1	s – d = 2 – 1 = 1	141 = 141	找到

將數列轉化為費氏樹，能更清楚它的搜尋過程。

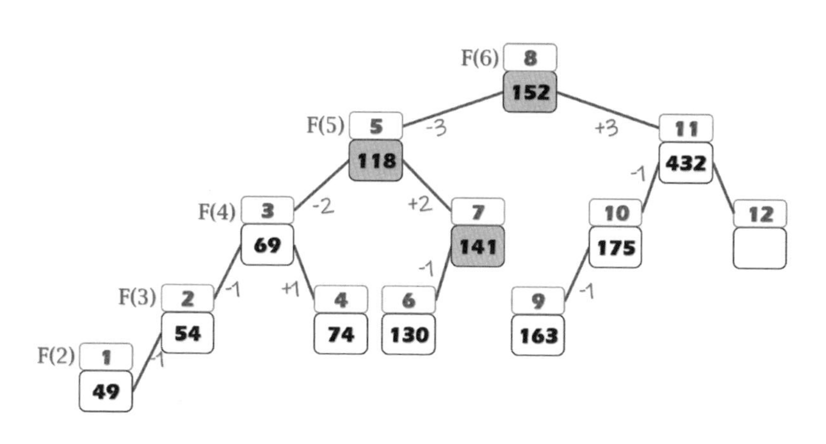

這樣的查找過程，必須依據數列的長度來產生費氏級數。

```
#參考範例「searchFibon.py」
def fibNums(num):    #產生費氏級數
    fib = []
    one, two = 0, 1
    for item in range(num):
        one, two = two, one + two
        fib.append(one)
    return fib
```

◈ 定義函式fibnums()，依據參數num來產生費氏級數；而num則是取得欲搜尋數列的長度。

◈ 產生的費氏級數再呼叫append()方法加到List物件中。

從數列中尋找key的方式，還可以再簡化：依據費氏級數的特性，從樹根開始找起，將key和費氏樹的樹根做比較後，此時可以有下列三種比較情況：

➢ key值小於第一個搜尋值，費氏樹降一級向左子樹查找。

➢ key值大於第一個搜尋值，費氏樹加一級向右子樹查找。

➢ 如果鍵值與陣列索引Fib(k)的值相等，表示成功搜尋到所要的資料。

範例「searchFibon.py」 費氏搜尋

```
01 def searchFibon(target, Ary, num):
02     fib = fibNums(len(Ary))
03     fk = getPos(fib, num + 1)
04     start = num - fib[fk]
```

```
05    ind = k = fk - 1
06    if target >  Ary[ind]:
07       ind += start
08       print('Ary', Ary[ind], 'k=', k)
09    while fib[k] > 0:
10       print(fib[k])
11       if target > Ary[ind]:
12          #費氏數加1級，向右子樹找
13          k -= 1
14          ind += fib[k]
15       elif target < Ary[ind]:
16          #費氏數減1位，向左子樹找
17          k -= 1
18          ind -= fib[k]
19       else:
20          return ind
21    return None
```

程式說明

- 定義費氏搜尋函數searchFibon()，依據傳入的List物件（變數Ary）來尋找變數target的位置。
- 第9~20行：while迴圈中，當「搜尋值 > 目前分割項」的情形成立，配合費氏級數找出鍵值。

10.3 雜湊搜尋

雜湊法又稱「赫序法」或「散置法」，任何透過雜湊搜尋的檔案皆

不須經過事先的排序，也就是說這種搜尋可以直接且快速的找到鍵值所放的地址。要判斷一個搜尋法的好壞主得由比較次數及搜尋時間來決定；透過搜尋技巧的比較方式來取得所要的資料項目。由於雜湊法直接以數學函數來取得對應的位址，因此可以快速找到所要的資料。也就是說，未發生任何碰撞的情況下，其比較時間只需O(1)的時間複雜度，在有限的記憶體中，使用雜湊函數可快速的建檔、插入、搜尋及更新。

10.3.1 認識雜湊技術

認識「雜湊法搜尋法」（Hashing Search）之前，先認識一下雜湊技術。如果去拜訪某個城市，想要品嘗某家美食店，如何尋得？通常會取得兩項基本訊息：「名稱」和「位置」，有了名稱才能利用地址找到它。當然美食店並非只一家，隨著我們移動的腳步，增添的記錄會愈來愈多家。

所謂的雜湊技術就是把上述的美食店記錄依據名稱和所在位置來產生一張對應表。只要輸入名稱就能獲取所在位置；也就是搜尋時，利用「鍵」（Key）從對應表中取得符合訊息的「值」（Value，也就是儲存位置）。所謂的「雜湊技術」就是把儲存的值（位置）和鍵（名稱）之間產生對應關係，每一個鍵只能對應一個值，以數學公式表達如下：

```
儲存的值 = f(鍵)
```

公式中的「f」爲「雜湊函數」（Hash function）；依據雜湊函數將「鍵」、「值」產生對應的表格稱爲「雜湊表」（Hash table）。

這種鍵、值對應的作法，Python提供實作，其實就是前面章節已介紹的字典，不過這裡要討論的雜湊技術的基本用法。

10.3.2 雜湊函數

使用雜湊函數之前，先對雜湊函數有關的名詞做一番認識。

相關名詞	說明
桶（Bucket）	雜湊表中儲存資料的立置，每一個位置對應到唯一的位址，稱爲bucket address 一個bucket（桶）就好比是一筆記錄
槽（Slot）	每個桶子能有多個儲存區，儲存區就是slot 每個槽代表記錄中的某個欄位
碰撞（Collision）	兩筆不同資料，經過雜湊函數運算後對應到相同位址的桶子所發生
溢位（Overflow）	資料經由雜湊函數運算後，所對應的桶子已經滿了，無法再存入其他的資料
同義字（Synonym）	當兩個識別字I及J的雜湊函數值經過運算後是相同的，則稱I及J爲同義字
載入密度 (Loading Factor)	雜湊空間的載入密度是指識別字的使用數目除以雜湊表內槽的總數

雜湊法是利用雜湊函數來計算一個鍵值所對應的位址，進而建立雜湊表格，且依賴雜湊函數來搜尋找到各鍵值存放在表格中的位址。此外，搜尋速度與資料多少無關，在沒有碰撞和溢位下，一次讀取即可，更包括保密性高，不事先知道雜湊函數就無法搜尋的優點。選擇雜湊函數時，要特別注意不宜過於複雜，設計原則上至少必須符合計算速度快與碰撞頻率儘量小兩項特點。設計雜湊函數應該遵循底下幾個原則：

➢ 降低碰撞及溢位的產生。
➢ 雜湊函數不宜過於複雜，以容易計算爲佳。
➢ 儘量把文字的鍵值轉換成數字的鍵值，以利雜湊函數的運算。
➢ 所設計的雜湊函數計算而得的值，儘量能均勻地分布在每一桶中，不要太過於集中在某些桶內，這樣就可以降低碰撞。

簡單來說，選擇雜湊函數時，要特別注意不宜過於複雜，以縮短找尋位址的時間。同時，也要注意所選擇的雜湊函數是否會經常發生碰撞，因爲每發生一次碰撞，都必須浪費時間成本去進行溢位處理。常見的雜湊法有除法、中間平方法、折疊法及數位分析法。

除法（Division）

最簡單的雜湊函數是將資料除以某一個常數後，取餘數來當索引。利用Mod運算將資料量X除以某數M，取其餘數當做X的位址，它應介於「0～M-1」之間，計算公式如下：

```
hast(X) = X Mod M
```

◈ X：代表某一鍵值。

◈ M：代表某一質數。

例一：將數值63除以質數11來取得空間位置。

```
hash(63) = 63 mod 11, hash(63) = 8，所以索引值 = 8
```

使用除法雜湊函數時，應避免某些數值的M，例如2的次方；一般建議利用質數會有較佳的效果。例二：含有11個位置的陣列，只使用到5個位址，值分別是4、13、21、33、63。把陣列的元素除以11，並以餘數當做索引，計算如下：

```
hash(4) = 4 mod 11,   餘數4
hash(13) = 13 mod 11, 餘數2
hash(21) = 21 mod 11, 餘數10
hash(33) = 33 mod 11, 餘數0
```

範例「runHash.py」雜湊函數的除法

```
01 def runHash(Ary):
02     prime = 11 #設定質數和儲存空間為11
03     data = [None for k in range(prime)]
04     for item in Ary:
05         h = item % prime  #除法取得餘數
06         data[h] = item    #依餘數為索引來儲存元素
07     return data
11 num = [4, 13, 21, 33, 63]
12 print('雜湊表：', runHash(num))
```

程式說明

- 定義函式runHash()，依據傳入的List物件，除法取得之餘數作為索引，再存放到新List中。
- 第3行：生成式建立空的List物件，長度為11。

建立的雜湊表如下：

索引	0	1	2	3	4	5	6	7	8	9	10
儲存值	33		13		4				63		21

中間平方法

中間平方法（Mid-square）和除法相當類似，它是把資料平方後，取中間的某段數字為索引。例一：將下列數值以中間平方法來處理，並放在100位址空間。

Step 1. 資料先做平方。

```
33, 87, 65, 38, 72平方得1089, 7569, 4225, 1444, 5184
```

Step 2. 取百位數及十位數作為鍵值。

```
08、56、22、44、18
```

Step 3. 步驟2的鍵值與步驟1形成對應後如下：

```
f(08)=33
f(56)=87
f(22)=65
f(44)=38
f(18)=72
```

折疊法

使用折疊法（Folding）有兩種作法：移動折疊法（Shift Folding）和邊界折疊法。移動折疊法是將資料轉換成一串數字後，再把這串數字拆成數個，最後把它們加起來，計算出鍵值的「儲存位址」（Bucket Address）。

例一：資料轉換成數字，若每4個數字為一個部分，得如下拆解。

1234290325013215	1234	2903	2501	3215

將四組數字相加所得的值即為「儲存位址」。

	1234	
	2903	
	2501	
+	3215	
	9853	bucket address

雜湊法的設計原則之一就是降低碰撞，還可以進一步將上述簡例採用的「移動折疊法」予以改善；每一份部的數字中的奇數位段或偶數位段反轉，相加後才取得儲存位址，這種改良式作法稱為「邊界折疊法」（Folding at the boundaries）。

➢ 第一種狀況：將偶數位段反轉。

	1234	第1位段屬於奇數位段，所以不反轉
	3092	第2位段屬於偶數位段要反轉
	2501	第3位段屬於奇數位段，所以不反轉
+	5123	第4位段屬於偶數位段要反轉
	11950	bucket address

➢ 將奇數位段反轉。

	4321	第1位段屬於奇數位段，反轉
	2903	第2位段屬於偶數位段，不反轉
	1052	第3位段屬於奇數位段，反轉
+	3215	第4位段屬於偶數位段，不反轉
	11491	bucket address

數位分析法

數位分析法（Digit Analysis）適用於資料不會更改，且為數值型別的靜態表，主要用於十進位制的各個鍵值之位數比較，採用分布較均勻的若干個位數值做為每一個鍵值的雜湊函數值。在決定雜湊函數時先逐一檢查資料的相對位置及分布情形，將重複性高的部分刪除。

例一：下列電話表具有其規則性，除了區碼全部是06外，在中間三個數字的變化也不大；假設位址空間大小m=999，必須從下列數字擷取適當的數字，即數字比較不集中，分布範圍較爲平均（或稱亂度高），最後決定取最後那四個數字的末三碼。故最後可得雜湊表爲：

電話
06-554-9876
06-554-4321
06-553-4222
06-554-5781
06-554-6666
06-553-8888
06-553-8123
06-554-4768

索引	電話
876	06-554-9876
321	06-554-4321
222	06-553-4222
781	06-554-5781
666	06-554-6666
888	06-553-8888
123	06-553-8123
768	06-554-4768

10.4 雜湊法的碰撞問題

相信看完上面幾種雜湊函數之後，可以發現雜湊函數並沒有一定規則可尋，可能是其中的某一種方法，也可能同時使用好幾種方法，所以雜湊時常被用來處理資料的加密及壓縮。但是雜湊法常會遇到「碰撞」及「溢位」的情況。

雜湊法中，當資料要放入某個「桶子」（Bucket），若該桶子已經滿了，會發生「溢位」（Overflow）；另一方面雜湊法的理想狀況是所有資料經過雜湊函數運算後都得到不同的值，但現實情況是即使所有關鍵欄位的值都不相同，還是可能得到相同的位址，於是就發生了「碰撞」

（Collision）問題。因此，如何在碰撞後處理溢位的問題就顯得相當的重要。

10.4.1 線性探測法

處理雜湊法的「碰撞」最簡單的作法就是以「開放循序定址法」（Linear Open Addressing）來處理，更通俗的說法就是產生碰撞時就去找下一個空的位置，它的公式如下：

$$h(key) = (h(key) + d_i \% M,\ d_i = 1, 2, 3, \ldots, M-1$$

這種解決碰撞的開放位址法也稱爲「線性探測」（Linear Probing），它能將表格的空間加大並以環狀方式來使用。也就是發生碰撞時，若該索引已有資料，則以線性方式往後找尋空的儲存位置，一旦找到位置就把資料放進去。

例一：雜湊表格的大小爲13（M = 13，即位址空間），鍵值如下：

```
432, 597, 459, 685, 106, 534, 659, 343, 680, 308, 372
```

依其雜湊函數「h(key) = key mod m」，將這些鍵值依照計算所得的位址存放於雜湊表中，並以線性探測方式來解決碰撞。

Step 1. 加入432，「h(432) = 432 % 13 = 3」。

索引	0	1	2	3	4	5	6	7	8	9	10	11	12
鍵值				432									

Step 2. 加入597，「h(597) = 597 % 13 = 12」。

索引	0	1	2	3	4	5	6	7	8	9	10	11	12
鍵值				432									597

Step 3. 加入459，「h(459) = 459 % 13 = 4」。

索引	0	1	2	3	4	5	6	7	8	9	10	11	12
鍵值				432	459								597

Step 4. 加入685，「h(685) = 685 % 13 = 9」。

索引	0	1	2	3	4	5	6	7	8	9	10	11	12
鍵值				432	459					685			597

Step 5. 加入106，「h(106) = 106 % 13 = 2」。

索引	0	1	2	3	4	5	6	7	8	9	10	11	12
鍵值			106	432	459					685			597

Step 6. 加入534，「h(534) = 534 % 13 = 1」。

索引	0	1	2	3	4	5	6	7	8	9	10	11	12
鍵值		534	106	432	459					685			597

Step 7. 加入659，「h(659) = 659 % 13 = 9」，由於位置已被佔用，移到「10」。

索引	0	1	2	3	4	5	6	7	8	9	10	11	12
鍵值		534	106	432	459					685	659		597

Step 8. 加入343，「h(343) = 343 % 13 = 5」。

索引	0	1	2	3	4	5	6	7	8	9	10	11	12
鍵值		534	106	432	459	343				685	659		597

Step 9. 加入680，「h(680) = 680 % 13 = 4」，由於位置4、5已被占用，移到「6」。

索引	0	1	2	3	4	5	6	7	8	9	10	11	12
鍵值		534	106	432	459	343	680			685	659		597

Step 10. 加入308，「h(308) = 308 % 13 = 9」，由於位置9、10已被占用，移到「11」。

索引	0	1	2	3	4	5	6	7	8	9	10	11	12
鍵值		534	106	432	459	343	680			685	659	308	597

Step 11. 加入372，「h(372) = 372 % 13 = 8」。

索引	0	1	2	3	4	5	6	7	8	9	10	11	12
鍵值		534	106	432	459	343	680		372	685	659	308	597

範例「searchHash.py」 線性測探解決碰撞

```
01 class HashTable:
02     def __init__(self):
03         self.size = 13
04         self.slots = [None for k in range(self.size)]
05         self.count = 0
06     def _hash(self, key):
07         return key % self.size
08     def insert(self, key):
09         item = HashItem(key)
```

```
10        addr = self._hash(key)
11        while self.slots[addr] is not None:
12           if self.slots[addr].key is key:
13              break
14           addr = (addr + 1) % self.size #線性探測法
15        if self.slots[addr] is None:
16           self.count += 1
17           self.slots[addr] = item
18     def search(self, key):
19        addr = self._hash(key)
20        while self.slots[addr] is None:
21           if key == self.slots[addr]:
22              break
23           addr = (addr + 1) % self.size
24        return addr
```

程式說明

- ◈ 以類別來建立一個能存放鍵值的雜湊表，儲存空間爲13（屬性self.size）。
- ◈ 第6~7行：定義方法_hash()，依據傳入的鍵值配合除法求取餘數。
- ◈ 第8~17行：定義方法insert()來插入新的鍵值；以while迴圈來處理擠碰，使用線性探測法，找出下一個空位。
- ◈ 第18~24行：定義方法search()，依據傳入鍵值來取得回傳其位置。

10.4.2 平方探測

使用線性探測法的缺失，就是相近似的鍵值會聚集在一起，因此可以考慮使用「平方探測法」（Quadratic Probe）來獲得改善。在平方探中，發生溢位時，下一次搜尋的位址是「$(f(x) + i^2) \bmod M$」或「$(f(x) - i^2) \bmod M$」，即讓資料值加或減i的平方，例如資料值key，雜湊函數f：

```
第一次尋找：f(key)
第二次尋找：(f(key)+1²) % M
第三次尋找：(f(key)-1²) % M
第四次尋找：(f(key)+2²) % M
第五次尋找：(f(key)-2²) % M
第n次尋找：(f(key)±((M-1)/2)²)% M
```

◈ M必須為4j+3型的質數，且1≦i≦(B-1)/2。

例一：雜湊表格的大小m = 13（即位址空間），鍵值如下：

```
765, 431, 96, 142, 579, 226, 903, 388
```

Step 1. 依其雜湊函數「h(key) = key mod m」，所得雜湊位址如下：

索引	0	1	2	3	4	5	6	7	8	9	10	11	12
鍵值			431			96		579				765	142

Step 2. 加入226，「h(226) = 226 % 13 = 5」，發生第一次碰撞，依平方測探公式處理「$(5 + 1^2)$ % 13 = 6」。

索引	0	1	2	3	4	5	6	7	8	9	10	11	12
鍵值			431			96	226	579				765	142

Step 3. 加入903，「h(903) = 903 % 13 = 6」，發生第一次碰撞，依平方測探公式處理「$(6 + 1^2)$ % 13 = 7」，第二次碰撞，依公式「$(6 + 2^2)$ % 13 = 10」。

索引	0	1	2	3	4	5	6	7	8	9	10	11	12
鍵值			431			96	226	579			903	765	142

Step 4. 加入338，「h(338) = 388 % 13 = 11」，發生第一次碰撞，依平方測探公式處理「$(11 + 1^2)$ % 13 = 12」，第二次碰撞，依公式「$(11 + 2^2)$ % 13 = 2」，第三次碰撞，依公式「$(11 + 3^2)$ % 13 = 7」，第四次碰撞，依公式「$(11 + 4^2)$ % 13 = 1」。

索引	0	1	2	3	4	5	6	7	8	9	10	11	12
鍵值		338	431			96	226	579			903	765	142

10.4.3 再雜湊

再雜湊（Rehashing）就是一開始就先設置一系列的雜湊函數，如果使用第一種雜湊函數出現溢位時就改用第二種，如果第二種也出現溢位則改用第三種，直到沒有發生溢位為止。

例一：請利用再雜湊處理下列資料碰撞的問題（m = 13）。

```
681, 467, 633, 511, 100, 164, 472, 438, 445, 366, 118
```

```
f1 = h(key)=key MOD m
f2 =h(key) = (key+2) MOD m
f3 =h(key) = (key+4) MOD m
```

Step 1. 所得的雜湊表如下：

索引	0	1	2	3	4	5	6	7	8	9	10	11	12
鍵值	438	118	366	445	511	681	472		164	633		100	46

Step 2. 其中100，472，438皆發生碰撞，利用「再雜湊」函數h(key) = (key+2) MOD 13，進行資料的位址安排。

```
f1 = h(100) = 100 % 13 = 9
f2 = h(100 + 2) = 102 % 13 = 11
```

```
f1 = h(472) = 472 % 13 = 4
f2 = h(472 + 2) = 474 % 13 = 6
```

```
f1 = h(438) = 438 % 13 = 9
f2 = h(438 + 2) % 13 = 11
f3 = h(438 + 4) % 13 = 0
```


10.4.4 分隔鏈結法

分隔鏈結（Separate Chaining）是將所有的雜湊表空間建立n個串列，一開始只有n個首串列，當碰撞發生時，就將資料儲存到鏈結串列中，直到所有的空間全部用完爲止。此方法的優點是不需要因爲碰撞而需要重新計算資料的儲存位置，而其缺點是當碰撞次數較多時，使用鏈結串列來儲存這些鍵值發生碰撞的資料會較無效率。

例一：利用「分隔鏈結」處理下列資料碰撞的問題（m = 13）。

```
681, 467, 633, 511, 100, 164, 472, 438, 445, 366, 118
```

所得結果如下所示。

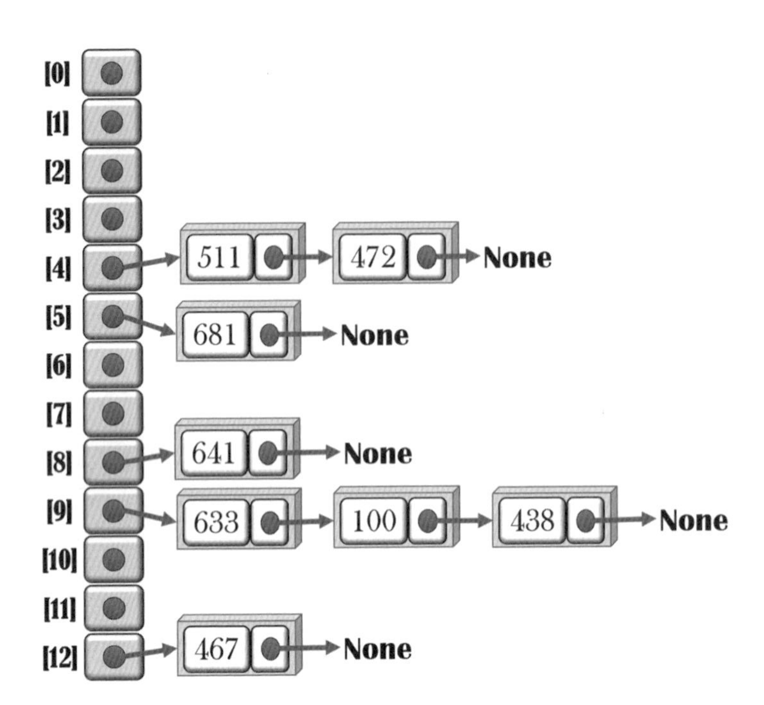
[0]
[1]
[2]
[3]
[4]
511
472
None
[5]
681
None
[6]
[7]
[8]
641
None
[9]
633
100
438
None
[10]
[11]
[12]
467
None

課後習作

1. 利用循序搜尋的作法，從未排序的數列中找出最小值？
2. 將數列以非遞迴方式撰寫二元搜尋法程式碼來找出Key「325」，搜尋的過程請以二元樹繪製並簡單說明查找過程的中間項、最低、最高值的變化。

```
117, 325, 513, 119, 89, 163, 749, 41, 213, 833
```

3. 找出數列中Key「513」，以「內插法」配合公式說明查找過程。

```
41, 92, 117, 125, 223, 264, 325, 478, 513, 692, 787
```

4. 找出數列中Key「223」，以「費氏搜尋法」繪製費氏樹並以樹根、子樹和差值來說明查找過程。

```
92, 108, 154, 223, 264, 335, 428, 513, 581, 692, 707, 765
```

5. 以除法作爲雜湊函數，將下列數字儲存於11個空間：345、348,80、119、83、89、297，以11爲質數值，請問其雜湊表外觀爲何？
6. 如果有一鍵值爲743280321，利用折疊法將它分成三個區塊「743、280、321」，算出它的儲存位址？
7. 雜湊表格的大小m=11（即位址空間），鍵值如下，請以平方測探來改善碰撞情形：

```
365, 431, 597, 459, 128, 534, 583, 343, 680, 385
```

書館出版品預行編目資料

結構：使用Python／數位新知著. ——初
——臺北市：五南圖書出版股份有限公
2024.01
公分
978-626-366-869-0（平裝）

：資料結構 2.CST: Python(電腦程式
言)

3 112021042

5R49

資料結構：使用Python

作　　者 — 數位新知（526）

發 行 人　楊榮川

總 經 理 — 楊士清

總 編 輯 — 楊秀麗

副總編輯 — 王正華

責任編輯 — 張維文

封面設計 — 封怡彤

出 版 者 — 五南圖書出版股份有限公司

地　　址：106台北市大安區和平東路二段339號4樓

電　　話：(02)2705-5066　　傳　　真：(02)2706-6100

網　　址：https://www.wunan.com.tw

電子郵件：wunan@wunan.com.tw

劃撥帳號：01068953

戶　　名：五南圖書出版股份有限公司

法律顧問　林勝安律師

出版日期　2024年1月初版一刷

定　　價　新臺幣550元